U0023271

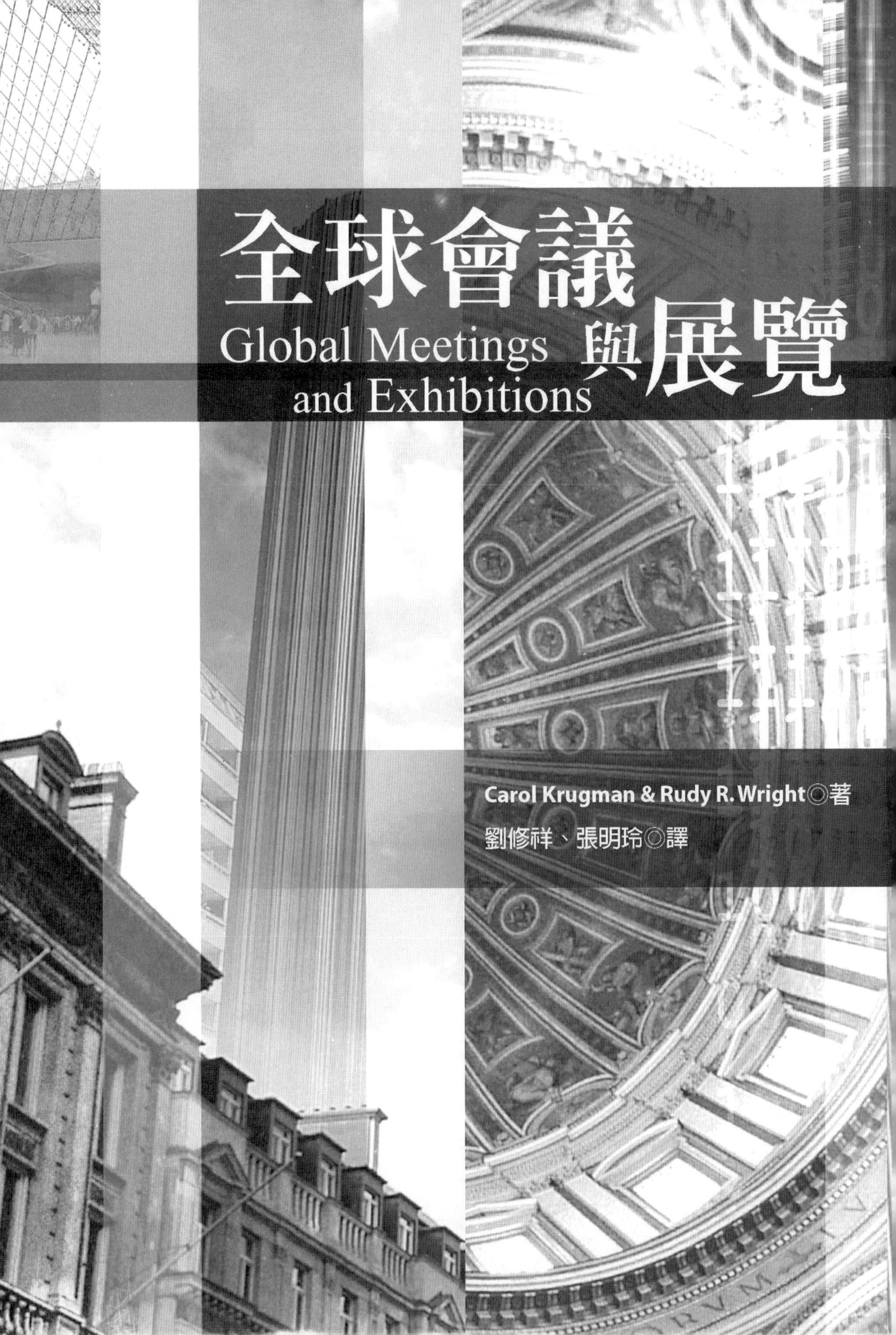
全球會議與展覽
Global Meetings and Exhibitions
Carol Krugman & Rudy R. Wright◎著
劉修祥、張明玲◎譯

原　序

在工業時代，重點都放在原物料、勞力、製造業、產品以及配送上。隨著資訊時代的來臨，這樣的傳統關係也產生了驚人的改變。原物料變成資料、勞力從藍領主力轉變成行政與技術人才，電腦承接了製造產品的重責大任，亦即生產資訊。產品的配送選擇可利用許多新形式：電傳機、影印機、傳眞機、電子郵件、手機和PDA。配送「資訊」這種新產品的重要媒介亦激增，那就是：會議！

是的，會議在上個世紀的後半葉蓬勃發展。光是在美國的成長就相當引人注目，整個會議產業的收益從1970年代的數百萬美元飆升到千禧年底的二十億美元以上。在這波成長背後有一股銳不可擋的力量，即體認到會議、年會以及展覽都是傳遞訊息相當有效的媒介。

有鑒於會議產業在數量上以及複雜度方面的增加，負責規劃與舉辦這些活動的專業人員必須學習新技能並發展出不同的定見（mind-set）。於是，會議規劃人員成爲會議經理人，然後有了證照，成爲會議專業人員（meeting professionals）。

同時，在這個轉變的時期，我們也目睹了另一個驚人的進展：從一個國家拓展到全球的變化。會議專業人員發現，他們必須超越國界來思考，發展新技能，並尋找新的地點，爲來自多元文化的參加者舉辦活動。

當瞬息萬變的世界愈來愈趨向於全球性經濟活動，國際活動成爲一大助力。隨著國家與政治的界線崩解，曾經極度獨立自主的國家亦已了解到他們也是與他國相互依存的。今日，有強大的力量在運作，影響著全球各地的每一個人。在各大洲、各國、各族群以及各文化之間所搭起的橋樑，激發我們每個人不只相互學習，也學習了解彼此。

就像政府一樣，企業與協會必須具備全球觀點。這不再是一個須爭辯的問題，而是攸關生存的議題。在京都的超導體實驗會影響德國德勒斯登的製造業過程。在倫敦證交所的一個電腦小差錯就會造成香港、紐約和東京股市的恐慌。在休士頓醫學中心的顯微手術可以救活澳洲阿得雷德、南非約翰尼斯堡或是馬來西亞吉隆坡的一條生命。

在任何特定的日子，從新加坡到奧地利的薩爾斯堡，從巴西的里約熱內盧到羅馬，各式各樣的會議與活動在世界各地舉行。無論是貿易展還是有數千名代表參加的世界大會、由一群特別的專家小組發表特定主題的科學討論會、企業管理會議，或是討論大眾議題的政府會議，這每一會議都有某些共同的特徵。這些會議都必須經過審慎規劃，鎖定特定的目標群眾，要有充滿吸引人且切合的內容，然後在一個徹底調查過的地點集會，細心安排，完美執行，並在會議結束時仔細檢討。

雖然每年在全世界的會展場地有數千場這類的活動，但是卻沒有專門一套可作爲負責規劃與管理會展之人員可遵循的參照標準。雖然有幾本關於規劃會議、年會、展覽和特殊活動的好書，但是大多數的書寫方式都是假設會議就是會議，並不管其是在何處舉行或與會人員是哪些人。

當你瀏覽書店裡的商學書類後，你會發現有若干關於會議與活動規劃的教科書。但是，這些書大部分都並未著重在海外會議或是特別處理凸顯國際活動特徵的關鍵差異，以提供一個眞正的全球觀點。會議專業人員面臨到自己國家、自己的文化和語言等熟悉環境之外工作的挑戰，且他們還欠缺一項優勢，亦即未擁有一本最可靠的會議教科書。不過現在不同了！

《全球會議與展覽》是爲負責籌組國內外議程的規劃人員所寫的一本全方位參考書。本書藉由解釋來自不同文化背景的人如何溝通、學習、反應和互動等等的動態關係，概述國內與國際活動之間的重要區別，以提供讀者在規劃有效議程時所需的工具。

本書具有雙重目的。企業、協會以及個體的會議專業人員雖在國內活動中有豐富的經驗，現在面臨必須規劃國際會議、年會或展覽的需求，若要在相關學門中獲得更高階的專業知識，將發現本書是一份珍貴的資產。專研會議與活動規劃的學生將會學到在全球的脈絡下，這門學科的基本原理，這對二十一世紀的商業而言非常重要。十年前，電腦科技突飛猛進，有效溝通以及成功跨越國家、文化以及語言界線工作的能力，很快地成爲我們所有人的必備條件，而不只是少數人的特殊興趣。

爲了具備全球觀點，會議部門已經調整配合這種需求。只要看一個（不過是最大的）產業協會——國際會議專業人員協會（Meeting Professionals International, MPI）的歷史即知。MPI是在1972年由五十二位創始會員所創立，1977年增設加拿大分部，開始它在全球擴展的腳步。1981年時，MPI在多倫多舉行第一屆跨國代表大會，接著在摩納哥和香港舉行教育訓練大會。第一個歐洲分會——位於義大利——在1990年成立，兩年後，MPI歐洲辦事處在布魯塞爾正式營運。今天，MPI在世界各地已有六十八個分部和超過二萬名會員。他們不但在世界各地的國際會議中提供教育訓練課程，也透過網路的遠距學習提供課程。本書的其中一名作者即爲MPI的前任國際主席。

將重點放在教育

整個產業都正在累積發展會議領域所需的獨特技能與知識，不只是在北美，還有整個歐洲與亞洲。專業會議管理協會（Professional Convention Management Association, PCMA）就爲其規劃人員、供應商以及學生會員實施了大規模的教育活動。由國際代表大會與年會協會（International Congress and Convention Association, ICCA）所贊助的年度會議管理課程，以及每年由國際專業會議籌組者協會（International Association of Professional Congress Organizers, IAPCO）所舉辦之有關專業代表大會組織（Professional Congress Organization）的指導型討論會，均提供學子們與實務人員珍貴的機會去學習和增進他們的專業發展。

其他在美國和加拿大有提供類似教育課程的組織爲：會議經營管理協會（Association for Convention Operations Management, ACOM）和國際特殊活動學會（International Special Events Society, ISES）。在美加之外，則有歐洲協會高階主管公會（European Society of Association Executives, ESAE）、位於英國的會議與活動協會（Association of Conferences and Events, ACE）以及在南太平洋的澳洲會議產業協會（Meetings Industry Association of Australia, MIAA）。這類組織很多都擁有龐大的學生會員人數。

雖然大多數的教育重點都是針對會議與展覽的規劃人員，但是其在發展協力人員（facilitators）之專業能力方面也是不遺餘力的。活動管理的專業教

育在餐旅產業中亦逐漸成爲主要重點。在過去，活動管理都是透過親身經驗學習而來；無論是銷售、宴會或會議服務，許多領域都會應用到這門專業知識。大型的連鎖飯店正透過各種合適的訓練、專業發展和成長的機會，提供活動管理領域的職涯進路。

大專院校體認到這個重要的職涯領域，雖然只有一些學校在飯店、旅遊以及會議管理方面提供四年的課程，但是大約有三百多所的學校在他們的課程中提供這門專業學科的部分學程。這些學校也都擴充他們的課程，將活動管理納入其中。

這種學習並不限於傳統的地點，像是會議室和教室。這類個別指導的方法被定義爲同步教學（synchronous instruction），就是老師和學生們共同使用同樣的時間範圍及實體空間。隨著電腦在全世界快速增加，現在又發展出一種非同步教學（asynchronous instruction）。遠距學習或線上學習，讓學生能利用電腦在他／她所選擇的時間和地點上課。因此，一名在埃及亞力山卓市負責飯店宴會的工作人員若想要學習會議服務更細微的重點，就可以申請選修由世界各地合適的大專院校所提供之活動管理方面的線上課程。這名學生學習了相關知識，完成作業以及測驗，與講師互動，除了這名學生是在他／她所方便的時間利用電腦完成這些事之外，其他跟在傳統課堂的上課方式沒兩樣。線上學習在當前是幾所大學和協會專業課程中很重要的一部分。

本書不是理論專書，而是爲現行的會議專業人員和那些渴望在這行工作的人們所編寫的一本實用指導手冊。本書作者具備五十年以上在此領域的綜合經驗，並對跨文化、跨國的挑戰抱持一顆永不熄滅的熱忱，我們的目的是要爲經驗豐富的會議專業人員增長學識，並傳授必要的知識給考慮要在會議與活動管理領域中發展職涯的學習者。

Carol Krugman, CMP, CMM
Rudy R. Wright, CMP

譯　序

行政院於2004年11月15日核定觀光及運動休閒服務業發展綱領及行動方案旗艦計畫：「會議展覽服務業發展計畫」，在報告中指出，觀光服務業所面臨的問題包括：台灣之國際觀光形象不足、接待能量不足、觀光產品市場競爭力不足、市場面離尖峰需求差異過大、觀光投資環境待改善、觀光事權分散、會展產業尚無明確之主管機關，以及現有觀光人力與產業需求有落差等；而根據現況所擬訂之目標及執行策略有：

1. 具有國際吸引力與競爭力的會展環境：執行策略包括「全面提昇我國會展產業國際形象」、「標竿專案輔導」、「強化會展產業經營環境」、「建立會展產業管理整合機制」。
2. 更高的產業關聯效果與附加價值：執行策略包括「策略聯盟輔導」、「發展我國地方特色之觀光」。
3. 產業核心資訊能力：執行策略爲「建置國家會展資訊網」。
4. 國際會展技術及人才培育重鎮：執行策略爲「培育專業人才」。
5. 國際會展活動來台舉辦：執行策略爲「會展產業國際開發獎助」。

因此，我國觀光服務業未來發展願景在藉由推動會議展覽業之商業化與國際化，帶動國內觀光及周邊服務業發展，同時將打造台灣成爲多元且優質的觀光之島，亦期能建立兼顧永續發展及生態保育之觀光服務產業。希望本書之翻譯能帶來拋磚引玉的作用，在大家共同持續努力下，讓台灣會展產業的發展不斷茁壯。

全球的會議與展覽市場仍在不斷成長中，其對舉辦地所帶來之經濟上的乘數效益更是非常可觀，要發展會展產業，人才之培養自是重要環節；本書作者將其在會展專業領域累積數十年之經驗，以簡潔的文字、條列式的關鍵概念陳述，按部就班地帶領讀者了解會展相關決策因素，如何進行目的地評估、如何籌組與主辦國際活動，並說明貨幣與財務狀況之管理、活動方案企劃與發展的注意事項，也討論文化差異因素、活動行銷策略、國際合約與適法性，以及如何執行會議計畫、如何在國外辦理展覽會，加上針對會議現場工作、海外行程的準備事宜、安全與維安工作、會展科技技術最新發展現況等所做的經驗分享，完整地將會展所需之專業素養融貫在一起，是一本極佳的教科書與訓練教材。

感謝圓桌會議顧問股份有限公司柯樹人執行長慨允提供照片、揚智文化事業股份有限公司葉忠賢總經理推動會展叢書，以及張明玲小姐共同參與翻譯事宜，使本書得以順利出版，敬請各界博雅專家予以指導、斧正。

國立高雄應用科技大學觀光管理系副教授

劉修祥 謹識

目　錄

第一章
會議與展覽的基本概念

任何團體就像是一艘船；
團體中的每個人都得做好隨時要去掌舵的準備。

— 易卜生（Henrik Ibsen）

内容綱要

我們將在本章探討：

- 被普遍接受之「會議與展覽」的定義
- 業界常用詞彙
- 國內會議與國際會議的之異同
- 活動目的之確認
- 舉辦頻率及爲期時間長短的決定
- 籌組會議之時間表的研擬
- 有效溝通的研擬和落實
- 活動方案動態的掌控
- 主辦者／企劃者的角色
- 全球人脈網絡之有效建立
- 最佳會議與展覽地點之選擇指南
- 與目的地行銷業者、飯店及其他場地有關業者的聯繫
- 目的地管理顧問公司（DMC）和專業會議籌組者（PCO）的選定與合作
- DMC和PCO所扮演之角色的認識
- 餘興節目的評估與規劃
- 會議與展覽之維安及保全的規劃準則
- 新科技及其在活動管理上的角色
- 各國貨幣匯兌的認識
- 達到最大投資報酬（ROI）之預算的編列

一個全球性的會議或展覽可形成一個暫時性社群（a temporal community）。若將這個短暫的群聚（temporary society）變成較永久性的群聚（permanent societies），其中充滿了各種挑戰與機會。然而，正因爲短暫所以特別，假若此會議或展覽是在國外舉行，那就更顯得特別不同。本書爲坊間第一本提供了規劃全球各種暫時性社群及／或群聚所需之相關知識，讓參與者能夠持續不斷地成功、獲致可持續之成果的書。

舉辦國際會議已是全球趨勢。

對於不常接觸國外會議的學生或社會人員而言，其實不用太擔心，因爲國內會議與國外會議的準備方向及運作方式大同小異。國外的會議室與展場跟國內的差不多（奧地利薩爾斯堡的會議展覽場地與餐點就跟鹽湖城的很像；全球各處的大型巴士也都一模一樣）。畢竟，開會就是開會，不論會議地點是在維吉尼亞州的亞歷山卓市（Alexandria, Virginia），還是在埃及的亞歷山卓市（Alexandria, Egypt）；即便不同地點，也只是因爲該城市的風貌而有所差別。主要的差別還是文化、價值觀以及風俗民情之差異。本書的主要宗旨就是幫助讀者了解以上這些差別，並予以運用管理，使會議進行順利。

本章只談論會議與展覽的基本面。希望能夠針對首次籌辦跨國或是多國會議的主辦單位以及選修餐旅／會議管理課程的同學，提供必要的方針，使這些讀者可以了解國際會議的基本要素。

毫無疑問地，若想在本國以外的地方舉行會議，主辦者必須或多或少具備該地的專門知識。就像其他技能一樣，這種專門知識，其實只要蒐集到相關事實情況資料（facts），應該都不難獲得。不論開會地點在哪裡，這些規劃和辦理活動的知識大多數都可以派上用場。只有一些特別與國際會議有關的特定知識，需要另外學習。以下將概要敘述全球性大小會議與展覽的基本概念。

在進入本章主題之前，讓我們先釐清一些常用詞彙的定義，譬如像國內（**domestic**）、國外（**foreign**）、海外（**overseas**）、國際（**international**）、境外（**offshore**）和多元文化（**multicultural**），這些用語不但廣泛被運用，且常被誤用。為配合本書的宗旨，我們先將這些用語定義如下：

Overseas：通常為北美人員用來指稱美加地區的人到其他國家去參加會議，更準確的說法應該是**transnational**（跨國）。依此定義，同一國籍的與會者到他國去開會，都算是跨國會議。舉例來說，若一個加拿大團體到貝里斯開會，或是一群義大利代表到哥本哈根召開會議，都算是參加跨國會議。

International：兩個或兩個以上國籍的與會者，到特定的目的地開會。這樣說來，來自加拿大、墨西哥和美國的代表，在洛杉磯齊聚一堂開會，這個會議就是國際會議。然而，**international**和**multinational**（多國）及**multicultural**的分際並不明顯，所以國際會議有時也稱作多國會議或是多元文化會議。

為了更進一步能對活動之性質（the nature of the event）有所區別，本書兩位作者針對國際性活動（international events）進行討論，並將內容的範疇限定在下列準則內：

- 需要跨越國界
- 扣除差旅時間，實際會期至少兩天以上
- 與會人數至少五十人以上
- 有會議主持人主導之議程

加強會議字彙運用的能力

以母語了解會議用語的意義並正確地加以運用，已經有相當的難度了，更別說是在多國會議的場合裡，其難度更高，所以會議主辦單位得更精準地使用會議用語，方能達成各方的共識與了解。比方說，podium（講臺）這個字就經常被誤用。Podium這個字的字根pod，拉丁文的原意是「腳」（the foot）的意思。顧名思義，podium又稱演講臺（rostrum），是講者用來站在上面發表言論的臺子，而不是站在後面用的講臺（a lectern）。

另外，像是congress這個字也常被錯用泛指成國際會議，造成混淆與誤解。就算是經驗老到的會議產業從業人員，也會誤將congress當成一般的會議（meeting）。congress（代表大會）指的是相關團體指派代表，針對某一個主題，定期地開會。美國以外的地區會用convention這個字代替congress。負責congress的所有行政聯絡事務的組織，則稱爲secretariat（秘書處）。

由國際專業代表大會主辦者協會（International Association of Professional Congress Organizers, IAPCO）所編纂的《代表大會專業用語手冊》（*Manual of Congress Terminology*）已經以七種語言付梓發行。即使這本手冊裡還是將congress（代表大會）當成一般的會議，但業已針對各種形式的會議，重新釐清其定義與用法。如：assembly（組織大會）、colloquium（非正式專題討論會）、conference（專業討論會）、congress（代表大會、大型會議）、convention（年會、大型會議）、exhibition（展覽）、forum（論壇）、seminar（指導型討論會）、symposium（專題討論會）等。

其他常見之會議型式像是kick-off 或是launch，指的是介紹新產品或新的行銷企畫之會議。這樣的會議主題與動機就相當明確。在美國地區，convention通常除了會議本身，還伴隨相關的展覽活動。大型展覽通常需要預定好幾家飯店，才能滿足與會者的住宿需求。因此，大型展覽舉辦的時候，變成當地的「全市活動」（citywides）。這樣看來，不同種類的會議，不僅僅其本身所用的詞彙不同，其目的、型式、所需條件、時間長短與特性，也都各異其趣。

會議的類型

同時具有「國際會議專業人員協會」（Meeting Professionals International, MPI）所頒之會議管理證書（Certification in Meeting Management, CMM）與會議專業人員證照（Certified Meeting Professional, CMP）的義大利會議企劃者協會（the Italian Association of Meeting Planners）創立者——羅多弗・慕斯科（Rodolfo Musco），按照會議的目標與特徵，將會議類型做了以下的解析。

1. **目的**。會議的召開大多期能告知、組織動員、辯論、激勵、教育、溝通或達成決議。代表大會、論壇和專業討論會三種會議之目的有其相似處，都在尋求告知、溝通與提供議題辯論的機會。專業討論會對告知與達成決議有助益，而年會之目的可能是組織動員、告知、激勵、溝通、辯論與投票表決。指導型討論會之目的則爲告知與教育。了解與區分會議目的非常重要，因爲會影響到會議時間表、會議室的安排、演講者的選擇以及許多其他會議相關活動的決定。
2. **與會人數**。專業討論會、論壇與指導型討論會通常與會的人數都是幾十人左右，而代表大會則有眾多的代表與會。專題討論會的與會人數可多可少。雖然與會人數的多寡常常見仁見智，但通常與會人數少於一百人，就無法稱其爲congress了。
3. **開會次數**。convention通常一年召開一次。congress則是一年召開一、兩次或是爲某一特定目的而召開。專題討論會也是定期召開的會議。但是專業討論會、論壇及指導型討論會則視情況才召開，並無一定的開會次數。
4. **會期長短**。專業討論會的會期通常是一天或一天以上。指導型討論會的會期則爲一到六天不等。專題討論會和年會的會期通常得要三到四天。而代表大會的會期取決於開會地點與討論主題，可能需要三到五天的時間來召開。
5. **籌組會議時間表**。敲定各種會議所需的時間並不一致。專業討論會可以在幾個禮拜的時間內規劃完成，像是論壇或指導型討論會得要二到六個月才能敲定，專題討論會則至少要一年的時間，代表大會和年會則要一到四年的時間才能敲定。
6. **活動前的溝通事項**。論壇和專業討論會在會前只需就會議地點、日期、時間、主題、演講者和註冊資料進行溝通協調即可。年會在初期並無相關活動的詳細資料，所以通常以其官方網站或書信，於會前聯絡通知與會者。專題討論會、指導型討論會及代表大會的會前溝通資料則必須愈詳盡愈好，因爲該資料會影響收信者的與會意願和決定。
7. **活動方案的動態**。演講者和與會者之間的關係非常微妙，不可輕忽。參加指導型討論會、專題討論會，或是代表大會的代表，都是因爲對這些會議所討論的主題以及演講者感興趣而參加的。所以，在這些會

會前審慎評估與規劃，是國際會議成功致勝的關鍵。

議裡面的演講者，常常被視爲該討論主題方面的權威專家。一般而言，參加這些會議的人員，其資格必須事先篩選，而且他們必須於會前繳交註冊費用。然而，專業討論會或論壇多半是因爲與會者對於該會議主題有興趣，覺得必須形成一種輿論，並努力達成最終決議而召開。相形之下，年會的代表去開會比較像是一種義務，因爲他們無法左右大會開會的日期、地點、會期長度或是會議內容。正因爲如此，他們對於大會演講者的態度也比較挑剔且細究。

主辦會議時，必須先知道各種不同類型的會議特性，方能在溝通、推廣文宣內容以及業界教育活動中，清楚說明會議之型態。同樣地，撰寫會展活動新聞稿的文字記者與作者，也應該展現其對會議用語的知識，讓讀者可以對會議專業有更進一步的了解。

邁向全球

愈來愈多的機構在其他國家舉辦會議，或者在本國主辦國際會議，邀請不同國家的人來參加。這些機構有的是擁有全球市場或各地分公司的企業、有的是國際協會、有的是專業學會或是政府機關。因此，這些機構必須跟全球各地的人有更頻繁的互動；所以，我們常會發現類似下列的情形：一個英國政府單位到日本參加商展、拉丁美洲的藥廠去蘇黎士參加醫學年度大會、華盛頓的一個商會在丹佛會議中心舉辦國際會員大會、台灣汽車製造商到加拿大開經銷商會議。

除了會議地點之外，國際會議還須考慮到以下的問題或條件，其中有些並不適用於國內會議之考量：

1. 簽證與護照的要求
2. 貨運及海關規定
3. 匯率變動
4. 主辦國的政治社會穩定度
5. 主辦國政府強制的旅遊限制
6. 語言考量
7. 文化差異與禁忌
8. 國際禮節

人脈網絡

人脈是研究國際會議時最有價值的工具。不可否認的，最客觀的資訊來源莫過於曾經研究過國際會議的同事。

會議專家都是從加入會議產業的專業組織協會開始建立他們自己的人脈資料庫。國際會議專業人員協會（Meeting Professionals International, MPI）、專業會議管理協會（Professional Convention Management Association, PCMA）、美國協會高階主管公會（American Society of Association Executives, ASAE），都是會議產業中著名的國際組織（網址請參照附錄一所示）。這些組織向外招收的會員，有的是國際會議企劃者，有的則是國際飯店及會議目的地的代表。這些國際組織會針對其會員的工作資歷和參加會議產業舉辦之講座的出席率，予以評估衡量。「誰是之前的國際會議主持人或國際會議的演講者？」是評量過程中最常問到的問題，也是會員建立人脈的開端。

定期出刊的會議產業雜誌，裡面都有各目的地最新的資料，以提供讀者最實用的資訊，內容包括：文化差異，旅遊竅門，飯店及會議設施等等。這些雜誌大部分都會出版年鑑，按照年鑑裡面的目錄，讓讀者可以很快找到想閱讀的期別及篇章。同樣地， 直接去參加會議產業的各項展覽，對從業人員搜尋資訊來說，也是相當有用的。例如在美國芝加哥舉辦的「推動展」（Motivation Show），也就是之前的「國際旅遊暨會議博覽會」（International Travel and Meetings Exposition, IT&ME），在法蘭克福舉辦的「國際會議產業展」（ International Meetings Industry Exhibition, IMEX），在巴塞隆納舉辦的「全球會議暨獎勵旅遊展」（Global Meetings & Incentives Exhibition, EIBTM）進行產品的展示，在南美洲舉辦的「拉丁美洲與加勒比海獎勵旅遊暨會議展」（Latin America and Caribbean Incentive & Meetings Exhibition, LACIME），以及輪流在亞洲各城市舉辦的「亞太地區獎勵旅遊暨會議博覽會」（AsiaPacific Incentives & Meetings Expo, AIME），這些年度商展（annual tradeshows）均吸引各國同業踴躍參展，其中包括會展地點推廣人員、航空業、會議中心、飯店業以及各項後續服務業者。

地點選擇

從全球各地找尋開會的城市與地點，並加以研究、評估，從中選定適合的地方，雖然看似有許多選擇，但其實只有少數幾個城市或區域有能力和設施舉辦國際型的會議。

選擇會展地點的第一步就是決定舉辦的區域 （如亞太區，歐洲區，或是拉丁美洲區）。通常與會的人數及國別，以及當地季節氣候，都是影響這項決定的因素。 區域一旦決定之後，會從該區域選定幾個地點做進一步研究。

所謂進一步研究，就是得開始界定會議／展覽的各項特徵：會議目的、建議的開會日期、與會人數、與會者的國別、個人資料。這些特徵都會影響地點的選擇。除此之外，還有以下幾個因素會影響地點之選擇：

1. 所需條件。預估所需的飯店房間數，包括客房、會議室、展覽空間、餐飲、相關支援性的服務以及特別需求。

2. 會議歷史記錄。選定地點也可從過去舉辦過的類似會展著手，從其文獻資料找出相關資訊，如日期、地點、訂房數、接送服務、房間價格以及餐飲費用等作爲參考。同時，有意爭取舉辦會展的地點負責人，也可以從這些文獻資料評估舉辦該會展的附加價值，進而考慮是否可以提供其他優惠，用以吸引會議主辦者的青睞。有了這些文獻資料的幫助，會議主辦者可以把搜尋地點的範圍縮小到某一特定區域或國家，而在這特定區域或國家內，主辦者只需考慮二至三個適合辦會展的地點（或城市），然後針對這些地點／城市再做進一步的評估。

以前得花很多時間經歷，才能從堆積如山的檔案或工商名錄中，找到上述會議歷史記錄的文獻資料。現在，網際網路的普及，讓這樣的搜尋簡便許多。 同時，有些會展相關網站的內容包羅萬象，從完整的會展細節資料，到會展樓層功能示意圖、照片，甚至還提供虛擬參觀的服務。藉由這樣的網路資訊，會展企劃者通常會在預算範圍內，在會展地點選定三到四家飯店，以因應開會及住宿需求。

通常要找到合適的飯店，之前都會先把「服務建議書徵求文件」（Request for Proposal, RFP）以電子郵件方式（有時以傳眞方式）發給幾家屬意的會議場地（venues）、「目的地管理顧問公司」（DMC）或是「會議暨旅遊局」（Convention & Visitors Bureaus, CVB），作爲報價之用。若國際級的連鎖飯店在入選名單之內，其當地的業務代表便會將房價與可入住的日期天數，回報給會議主辦單位。

收到RFP的會議場地業者會詳盡地回覆關於可住日期天數、空間大小以及價格等相關問題。會議主辦單位在審閱這些會議場地業者回覆的資料之後，可以從中選定覺得最符合其需求者。一旦選定後，會議主辦單位將透過CVB、DMC或特定飯店的安排，針對目的地及候選的會議場地，進行一次實地的勘察活動。

場地實地勘察時間的安排

選定最能符合其需求的地點後，會議主辦單位須安排時間到該地，做一次實地的勘察。勘察之前，主辦單位應事先知會該飯店與當地會議暨旅遊局代表，並提供之前的開會記錄給他們參考。同時，會議主辦單位也應確認在當地提供所需支援性服務之業者的評價、價格以及服務水準是否如實。

會議目的地推廣人員

大多數的會議目的地在當地都設有觀光辦事處或是會議暨旅遊局，其人員的語言能力與辦事能力均佳，以便協助會議主辦者做好事先的企劃。同時，這些局處也都會在其他主要城市設立分處，該分處的代表也會參加在其他城市舉辦的商展，藉此推廣其所在城市，讓會議企劃者可以更了解其所在城市，進而協助安排企劃者到當地去做實地的勘察活動。會議目的地推廣人員也會提供當地的行銷資料給企劃者參考，這些行銷資料有彩色文宣（四色印刷的廣告傳單或留有空白頁的手冊，讓贊助廠商可以印上其公司標誌或文字）、各種簡介、地圖、CD和DVD，以及提供郵寄的服務。

另外，有些區域的做法是聯合其主要城市，一起從事會議目的地行銷。像「亞洲會議暨旅遊局協會」（Asian Association of Convention and Visitors Bureaus, AACVB）及「歐洲會展城鎮聯合會」（European Federation of Conference Towns, EFCT）都是這樣的機構組織，協助其區域內城市做行銷，並且提供其會員城市的詳盡資料給會議主辦單位參考。同樣的，一些獨立運作的推展單位，如飯店和目的地管理顧問公司，對於會議主辦單位來說，也都是不錯的資訊來源。

活動方案規劃

一個協會的會議活動方案通常是由每次依據會議宗旨成立的「活動方案委員會」（program committee），以及會議企劃人員所共同合作規劃完成。公司的會議規劃通常由協力部門跟會議企劃人員（可為公司員工或約聘的專業人員）一起規劃。活動方案是會議的基本理由及會議最重要的元素。畢竟，參加會議的人都想聽聽主辦者要傳遞哪些訊息。

在融合多種文化的活動中，語言是主要的考量。不論是做生意或是溝通，英文已經是世界各地都通用的語言。然而，會議主辦者仍需考量與會者的背景以及對英文的理解程度。假如會議上用的正式語言不是大多數與會者的母語，主辦單位最好把會議資料事先翻譯好，並且在會議進行中，選擇幾個重要主題，安排同步口譯的服務。

活動方案構成要素

以下是特別針對國際會展活動有關之活動方案構成要素的概述：

時程的彈性

由於與會者（包括講者）可能跨越好幾個時區，經過長途飛行，才能抵達會議目的地，所以通常會期的第一天除了會議接待處照常運作之外，主辦單位通常不會在第一天就安排比較嚴肅或是比較需要聚精會神的議程。至於講者這方面，除非講者住在當地，不然他們通常也都是在他們講演前的一天到達目的地。接下來的議程最好還是保持彈性，讓不遠千里而來參加此跨國會議的代表，可以從議程的內容中，有所收穫。會議切忌安排過滿的議程，好讓與會者可以有些時間彼此認識，或是可以趁此難得的出國機會，相約一起去購物和到當地觀光景點逛逛。

通常國際會議的主辦單位會在正式會期之前與之後，替這些辛勞的代表們安排一些短程的觀光機會。假如聚集一大群遠從國外來的人開會，卻不給他們時間參觀一些當地著名景點，有時反倒會讓會議效果打折扣。爲了節省成本，一般公司行號的國外會議並未提供這樣的福利給出席的員工。

會議形式

國際代表大會的重點乃是放在全體會議（plenary sessions）上，雖然偶爾也會安排分組進行小組會議。公司會議的形式則有一般全體的議程和分組討論的小組研習會，通常兩種形式都會被採行。

開會用的資料

爲了節省運費，會議專家認爲像是出席名冊、節目表、講義、評分表這些開會用的書面資料，應該找當地的印刷廠印製。早在做第一次實地勘察的時候，會議主辦單位即可順便得知當地哪些印刷廠有合格的印製能力。選定印刷廠之後，接下來主辦單位必須把要印製的東西以電子郵件或是複製到光碟中寄給廠商。廠商打樣後，再寄給主辦單位確認核准。等主辦單位同意之後，廠商才可以印製相關資料，並將印妥的開會資料寄到會議地點 。

與會的代表最希望收到的資料就是議程摘要與時程表（meeting syllabus），講者須於會前將其講題與簡述資料（written résumé）寄給主辦單位。講者的議程摘要會在當地印製裝訂並於會議當場發放。有時這些資料會燒錄在一張光碟裡面或放在主辦單位的官網上面讓與會者隨時下載。通常，這樣的議程摘要都是用會議指定的官方語言出版，假如有特別需求且經費足夠的話，主辦單位可以提供其他語言的譯本。同樣的道理，只要經費許可且與會者有需求，主辦單位也會提供視聽的錄製設備。

會議使用的語言

所有多國／國際會議的主辦單位都會指定一種語言作爲會議的官方語言。縱使與會者能說多國語言，主辦單位還是得視與會者的文化背景及其對官方語言的熟悉程度，適時地安排口譯或是翻譯的服務。

翻譯

國際會議開會用的書面資料，最好事先就翻譯成與會者的母語。這些書面資料包括市場推廣文獻資料、會議活動方案、與會者名冊、講義、會議記錄、展覽印刷品以及其他與此會議密切相關的出版品。除了翻譯的成本，主辦單位還得編列譯本審稿與印刷的費用預算。

口譯

若在指導型討論會或小組討論這樣的場合，與會者人數較少，而且只有用到兩種語言的話，主辦單位可安排逐步口譯（consecutive interpretation, C/I）的服務。逐步口譯，顧名思義就是講者經常得停頓一下，讓譯者有時間可以翻譯。然而，在一般的集會裡，多半還是會提供與會者同步口譯

（simultaneous interpretation, S/I）的服務。在有提供同步口譯服務的會議裡面，與會者只要將主辦單位分發的耳機調到適當的頻道，就可以同時聽到口譯的內容。

專業的口譯人員會在有隔音設備的小房間，即時翻譯講者演說的內容。由於口譯難度甚高又很耗體力精神，所以每種語言的翻譯都須由兩位譯者一組，輪流上陣翻譯。一般而言，有經驗的專業口譯者可以直譯高難度的技術資料達二十至三十分鐘之久，中間完全不需休息。爲了讓口譯內容更爲準確，講者必須在會前將講演內容及輔助資料提供給口譯者，讓他們能提前準備。口譯所需預算包括：翻譯費，差旅費、食宿費用以及設備租賃費用。

背景文化的考量

再怎麼有經驗的會議企劃者，在做會議規劃的時候，還是得提醒自己注意與會者的文化差異。比方說，邊吃午餐邊工作（working lunch）在北美地區的會議裡是稀鬆平常的事情，但可能在多國會議的場合行不通。主辦單位和講者都必須了解不同文化背景下，與會者的學習方式也有所不同。

這些文化上的差異會影響與會者的參與程度。舉例來說，有些來自亞洲地區的與會者因爲害怕丟臉，所以不太敢在外國人前面發言。主辦單位會發現，只要離開會議室，在分組或是非正式的小組討論中，與會成員的互動最好，討論的成果也最好。

講者的安排

如果演講者、專題討論小組參加者及討論會的領導者面對多種不同文化之聽眾的經驗較少，主辦單位應該事先跟這些講者簡單說明與會者的背景資料。爲了確認與會者可以聽進講者演講的內容並能夠理解，主辦單位可以用表1-1所列的清單來安排講者。

表1-1　講者條件的篩選清單

1. 運用視覺輔具來加強說明重點
2. 不咬文嚼字，避免使用俚俗語
3. 採用國際視野與觀點，摒絕偏狹的觀念
4. 提供講義大綱或摘要
5. 重複敘述問題，確認與會者聽懂問題是什麼
6. 總結重點
7. 遵守會議禮節

社交活動與休閒活動的安排

在遠地開會，對於與會的代表及貴賓都可算是一種利多。不過，要這些遠道而來的與會者整天待在會議室裡開會，恐怕會議的成效有限。所以，會議企劃者必須想辦法在這些與會者抵達目的地的首夜，安排一些活動，讓與會的人員有機會互動。與會的代表也可以趁著開會空檔（一個下午或是一個晚上）去遊覽當地歷史、文化或遊憩景點，或到當地餐廳享用在地的美食。會議企劃者通常會把這樣的活動，交給當地的DMC（目的地管理顧問公司）去安排並管控。

餘興節目

DMC同時也可幫忙在會議目的地安排餘興節目，像是舞蹈表演、喜劇演出、魔術表演或民俗技藝表演。會議企劃者要對各個文化的禁忌有足夠了解與認識，並盡可能避免任何可能會冒犯與會者的動作。所以，會議企劃者都得事先過濾這些餘興節目的各項表演。因爲得跟這些表演團體簽約才能請他們在餘興節目時間中演出，會議企劃者最好還是透過了解當地法律的DMC去安排。

維安與保全

會議地點是否安全與安定，常常是主辦單位主要的考量。若會議地點在其他國家，會議主辦單位通常會事先諮詢美國國務院和該國駐美辦事處的意

見。有些主辦單位在評估會議地點之後，甚至會考慮雇用專業的保全服務，以策安全。然後，主辦單位可視活動引起的敏感程度，向當地的警察執法單位尋求協助或是在當地雇用合適的保全人員。詢問當地警察機關可以事先知道當地哪些地區比較不安全。專業的會議主辦單位也可在實地勘察的時候，順便稽核會議地點的安全狀況，並且跟負責設備設施保全的主管會面，評估他們的緊急應變計畫。

如果事先有所防範，會議中可能會發生的醫療與健康危機或風險也可大幅降低。與會的代表在出發前都會收到主辦單位要他們注意自身安全的通知。同時，主辦單位也應提醒與會者攜帶自己的慢性病處方箋、過敏藥物、旅遊醫療保單以及備用的眼鏡。與會代表須在抵達會議目的地登記時，填妥緊急連絡人的資料。

就算是在最安全的地點開會，也有可能因爲無法預料的天災人禍（諸如氣候狀態、天然災害、勞工糾紛、恐怖行動），而讓會議有所變更。所以，爲了降低會議變更所造成的損失，大多的主辦單位都會在會議的預算內，編列會議取消之保險費這個項目。

海關、貨幣與合同

參加會議的人，不論是首次出國或是經常出國，都應該在行前就對地主國的入境規定有所了解，特別是有關護照、簽證及違禁物品之相關規定，得更加注意。另外，也須知道匯率與當地購物稅的規定，有些國家的購物稅甚至高達25%。這些購物稅又稱爲VAT、IVA或GST，通常可在離境時，以個人名義或是會議主辦單位統一到海關辦理退稅事宜。然而，並不是每個國家的海關都可退稅。可以退稅的國家其退稅機制之複雜程度又不一致，有些國家退稅的文件表格繁複不易塡寫，有些國家退稅的時間相當冗長，有時要好幾個月甚至好幾年才能退到稅。

同樣地，會議主辦單位也得了解目的地當地的相關稅則規定，如貨品與服務付款方式，運費與清關費用，清關文件與管制品證明等等。在運費與清關費用這個部分，多半的會議企劃者爲了節省時間，會跟貨物託運業者合作，請託運業者準備相關的文件清關與監督運輸過程。最可靠有用的託運業者會跟目的地當地的報關行配合，由報關行收件，處理清關所須的文件，最後將物件送抵開會的地方。在附有展覽活動的會議場合理，這樣的服務顯得格外重要。

匯率的變動影響會議的預算編列甚鉅。尤其是有些預算須在好幾個月甚至好幾年前就得編列完成，匯率的變動所導致的預算差距，常常難以估計。因此，會議產業從業人員在編列預算時，都會額外多編15%-25%的費用以及運用各種財務手法，以因應匯率的變動，避免超支。國際會計師事務所，外匯交易所，以及商業銀行的國外部門都是可靠的資訊來源，可以提供會議產業人員國外銀行業的狀況，支付供應商貨款事宜和一般財務管理須知。

行銷

會議行銷活動包括引起他人注意，提供會議內容與講者的詳盡資料，以及供應合適的回覆表格。雖然電子郵件與網際網路的運用無遠弗屆，很多公司還是會印製文宣品加強其會議推廣。至於哪種行銷方式效益最大，會議產業人員可參考表1-2所列之清單，從中選取最適合自己公司或組織的行銷方式與內容。

不論是會議呈現的內容本身，或是會議行銷方式與文宣 ，都應該避免觸及文化上面敏感的問題。如果文宣是用英文書寫，設計文宣的人必須考慮到收件者的英文程度有可能不佳，所以應該盡量避免用到縮寫、雙關語、口語以及外國（foreign）這個字眼。

表1-2　行銷文宣內容清單

1. 清楚明顯的主題圖文，讓人對會議名稱、地點與日期一目瞭然
2. 以生動活潑振奮人心的文字，說明參加這個會議的好處
3. 正式議程的簡介與社交／休閒活動之介紹
4. 介紹會議之精采內容與人物—主持人與每個主題摘要
5. 提供會議目的地、食宿與交通安排方面的資訊
6. 提供地主國歷史、語言與文化特色
7. 說明護照與簽證之相關規定與醫療資訊
8. 說明匯率、銀行上班時間與例假日時間
9. 說明當地之電話與上網服務、電壓與使用的插頭類型
10. 提供報名登記表格與入住飯店之表格，表格內需說明報名費用與房價

登記與住宿安排

會議登記註冊的表格應該反映到各種文化的細微差別。像nickname（暱稱）或first and last name（姓名）這類的字眼就不適合用在多元文化的會議登記表格中。正式且合適的說法應該是 given name（名字）與Family name（姓氏）。在登記表格的住址部分，應該附加state/province（州／省）及postal code（郵遞區號）的欄位。如果參加會議需要事先登記收費，該費用明細應該註明每位與會者應繳之金額，提前報名的優惠折扣、來賓費用、幣別、付款方式與截止日期等細節。

在預訂飯店時也須注意到上述的文化細節。另外，應該讓報名參加會議的人們了解，團體訂房價的優惠不適用於單人房及雙人房。若兩人同住一房，有些國家（美國除外）的飯店會向第二位房客加收房價差額。這是因爲在美國以外的區域，飯店的房價都包含早餐在內。特別是在歐洲，有些比較老舊的飯店，雙人房只是比單人房大一點的房間，裡面也只有一張單人床。在給與會者塡寫住宿表格時，必須註明這方面的差異並表列所有型態的客房，以供其選擇。

若會議在國內舉辦，會議企劃者經常得花時間去找可以容納較多房客的飯店，以便安排與會者統一住宿。各個飯店也會視不同季節與旅遊團體的訂房狀況，回報該飯店於會期內可供住宿的空房數目給會議企劃者。

餐飲

會議中的膳食，可以安排當地的風味餐，既可讓與會者有機會品嘗主辦國的美食，又可因地利之便減少飲食上面的花費。世界各地的用餐時間不一。以西班牙爲例，都會人員的晚餐都是晚上十點以後才吃。

有些文化的飲食習慣與衆不同。會議企劃者的責任之一就是事先得知與會者的飲食禁忌（如對甲殼類海鮮過敏，麩質或乳酸不耐症），並交代廚房在烹調時要特別注意這些禁忌。對於吃素的人而言，只要事前先註明，大部分開會地點的餐廳都可以準備素食養生餐。一般而言，低熱量碳水化合物的餐飲並非到處都盛行。

為了讓與會者可以徹底品嘗不同文化的美食，會議企劃者會跟當地DMC合作，安排與會者可以在外用餐。比方說，可以選擇一天晚上，在當地歷史景點、博物館、城堡或是遊河坐船，享用晚膳。還有一種頗受歡迎的用餐安排，就是讓與會者自行到當地的餐館，實際體驗當地美食與「食」的文化。主辦單位在跟與會代表簡報會議地點當地風俗時，必須跟與會代表講明，很多國家的餐廳消費發票上都會註明 service compris，意即「金額內含稅金與服務費」。不過，假如餐廳的服務真的不錯，另給小費也無妨。

空中與陸上交通工具之安排

航空公司

不論國際線或是國內線，選擇合法營運的航空公司，有助於會議活動的安排。由於飛往目的地開會的人數眾多可期，被選定的航空公司會提供優惠的票價與服務。但是，國際線的飛行安排就不是那麼簡單。比方說，假如要在赫爾辛基開個會議，與會者來自四面八方（美洲、歐洲、非洲、中東），這樣的話，光是一家航空公司肯定無法應付所有的飛行通道閘門。不同航空公司之間的聯航機制可以減少這類的問題，但是這樣的聯航機制可能會讓一些與會者無法享有優惠的票價。通常，較多航空公司飛抵的目的地城市，其票價也會相對便宜。

另外，各地的機票價格（飯店的房價也是）會隨著季節有所不同。以每年七月為例，南半球是隆冬，北半球是盛夏（也是旅遊旺季）。所以到布宜諾斯艾里斯的機票價格就會比到阿姆斯特丹要來得便宜。

除了提供低廉機票價格之外，航空公司有時也會提供會議推廣的相關協助，貨運運費的折扣，機艙升等至VIP貴賓等級，或是提供免費或折價的機位給會議工作人員。有些航空公司還會提供旅客貼心的服務，像是使用俱樂部設施，協助清關，以及團體行李的搬運。

由於不同季節時間的機票價格不同，會議產業從業人員應該在會期確定之前，就開始跟幾家航空公司接洽且議價。除了價格之外，還有下列事項也須事前談清楚：

- 優惠價格適用的日期範圍
- 可以使用的通道閘門數量
- 搭乘經濟艙，豪華艙與頭等艙的旅客人數比例

與當地PCO及DMC合作

對於會議企劃者來說，若會議目的地在其他國家，當地的PCO（專業會議籌組者）與DMC（目的地管理顧問公司）就是無價且實用的資源。除了熟悉當地的語言和風俗之外，當地的PCO和DMC對於目的地的景點設施與支援服務也都瞭若指掌，讓會議主辦單位可以減少因爲人生地不熟所引起的焦慮壓力。

專精於國際會議的PCO通常都是經驗豐富且獨資的企業。這樣的PCO提供的服務有：協助會議主辦單位，提供人員管理與財務方面的服務以及聯絡當地相關廠商。

一家可靠的DMC除了得提供上述PCO的各項專業服務之外，還得擅長協調當地交通工具與休閒活動之安排。一般來說，DMC會在目的地現場設有服務窗口，由通曉多國語言的員工當場協助與會者，回答跟目的地及其景點相關的問題。

會議科技

通訊科技可靠與否，對於國際會議或是國內會議，都一樣重要。當會議主辦單位到一個不熟悉的場合舉辦會議時，更得仰賴穩定的通訊設備，可於現場把資料傳給來自各地的與會者，也可到世界各處的資料庫取得資料。

開會資料傳輸

高速寬頻網路的連線設備，對於企業在地的營運相當重要。這樣的連線設備，對於出差到地球另一邊開會的公司員工來說，更是不可或缺。世界各地的會議地點其連線服務品質與價格參差不齊。因此，會議產業從業人員在

發出RFP（服務建議書徵求文件）之際，一定會把網路設備與服務放在選項清單裡面。通常，就算是樣樣設施都具備的會議地點，只要該地點的會議與客房沒有寬頻連線設備，都會被會議企劃人員從名單中剔除。不僅會議活動的管理，後勤與行政常常也需要用到網際網路。會議主辦單位也常常需要靠網際網路連線到公司內部資料庫及產業相關網頁取得重要資料。同時，主辦單位也可以運用這個工具，把會議資訊一起傳給與會者和講者。

主持簡報的科技

現在筆記型電腦與串流視訊的技術已經取代之前盛行的投影片及幻燈投影機。講者可以用電腦準備詳盡精彩的簡報資料，也可到各種不同的資料庫裡面搜尋可用的影像來強化其簡報內容。

世界上大部分的會議地點都會提供視聽設備器材給與會者，必要的話也會請技師在旁協助操作機器。專業品質的音響系統、投影機、無線翻譯網路、互動式的回應系統——這些以前被視爲先進科技的設備，現在在許多國家的會議地點已經比比皆是，到處可見。

然而會議主辦單位還是得注意一件事：各地電流電壓、影片（VC/DVD）的格式或相關的電器規格可能有所不同。比方說，在加拿大或美國錄影製作的影帶或DVD，就無法用德國或澳洲的放映機播放。

展覽會

亞洲和歐洲的展覽中心跟美國的展覽中心差別在於：場地寬廣高聳。阿姆斯特丹、柏林、漢堡、香港、尼斯、新加坡及東京，這幾個城市都號稱有巨型展覽中心。相較之下，美國境內最大的展覽中心——芝加哥的麥克科密克中心（McCormick Place）——就相形見絀了。

上述這幾個歐亞的城市，其展覽中心都是這二十年來增建或新建的。這些有名的展覽中心不僅外觀雄偉，其應用的科技更是先進。爲了滿足參展廠商與看展者的需求，這些展覽中心設備完善，其視聽室都有裝設最新科技的器材並提供同步口譯、其樓層隔板可放置參展用品和資料傳輸設備。展覽中心的保全警衛系統森嚴，可以從遠處遙控展場的一舉一動。有些展覽中心已經不再列印傳統的DM傳單，改為出租PDA的服務，其中的內容包含所有參展廠商與產品的資料。

各地展覽會的運作與場地配置方式也有所不同。美國的展場習慣用帷幕區分參展的攤位，但在歐洲，參展攤位的硬式隔間幾乎都是在會展地點當場裁切組裝。

結語

本章已經就理論與實際的觀點，提點讀者關於國際會議的多項特色。馬里茲旅遊公司（Maritz Travel）的總裁克莉斯汀．達菲（Christine Duffy）女士在被問到怎樣才算是完美的國際會議專家時，她是這樣說的：「成功的國際會議企劃專家總是不斷在學習。他們會仔細研究同業的態度、文化與價值觀，然後調整並適應其中差異，以便和同業建立互惠的關係。」

如此看來，會議從業人員的態度眞的很重要。大部分的會議企劃者對於人、事、地、物都感到好奇，他們對人有眞誠的關心，特別是跟他們有互動往來的人，都可以感受到這份關心。歐洲人與拉丁美洲人用“simpatico”（和藹可親）這個字形容這類的會議專家。最成功的會議從業人員，了解到差異就是差異，並沒有所謂的好壞之分。他們不會期待不同國家的工作環境會跟本國的環境一模一樣，他們會擁抱異地文化的差異，讓他們本身的專業經驗更爲豐富，進而讓會議活動企劃與管理增色許多。

重點回顧

- 國際會議展覽活動的型態不一，取決於會議地點、目標、形式、活動節奏以及與會者的背景。
- 國際會議與國內會議的分野有：入境與海關規定、貨幣、政治情勢，以及語言文化的差別。
- 會議主辦單位在企劃階段須運用各種不同的管道與人脈，選擇合適的會議地點。
- 會議規劃是會議或大會的主軸。如果與會者來自四面八方不同國籍，主辦單位規劃會議時就得仔細考慮翻譯與講者定位的問題。
- 與會者的不同文化背景會影響會議活動的各個面向，包括報名、會議內容、與會者的背景、禮節、用餐時間以及餘興節目。
- 舉辦國內會議時，有關潛在風險與緊急應變需要考量的事項，在其他國家舉辦會議時，得花更多心力仔細評估，如保全、健康、天候、犯罪率與政局穩定度。
- 了解貨幣工具與差異，並適當使用，將可避免超支與誤會發生。
- 要向不同文化的族群做會議宣傳的話，主辦單位必須事先了解其文化和語言的差別，然後從該族群認定可接受的觀點與方式切入其推廣內容。
- 會議產業人員於事前規劃的階段，應多注意一些細節與準備，可於開會時收到事半功倍的效果。
- 規劃會議時，主辦單位必須了解場地設備、展場配置、相關術語以及運作方式。
- 關於機票與旅途的安排，主辦單位可以參考出發地各家航空公司的報價。長途飛行與跨越多時區的旅程可能會影響會議的進行。
- 事先了解會議目的地當地使用的電流電壓（伏特數），網路頻寬與影片規格，以便屆時資料傳輸與視聽技術的運用無礙。

名詞解釋

- **APEX Fare (Advance Purchase Execusion Fare)**　廉價機票
  通常由國際航空公司提供。

- **Bank draft**　銀行匯票
  由銀行或商人所簽發，以另一銀行爲付款人的匯票。

- **Banquet Event Order, BEO**；又稱**event order**　宴會活動流程表
  會議場地負責單位提供的表格，以確認客房數目、用餐、飲料、場地、設備、價格與相關細節。又稱宴會清單（a function sheet）或宴會概要表（résumé）。

- **Carnet**　貨品暫准通關證
  係一種使特定貨品，如展覽品、商業樣品及專業器材等，得於相關締約國間暫時免稅快速進口後復運出口之文件。

- **Committed capacity**
  於特定時間內，飯店可供會議參展團體住宿的客房數目。

- **Delegate**　委派代表
  於會議中有投票權，通常指的是參加國際會議的人員。

- **Demipension**　含兩餐之住宿計費方式
  包含早、晚兩餐的住房計費方式。在北美地區又稱爲修正式美式計費方式（Modified American Plan, MAP）。

- **Destination**　目的地
  指的是會議舉辦地點（國家、區域、或城市）

- **Destination Management Company, DMC**　目的地管理顧問公司
  位在會議地點當地的顧問公司，員工舉辦會議活動的經驗豐富，語言能力佳，且對當地景點瞭若指掌。DMC協助策劃主題活動、休閒娛樂與觀光，並提供機場以及到外地開會的接送服務

- **Family name**　姓氏
  "Last name"的正式說法，用在報名表格中。

- **Force majeure**　不可抗力條款
  合約條款之一。讓簽約雙方在發生天災人禍（戰爭、罷工、天然災害、恐怖攻擊等等），導致會議必須取消時，責任損失可以降到最低。

- **Ground operator**　陸上交通經營商
  類似DMC的公司或個體户，提供與會者陸上交通服務。
- **Head count**　與會者總數
- **Head tax**　人頭稅
  有些國家對於入出境的旅客徵收的稅額。
- **Interpretation**　口譯
  將會議語言以口語方式，翻成單一或多種其他語言。
- **Long haul**　長途飛行
  通常得跨越五個時區以上的旅程。
- **Pickup**　實際住房數
- **Plenary session**　全體會議
  又稱總體會議（a general session）。
- **Proceedings**　正式會議記錄
- **Satellite meeting**　附屬會議
  於主會開始之前、之中或是之後，針對相關主題所開的研討會或發表會。
- **Service compris**　服務費内含的餐廳菜單
- **Threat assessment**　危險評估
  由專業保全公司針對會議地點所有的潛在風險與危險所做的分析報告。
- **Translation**　筆譯
- **Turnaround; turnover**　客房周轉率
  意即從退房到入住所需的時間
- **Value-Added Tax, VAT**　加值稅
  針對物品或服務項目課徵的稅。在西班牙、葡萄牙、義大利與拉丁美洲稱爲IVA；在加拿大稱爲GST。
- **Venue**　實際開會地點
  如飯店、會議中心或大議堂。

輔助素材

延伸閱讀書目

Goldblatt, Dr. Joe, and Nelson, Kathleen S., *The International Dictionary of Event Management*, John Wiley & Sons, New York.

International Association of Professional Congress Organizers (IAPCO), *Manual of Congress Terminology*, IAPCO, Brussels.

網路

IAPCO: www.congresses.com/iapco.

Meeting Professionals International: www.mpiweb.org.

Professional Convention Management Association: www.pcma.org.

APEX Glossary of Terms: www.conventionindustry.org.

第二章
決策因素

人生中的偉大決策通常與本能和其他神秘的潛意識因素至為相關，而較無關乎自覺意志和通情達理。

—— 容格（Carl Jung）

內容綱要

我們將在本章探討：

- 如何謹慎而精確地界定會議、大型會議及展覽的目標
- 判斷會議之投資報酬（ROI）的方法
- 預先考慮可能遭遇的問題及免除之道
- 擬定會議簡介資料
- 研究參與者的人口統計資料並擬定合適的會議內容
- 決定活動的財務原則，並發展符合財務原則的預算
- 如何擬定會議企劃書

所有國內外活動的開端，都起始於基本理由或目的以及最能達成目的之活動類型的分析。一旦界定好這些要素，接著就要考量有誰會參加、必須達到哪些組織目標、必須完成哪些任務才能達成這些目標……等等諸如此類的問題。唯有當這些問題都有了答案以後，會議企劃人員才能考慮在哪裡舉辦活動。如果這些目標只要在國內舉行會議就能達成，是否還有強而有力的理由一定要到國外舉辦？

是否要在國外舉辦會議通常並非選擇的問題。在企業界，特別是跨國企業，其子公司、經銷商和客戶遍及全球，可能會要求會議企劃人員這一週在喬治亞州的雅典市（Athens, Georgia）安排會議，下一週則安排在希臘的雅典市（Athens, Greece），另一週又在其他地方。當企業成長、購併、全球化時，「照常營業」（business as usual）所涉及的跨國家和跨文化程度更甚以往，全球性的聯絡需求亦促進了國際活動的強勁成長。公司和獨立的會議企劃人員必須隨時準備在世界各國工作。

隨著愈來愈多組織和非營利團體尋求全球聯盟以增加會員數，協會企劃人員也愈加意識到全球化知識的需求，使他們的教育計畫更加豐富，並為他們的會員拓展多樣化的網絡契機。然而，在遠赴重洋之前，協會和非營利團體必須有正當理由這麼做，並且仔細分析成本和效益。

無論是哪種組織類型，負責籌劃這類活動的人都必須是經驗豐富的規劃人員，具備管理者、戰略家、教育者、創意總監、財務分析師和外交官等能力。在籌劃期間及後續階段，企劃人員將需運用上述這些能力。

會議目標

如果你正考慮在國外舉辦會議，須先仔細權衡利弊，而且要像舉辦國內活動一樣，擬定會議簡介資料（meeting profile）。考慮會議目標、參與者個人簡介、時間和旅費津貼、稅賦、社交活動與工作議程、每年何時舉辦以及組織政策。另外將支援這些目標的若干因素列舉如下：

1. 與合作夥伴或相似組織共同舉辦會議
2. 學習創新技術、產品與設施
3. 與其他活動結合，例如博覽會
4. 互相分享知識、觀點和技術
5. 增加在新市場或擴張之市場中的發展潛力
6. 形成新的聯盟

有了明確、系統性的目標（可以有一個以上的目標）之後，會議專家和管理階層必須問自已一個核心的問題：「除了會議以外，有沒有其他方法可以達成目標？」

會議企劃人員必須非常剛毅正直才能說服管理階層不舉辦會議。然而，一旦你接受會議專家同時也是財務管理者所提的前提條件（premise），那麼有時候就得做出這樣的決定。假設初步判定有必要舉行會議，不論是國內或國際會議，下一步就是準備一份完整報告，提綱契領列出決策相關的變數。這就是會議企劃書（meeting prospectus），也被稱爲會議分析（meeting analysis）。無論名稱爲何，這份文件爲管理階層陳述出主要的決策因素，包括：

1. 明確的目標以及對組織的利益
2. 近期活動比較分析
3. 預估參加人數
4. 出席者的人口統計資料與地理區域分布
5. 利害關係人參與的益處
6. 預估預算差別（國內與跨國相比較）
7. 支援組織目標的最佳實施方式

衡量利益與預先考慮問題

在國外舉行會議可以較有效達成會議目標嗎？造訪他國的景點可以提升出席率進而增加收入嗎？會議內容可吸引新會員嗎？可以提供正面新聞或是增進該團體的地方影響力嗎？在另一個國家管理與執行會議所增加的成本會抵銷潛在優勢和預估收入嗎？這些都是決定到國外舉行會議之前應該要了解的問題。

接下來，必須權衡到國外舉行會議的利益及其複雜艱鉅的程度。要考慮到增加的旅程時間、成本以及時差的影響，因爲這些都將影響到出席者及演講者。如果沒有適當處理語言與文化差異、不同的企業慣例、規定和禮儀等，都可能會產生問題。至於稅賦方面，許多國際組織適用的稅法規定，必須證明會議直接與納稅者的貿易或職業有關，才能做爲正當的營業費用。

你的出席者欣然接受這個體驗其他文化的好機會嗎？或者他們希望不論在世界各個角落，每件事都要比照國內舉行的會議。如果是這種情況，那還不如在國內舉辦，或者至少要準備投入更多時間、資源和創意，來教育、激勵出席者並在出席者出發之前設法做到他們的期望。

投資報酬

會議的投資報酬（return on investment, ROI）又被稱爲活動報酬（return on event, ROE），可以包含行銷報酬（return on marketing, ROM）——即

出席率，以及由贊助者和參加者所設定的目標報酬（return on objectives, ROO）。用來表示活動方案的成本（cost）與所有相關之利益（benefit）間的關係。ROI的計算乃是利用量化方法將所希望得到的結果與所陳述之目標加以對照，以衡量會議的成功與否。以往的會議評估通常都強調對會議場所、演講者、會議內容以及娛樂活動等方面之印象和主觀意見。即使時至今日，許多組織仍繼續以質化的觀點來評估會議成功與否。雖然此資訊對於後勤規劃而言，很有趣也很有用，卻不能提供未來會議在制定策略性成本效益決策時所需要的實質資料。

會議專家們面對愈來愈緊縮的預算，以及爲了爭取出席者的時間和注意力，現在已經了解到爲各種相關利益團體提供資料的重要性，而非只是讓他們留下印象。對會議贊助者、出席者或展覽者而言，怎麼樣才算是可接受的ROI？不論是收入的增加、新技能之獲得、行爲的改變、市佔率的成長，或是對特定區域之影響力的增加等，會議企劃人員都必須要確定目標是明確的，如此才能正確地衡量其結果。

要知道必須衡量哪些事情，就得在活動前清楚了解成員們的期望。建立衡量要素：滿意度、學習、績效、可能的收入等等。然後在舉行會議之前，進行調查和焦點團體訪談，以確認出席者的需求。如果你有積極參與的目標群眾，最好在正在進行的活動接近尾聲時做好上述事宜。如此一來，你便可以建立如何能符合出席者之期望、滿足他們的需求、並提供管理階層質化度量的經驗，由此得到的資料可以成爲後續活動有價值的行銷工具。

有些活動主辦者會安排一追蹤調查（follow-up survey），在下次活動之前確實驗證調查結果。調查結果會提交給整個相關利益團體，而不只是之前的出席者。提供各種獎勵措施也能確保有良好的回應，例如摸彩、免費註冊、機票費用、會後旅行等。

會議資料簡介

活動的特性與本質以及各種要素都是由會議目標來決定的，並在會議簡介資料中加以闡述：這就好像是一個設計師描繪給會議經理人的藍圖。最簡單的格式乃是媒體記者們所熟知的5W，現將之應用於一般會議、中大型會議以及展覽上。

何事？（**What?**）	活動類型	年度大會、獎勵會議、展覽、指導型討論會、網路會議、專題研討會等等。
為何？（**Why?**）	目標	舉辦會議的基本理由和預期結果。
誰？（**Who?**）	參與者	簡要描述參加人員，例如公司和業務同仁、協會會員、會議代表團、簡報人員、業者、專業經理人、配偶和賓客、非會員以及用戶團體（包含預估必要的膳宿）。
何時？（**When?**）	預定日期	特定月份或日期範圍、出發—抵達的模式，以及已知的確切日期。
何地？（**Where?**）	目的地	國內或國外，城市旅館或度假勝地，會議中心或已確定的特定集會場所。

比較理想的狀況是，在這個階段，時間地點應該不要有太多限制，這樣組織才能有最大的處理權和協商空間。

初期規劃時可以將會議資料簡介當成指南，既然已經知道每年何時舉辦以及住宿需求，專業的會議企劃人員（PCO）就可以開始研究地點和設施。然而，此時可能還必須斟酌會議內容以及需要的會議空間。估計空間需求時，過去的經驗是很有用的指引。

在初期規劃階段，會議工作人員必須執行或協同組織行政人員一同完成下列工作：

1. 檢視目標
2. 設定時間範圍和議程
3. 發展整體性的討論主題
4. 準備工作分析和總時間表
5. 決定預期人數和出席者的個人資料簡介
6. 設計適當的內部和外部聯絡程序

7. 準備初期預算，必要時要先取得核准
8. 協同參與部門訂定暫時性計畫
9. 準備會議資料簡介和企劃書

在這個階段，可利用網站、工商名錄、工商展覽會、專家同事或適當的過往經驗，先研究可能的目的地。確認並評估集會場所、飯店和其他符合會議類型的場地，特別注意會議設施、服務和空間容納量。預定舉辦活動期間的各種情況都必須考慮，例如候選地點的政治安定和安全情況、氣候和其他狀況等等。研究並評估相關支援服務的情況，並透過人脈網絡查證資訊。最後，將選擇縮小至最符合要素的三、四個目的地，準備服務建議書徵求文件，並向可能之活動地點的集會場所單位提出之。

已故喜劇演員Fred Allen將會議定義爲「一群單獨無法做什麼事的人，群聚在一起做了一事無成的決定」（a group of men who individually can do nothing but as a group decide nothing can be done）。如果會議專家只看見繁雜的細微末節而未一窺全貌的話，將很難了解到並非人人都一樣看重會議。

財務考量

在國際會議的成本一定比國內活動昂貴的假設下，組織在規劃國際會議時的普遍考量是他們能否負擔成本。會議企劃人員決定到國外舉辦活動時會先問：「我要怎麼增加預算？」組織的執行人員會想知道：「那會讓我的會員花費多少錢？我該如何向他們說明成本有必要增加。」其他的規劃者會想知道：「全世界是否還有其他更符合成本效益的地點？」事實上，在國外舉辦會議的成本通常比較高，然而，卻有無與倫比的好處值得付出較高成本去執行。例如，造訪其他國家的機會、與不同文化背景的人們互動交流、而且確實可以擴展個人視野並建立國際觀，附加價值的效益值得主辦者和參與者付出額外成本。

匯率避險

在所有國際活動中，如果服務契約是以本國貨幣計價的話，估計基本成本時最好多考量10%-20%的突發事件因素，以避免受到匯率波動的影響。即使服務是以美金計價，有些費用還是必須以外幣支付。匯率避險的資訊可以洽詢你往來銀行的國際部門或是專業外匯交換管理公司。詢問如何將你的價格鎖定在今日匯率。避險功能會另外加價，但是你在編列預算時會比較簡易。（詳情請參閱第五章關於貨幣策略與其他外匯問題的深入探討）。

除了機票之外，參加國外會議的費用未必比在同等級集會場所舉辦國內活動的費用來得高。日內瓦或新加坡的五星級飯店住宿餐點費用不會比紐約或舊金山的五星級飯店昂貴。當然，在比較受歡迎的會議地點，如雅典市、布宜諾斯艾利斯或是香港等地，住宿、餐點、購物或娛樂會比在美國同等級地點便宜些。亞洲、歐洲和世界其他各地的飯店一般會針對會議場地另外收費。全球各地的飯店費用標準是根據住房率來決定，淡季時或許可以議價。

會議經理人可以在行前事先告知旅客旅遊行程的狀況，而將參加者的成本控制得宜。告訴他們小費給多少、路上交通、購物、加值稅（value-added tax, VAT）的退款、匯率、銀行所在位置、銀行營業時間等訊息。爭取飯店團體住宿優惠價、租車以及其他對旅客有利的相關事宜。

有些地點不論美金的即期價格或前景如何，始終是受歡迎的，因爲他們持續提供物超所值之服務、設施、餐點和消費商品。如果你像會議經理人一樣在乎成本──誰不是呢？──那麼就要多評估幾個目的地，找出可以用其他方法讓你節省成本的地點。你可以在維也納或布達佩斯享受巴黎的浪漫風情，但價格便宜多了。你也可以在雅典市或伊斯坦堡找尋到羅馬豐富的歷史錦繡文化，同時節省不少成本。在一些南美洲城市，例如布宜諾斯艾利斯、里約熱內盧、聖地牙哥等地可以用更符合成本效益的價格，同時享受到浪漫風情與人文氣息。

除了成本考量之外，認眞勤懇的會議經理人選擇國外會議場所時應該考慮幾個因素：這個國外地點有助於達成會議目標嗎？規劃的地點會吸引參加者而獲得良好的回應嗎？地點是否安全、政治是否安定、對外國人友善嗎？

那邊有適合的一流飯店和會議設施以及文化和休閒景點嗎？是否具備多國語言的公共設施和足夠的支援服務？只有當這些標準都符合時，才能滿足會議的要求。和任何國內會議一樣，成本只是相關因素，不是評斷地點的主要標準。

參加者的人口統計資料

因爲會議是溝通的媒介，訊息必須讓目標群眾容易理解。因此，這就取決於會議企劃人員是否知道目標群眾的結構、參加者的需求，以及他們的動機。如果會議目標群眾的文化背景各不相同，必須考慮來自不同國家會議代表的特性。參加者的人口統計資料分析是開始規劃會議之前非常重要的事，其基本因素及對會議運作的影響如下：

1. 組織上的因素。如果潛在的會議代表都是贊助組織的會員，那麼行銷和報名都會比較簡化。如果不是的話，則需要額外的時間和較多預算進行市場調查。
2. 社會經濟因素會影響會議代表能否負擔交通費、報名費和住宿費的能力。
3. 種族和文化背景會影響會議活動方案的形式以及餐飲宴會。如果會議日期與大部分出席者的宗教節日有所衝突，那麼就必須將宗教因素納入考慮。
4. 會議代表精通語言的程度也會影響規劃範圍，包括會議活動方案的擬定和行銷。從行銷觀點來看，依照慣例會有網站資料、會議宣傳小冊子以及多語言版的公告，按照區域決定使用的語言。對歐洲的目標群眾而言，他們通常是使用英文、法文、德文。拉丁美洲的活動照例需要西班牙文和葡萄牙文。對亞洲的會議代表來說，則以日文和中文較普遍。
5. 會議代表的個人價值觀、態度和生活型態之偏好。

企劃書

當你判斷該活動有正當的基本理由後，就該草擬包含細項的文件了。以建築學做進一步的比喻，會議資料簡介就像是粗略的地面平面圖。作出決定並收集資訊後，就像建築師已經依立面圖和細部圖解抹灰打底般，成爲會議企劃書，或稱爲會議說明書（meeting specifications）。

5W也隨著計劃進行而擴展，並加入下列要件：

1. 主題：通常能將會議目標、會議場所，或二者表現出來。
2. 題材：和會議目標有關之各種講題的清單表。
3. 會議形式：可使每個講題達到最佳效果和效率的簡報方法，例如全體出席的會議、休息時間或小組座談、指導型討論會、工作坊和個案討論。
4. 工作議程：整個活動方案從開幕致詞到閉幕會議的連貫性，描述會議類型和簡報方式。包括整個會議的主軸、連結與串場（enhancer、bridge、continuity links），以及簡報者的姓名及其簡介（例如「財務分析師」）。
5. 社交議程：歡迎會、餐會、遊憩活動、大會安排以及可自由參加的休閒活動。
6. 賓客議程：特別爲受邀賓客、配偶和兒童安排的活動方案。
7. 預算：列出能顯示預計之固定和變動費用的暫時性整體預算表。如果可以的話，應該包括預估之報名費和收入。
8. 報名和接待：報名表格、保險和費用，以及截止日期。線上報名、現場接待以及出席者、展覽者、演講者與賓客的報到。
9. 交通：交通運輸服務人員與參加者往返的規畫、航空公司的正式網站、接駁和水路交通，以及貨物、展覽、產品和會議資料等的運送。
10. 支援服務：現場所需資源，例如文書人員、電子通訊和電腦系統、視聽設備和技術人員、展覽承包商、會場布置、保全、會議助理、攝影師、會場技工和義工。

面對全球化挑戰

全球化是一種動態的結果，促使企業瞄準國際市場、外包服務，或與其他國家同類型的公司結盟，不同的組織可組成國際聯盟，形成涓滴效應。

在國外舉辦會議的決策對於習慣在國內集會場所舉辦活動的會議企劃人員而言，是重大的新挑戰。即使是在國內舉辦的會議，也會因為參與的人們來自世界各地而逐漸受到影響。會議專家不只需要學習新技能，還必須發展出一套不同的思考態度才能與其他文化互動交流。因此，個人、組織和機構都有義務多加學習發展多元文化觀點，並學習處理全球型活動必備的技巧。

重點回顧

- 隨著企業在全球擴展與併購，國外會議是企業與子公司、股東和企業主之間不可或缺的聯繫方式。
- 在為籌劃國外會議而付出必要的額外成本和時間之前，應審慎權衡舉辦國外會議的利弊。判定舉辦國外會議的成本和複雜度是否高於增加出席率和吸收新會員的效益。
- 清楚了解贊助者、出席者和展覽者的會議目標，這樣才能滿足他們並創造淨投資報酬和具附加價值的經驗。
- 使用5W確認會議目標：何事？為何？誰？何時？何處？善用你的預定目標，運用你跟其他企劃人員的網絡關係開始進行研究，然後向你的首選目的地和使用設施單位提出服務建議書徵求文件。
- 比你的預估金額多加10-20%成本以避免匯率波動所造成的損失。
- 國外會議未必比國內會議成本高，端視美元走勢和你的目的地而定。成本不是選擇國外目的地的主要衡量標準。體驗其他文化的這層附加價值是可貴的賣點。
- 與多元文化目標群眾舉行會議時，要考慮組織、社會經濟、種族等因素，以及會議代表精通語言的程度。

輔助素材

延伸閱讀書目

Carey, Tony, CMM, ed., *Professional Meeting Management—A European Handbook*, Meeting Professionals International, 1999.

Wright, Rudy R., CMP, *The Meeting Specturm: An Advanced Guide for Meeting Professionals*, San Diego, CA: Rockwood Enterprises, 2005.

網路

Destination Marketing Association International: www.dmai.org.

第三章 目的地評估

目的地管理顧問公司（DMC）就像是一位建築師，提供其對目標地點的獨特知識與經驗，設計一套藍圖，以滿足會議、年會或是獎勵旅遊等企劃人員之需要或期望，將所有的資源做最佳化的配置，並且能夠遵守會展區域的限制與規定。

—— 目的地管理合格專業人員（DMCP）克里斯多福·李（Christopher H. Lee）

內容綱要

我們將在本章探討：

- 如何評估舉辦會議（meeting）、年會（convention）或是展覽（exhibition）的地點
- 進行地點評估與勘查所需資源的確認及利用
- 建立專業的會議及活動組織網絡，以尋找和評估最佳的活動地點
- 與目的地當地的行銷機構合作，例如會議暨旅遊局以及國家觀光機構等等
- 如何避免與目的地相關利益團體合作時發生問題
- 如何確認、選擇及督導一目的地管理顧問公司
- 善用專業行銷機構，例如國際連鎖旅館集團及國際性的旅館行銷代理商
- 最佳會議地點的選擇
- 判別最佳的活動設施（例如旅館、會議中心等等）

當你請教任何有經驗的會展企劃人員說什麼樣的活動地點會使工作困難重重且最具有挑戰性時，答案往往是：不是由專業的企劃人員所選擇或推薦的地點。最糟的會議地點往往是由老闆、執行長、計畫主持人、執行總監、董事會成員、決策者的配偶或是與配偶有同等影響力的人、甚至是未成年的子女或是只爲了想去那個地方渡假的親友等等所決定的。這些決策者或其家庭成員們，在他們的組織裡，通常並非扮演會議企劃人員的角色。因此，他們所決定的地點，常常未考慮到活動地點的交通便利性、基礎建設、通訊設施、支援系統、緊急救難設施等等因素，住宿房間的數量與會議使用的空間就更別提了。因爲如此，不論會議將在哪裡舉行，由專業的企劃人員參與地點決策的過程，提出專業的評估建議，是籌劃會議活動，非常重要的課題。

如果有一天，你被告知下一場會議將在國外舉行，或是被要求提出一份在國外舉辦會議的企劃書時，第一步即應謹慎地評估會議舉辦的地點。就

如同你在國內籌辦各項會議一樣，你必須考慮舉辦地點的資源與形象是否適合會議的主題，能否應付各項突發的變數，以及是否滿足與會者的期望。不過，當你要舉辦國際性會議時，既然有全世界的地點可供你選擇，那麼，地點的位置即顯得更重要，而且你將面臨的變數也會多更多。你必須先考慮選擇哪一種型態的城市，是動態、多國文化的綜合性都市，例如巴黎、東京、聖地牙哥或雪梨？是充滿異國風味的泰國曼谷或巴西里約熱內盧？是擁有多重文化及世界級基礎建設的香港或新加坡？是充滿豐富歷史文化的義大利佛羅倫斯、中國北京、希臘雅典、埃及開羅或阿根廷的布宜諾斯艾利斯？抑或是選擇位於熱帶地區的城市，例如墨西哥的印坦巴（Ixtapa）、印尼巴里島（Bali）、巴西累西腓（Recife）、澳洲大堡礁（Great Barrier Reef）？

舉辦國際性會議的主要吸引力之一，是提供贊助商及參加者一個機會去造訪他們從未去過的地方。因此，在愈知名、愈熱門、愈特殊或是愈具有異國風味的城市舉辦會議，可以吸引愈多人參加。但遺憾的是，一般而言，太過偏遠、與世隔絕或是異國風味過重的城市，通常不是舉辦國際性會議的最佳地點。也因此，企劃人員的工作，不僅需要選擇一處會議地點，讓贊助者及與會者感到雀躍而有參與的慾望，還得評估舉辦地點的後勤基礎設施，看看能否支援會議進行所需的技術層面。不過，這並不是一件容易的事。

在評估國際性會議地點時，運用客觀的準則來選擇地點是非常重要的。畢竟，不是所有的決策者對所有可能被選擇的城市都知悉。因此，呈現出腹案地點的重要後勤必備條件，將可使你在面對一些希望去浪漫國度度假的人時，更能強化你合理的選擇。此外，若最後決定地點的人是執行長的配偶，那麼，你至少也留下紀錄，證明你曾經盡力考慮每個環節，提供專業的評估與建議。

說到此，你可能會想到：「等一下，我從來沒到過國外。我完全不知道在海外地區辦理國際性會議的第一步該做些什麼，我又如何排除眾議，自行評估這些可能的地點到底哪一個合適？我甚至不知道該找誰幫忙，救命啊！」好消息是，你不用緊張，有非常多的資源可以讓你使用。首先，就從這本書開始吧！接下來的章節，將探討你所需要的資源與方法，讓你學習安排將身邊的人建立成自己的工作人脈網絡，當你需要任何資訊時，你能夠隨時找到可以幫你解決問題的人。

建立資源網絡

有經驗的會議專業人士會告訴你，事業成功的最重要元素，即努力不懈的研究、不間斷地專注在專業系統網絡裡，以及終身持續地吸收專業知識。對國際會議企劃人員而言，可靠的資源、正確與即時更新的資訊，是做出適當評估結果的重要工具。幸運的是，現在科技進步，資訊發達，豐富的資源隨手可得，網際網路與日益精密的通訊科技，更使企劃人員在從事地點選擇、修正及更新資訊時，效率更快並且更加簡便。

當你正在建立自己的資源網絡時，你可以想像丟一顆小石子進入水坑後的情景，是不是有一層層的漣漪自石子落水點向外擴散。你建立自己人脈網絡的方法，就如同石子落水一般，將你自己當成那顆石子，然後，從你身邊的家人及朋友開始向外擴展，不論你身在何處，有需要時即可向他們及他們的家人朋友廣泛地蒐集資訊與聯繫。

家人及朋友

就從你的家人及朋友開始！你的親朋好友或是附近鄰居，也許有來自其他國家的人民，也許有經常到國外旅遊的人。雖然這些人可能無法提供關於某一地點的特殊技術資訊，不過，他們可以從與會者相近的觀點提供有關當地文化與景點的豐富資訊給你。如果你夠幸運，認識許多來自不同國家與不同文化背景的朋友或鄰居，多跟他們聊聊，請教有關他們國家的風土民情，盡可能地從他們身上學習他們母國的文化以及商業實務。

專業的同業人士

離你最近的專業人脈網絡，可能是你的同事以及在其他產業協會擔任志工時認識和一起工作的會議專業人士。如果你是跨國公司內部的企劃人員，或者你是爲跨國公司服務的獨立企劃人員，你也許能夠在候選的會議地點接觸到總公司在這些地點設置的分公司或子公司。這些當地的分公司員工可以提供你在當地需要的助力，尤其是你若未曾到過這些地方，或是不會講當地的語言，抑或是不熟悉當地的風土民情，有分公司當地人員的協助，將使你的評估結果更精確。

不過，你或許會（也或許不會）被要求必須與當地員工合作，即便你很想仰賴這些資源，你也必須在一開始就立即明確地定位自己的角色與責任，了解他們經營事業的展望，進行各項計畫的優先順序，以及工作方法偏好等等，你可能會發現當地辦公室的運作方式與總公司方面有相當大的差異。因此，你更需要小心翼翼且正確地表達你的目的與行爲，以避免不小心誤觸當地的文化或政治禁忌，冒犯了當地的同事，而難以達成總公司交付予你的目標。如果你是一位協會企劃人員（association planner），要與不是美國人的活動方案主持人，或者當地的承辦委員會合作，那麼，你除了必須更小心上述提到的細節外，你們的合作關係還更爲敏感微妙。因爲，你的合作夥伴可是未支薪的志願服務者。

然而，每次會議的性質都不一樣，每次會議也都是獨一無二的事件。因此，沒有標準模式可以衡量每次你需要的、被提供的以及接受的協助究竟是多還是少。有些當地辦公室的員工也沒有多餘的時間或是意願、或是多餘的人力可以支援你，哪怕只是僅僅做些表面的應酬，他們也無能爲力。有些當地分公司則會不滿總公司未交付他們這項計畫，又指派你到他們的地盤坐鎮指揮。不過，仍然有些人很樂意當東道主，儘管籌辦會議的各項計畫不是由他們來主導，他們仍舊會展現他們對總公司政策的配合度，因此你將會發現，你所接收到的建議與支援滿溢到近乎要潰堤。

當協會企劃人員與來自聯盟協會或當地主辦單位的企劃人員合作時，類似的情況也會發生。總之，不管會議性質爲何，不管你扮演什麼樣的角色，學習如何有效率地與當地人合作，是成功的會議管理最基本的條件。

會議產業組織

在產業協會的教育研討會、貿易展覽或是社交活動中認識的同業人員，不論以短期及長期來看，都將是你最有價值的人脈資源。如果你還不是任何一個主要會議產業協會的會員，你最好應該選擇加入一個協會，然後儘可能地積極參與各項地方性的會議、區域性的研討會，以及國際性的大型會議等等。而除了大型的組織協會外，還有許多小型的協會也會提供專業的教育訓練課程，爲企劃人員創造產業人脈網絡聯繫的機會，例如風險管理、財務服務、醫藥領域方面的產業等等。有些企劃人員則專攻政府部門、軍事機構、大學院校或是宗教性的會議。一般而言，獨立作業的企劃人員接觸的產業類別較多元化，而有些企劃人員則隸屬於某些特殊利益團體。附錄一表列出各產業類別的協會組織供讀者參考。

如果你是以追尋活動企劃爲職志的學生，你所擁有的專業網絡，即來自於你的指導老師。他們的知識與產業人脈是非常珍貴的，而且他們通常已經是某些主要專業協會的會員。這些協會持續提供專業的教育訓練，以及地方性、區域性、全國性甚至國際性的人脈網絡聯繫管道。這些協會多半有招收學生會員，他們也常常鼓勵各級會員間彼此密切互動，交流經驗。

總而言之，不論你的興趣爲何，不論你是哪種類型的企劃人員，或是你想成爲哪種型態的企劃人員，在產業中你愈活躍，你就會認識更多的人，找到更多曾在海外工作或與國外有接觸的同業人士，而且你在海外獲得直接援助的機會也會增加。這個人也許是研討會上的主講人，也許是開幕活動站在你旁邊的人；也或許是你參加貿易展覽遇見的人，而他剛好才完成一個你正在思考的會展規劃活動。這些人應名列在你最珍貴的資源表內，因爲負責企劃工作的同事們，在你的會議地點選擇上，並沒有什麼財務利益衝突問題。因此，他們可以提供你客觀的看法，告訴你什麼是適當的選擇，哪些又是不好的抉擇，哪些人可以做得好，哪些人則不行，並且一般都會大方的分享他們的專業知識與經驗。從這些人嘴裡說出來的話，通常深具影響力。也因此，一名受人尊敬的同業規劃人員所提供的正面意見，遠比付費廣告或取巧的行銷方式所獲得的資訊更具價值。

會展地點行銷人員

在會議及活動產業裡，也有許多國際性的組織，他們的會員本身就是這個產業的主要供應商。因此，他們也可以提供你其他的人脈資源網絡。這些資源可參見附錄一。

上述這些國際性組織，像是「獎勵旅遊暨旅遊高階主管公會」（Society of Incentive & Travel Executives, SITE）、「國際代表大會與年會協會」（International Congress and Convention Association, ICCA），每年都舉辦至少一次展覽會，通常是與他們協會召開的專業討論會聯合舉辦。另外，全球還有一些產業自行辦理的展覽會，他們通常由商業展覽公司安排，邀請國際性的會展地點與供應商參展。有一些每年定期在固定的地點舉行，有一些則是每年都選擇不同國家舉辦。參加這類展覽會，對需要短時間內獲得廣泛資訊的忙碌企劃人員而言非常有用。讀者可以將這類展覽會想像成一家超級市場，裡頭的商品是會展地點及會展供應商，你可以將國家觀光機構、會議暨旅遊局、飯店業者、度假區、遊輪公司、目的地管理公司、航空公司、運輸公司、視聽設備公司、行銷及製作公司等等所有與會議活動產業有關的人物、機關團體的資料裝入購物籃中。

參觀這類展覽會也是建立你個人資源網絡獨一無二的機會。你可以在短短二、三天內，接觸到世界各地來此參展或交流的各式各樣設備及服務供給者；也是你短時間內蒐集眾多資訊絕佳的機會與平台。此外，每年參加一次以上的商業展覽，對你掌握任何一個有興趣之國家的可用資源，是絕佳的方法。這些展覽會可說是建立網絡的工具，就如同大型的產業教育研討會一般，讓你維持既有的人脈網絡關係之同時，也拓展新的人脈聯絡管道。附錄一表列出北美地區、拉丁美洲、歐洲及亞太地區主要的產業展覽會供讀者參考。

國家觀光機構與會議暨旅遊局

如果你對某個國家不甚了解，甚至完全陌生無所悉，當你需要了解這個國家時，他們的國家觀光機構（National Tourist Office, NTO）將是你應該接洽的第一個窗口。如果你對某一個城市特別感興趣，你可以嘗試洽詢這個城市的會議暨旅遊局（Convention and Visitors Bureau, CVB）。有許多國家為了吸引觀光客到訪，以及增加國際性會議、展覽在他們國家舉辦的機會，會在世界各地的主要城市設立辦事處。像美國境內的幾個重要大城市，即有許多國家的觀光機構、會議暨旅遊局設立駐外辦事處，例如紐約、華盛頓、芝加哥、達拉斯、休斯頓、洛杉磯及舊金山等等。這些駐外辦事處有英語表達流利、熟悉會議活動規劃事項的專業人士負責提供相關資訊。他們的工作就是促銷自己國家舉辦國際型會議或展覽的地域優勢，並盡可能地提供各式各樣的資訊，讓你覺得在該國籌辦會議或展覽沒有任何障礙阻撓。

這些NTO與CVB駐外辦事處提供許多免費的服務，包括協助活動的行銷，製作宣傳小冊子、地圖、影音光碟片及郵寄服務等等，他們也能夠提供當地飯店住宿、會議設施及後勤物流業者等的資訊。有些駐外辦事處係由他們國家的政府獨立設置，有些讓每年繳交年費的供應商會員共同從事會展地點的宣傳活動；有些辦事處則是由政府及民間共同出資成立。因此，當你剛開始接觸這些駐外辦事處時，你可以先請教他們機關成立的背景。這樣，你可以比較清楚他們提供給你的廠商資訊來源是怎麼產生的。當然，我們總是期待這些辦事處提供的資訊客觀公正，或是沒有偏袒某些特定廠商。不過，有些辦事處的供應商名錄，僅列出付費的會員。因此，身爲會議規劃者，這些辦事處提供的廠商來源，也是必須了解的重要資訊之一。

觀光機構或會議暨旅遊局提供最有用的協助之一是：他們能夠指派熟悉業務的雙語人員或當地導遊，陪同你實地考察舉辦會議的各個可能地點、相關設施及業者等等。不僅如此，他們會妥善安排交通工具，規劃高效率的行程。不過，有很多企劃人員有個錯誤的觀念，他們總認爲只有舉辦幾百人參加的大型會議，或是知名的公司集團籌辦的活動，才需要這些辦事處的協助。事實並非如此，儘管傳統上，重點總是放在有商機的協會團體上，但是不論會議規模大小，觀光機構或會議暨旅遊局都會提供這些服務。

連鎖飯店集團與飯店行銷代理機構

如果你在國內大型的國際連鎖飯店工作，例如希爾頓（Hilton）、喜達屋（Starwood）、凱悅（Hyatt）、洲際（InterContinental）、萬豪（Marriott）、四季（Four Seasons）、費爾蒙特（Fairmont）、美麗雅（Sol Melia）等等，也許你已經認識區域性或國內住房銷售的代理人。這些人如果沒有國際住房銷售的管道，可以請他們介紹他們公司內負責這方面業務的代表，甚至於海外銷售的聯繫管道。在籌備會議初期，飯店住房銷售人員可以提供你相當大的協助。因爲他們通常與會議暨旅遊局、航空公司以及當地各種供應商的關係密切。他們可以安排現場考察並讓你和場地內部人員討論設施的相關問題。

另外，還有許多跨國性的行銷代理機構，它們獨立於大型的連鎖飯店集團之外，自行代理許多知名飯店的住房銷售業務。例如世界傑出飯店組織（Leading Hotels of the World）、世界最佳飯店組織（Preferred Hotels）、背包客棧國際訂房中心（Summit Hotels）、時尚飯店訂房中心（Small Luxury Hotels）、休閒度假飯店訂房中心（Great Resorts and Hotels）、頂級餐廳酒店協會（Relais & Chateaux）等等。這些飯店住房銷售代理商的特色是，它們旗下代理的飯店酒店，都有類似的設施與相當程度等級的服務品質。因此，他們服務的內容，基本上與國際連鎖飯店集團提供的內容是一樣的。

飯店住房銷售代理業者不似會議暨旅遊局能夠提供較公正客觀的資訊，尤其是辦公室直接設在當地的業者，通常會定期提供與當地業者合作促銷的飯店，而非經由內部客觀評估後選擇的業者。因此，儘管飯店代理業者可以是會議活動規劃者蒐集支援廠商資源的初步來源之一，規劃者仍需注意，飯店代理業者畢竟是收取飯店業者佣金的配合廠商。因此，你可以詢問飯店代理業者，哪幾家是他們建議的優先考慮名單，如果他們能夠提供這樣的資訊，或許你將能有較客觀的評估。

目的地管理顧問公司

在目的地管理顧問公司（DMC）服務的這類專業人員，長期以來都被稱爲「陸上交通經營商」。其主要原因是，以前這些人在會議或獎勵旅遊中所扮演的角色，是負責協調聯絡交通工具及一些社交活動者。時至今日，目的地管理顧問公司已經成爲提供多種面向專業服務的供應商，服務內容包含交通工具的聯繫調度，承辦會展主題活動，影音設備的提供，臨時性的各種協助、娛樂活動、外語翻譯及其他相關的服務。在某些情況下，需要在國外舉辦大型會議的公司機構，會聘請國際性的DMC承包所有事務。因此，他們扮演的角色即猶如承包商，負責擔任委託業主與其他下游供應商中間的橋樑，替業主客戶聯繫住宿飯店，協調會議場所，也可以變身爲旅行社或是提供業主任何需要的轉包商。

DMC提供豐富的資訊與多元化的服務，當你籌備長距離的會展活動時，有這類公司的協助，可以節省你許多的時間與金錢，並降低你籌劃活動的焦慮感。一間優質的DMC其價值是無庸置疑的。因此，即使是經驗豐富的國際會展企劃人員，也喜歡仰賴他們專業的服務，以確保會議圓滿結束。遺憾的是，仍然有許多企劃人員，安於在自己的母國工作，認為自己熟悉母國的一切供應鏈，傾向自己籌辦會展，而拒絕接受DMC的協助，並認為自己籌辦的方式較經濟。有些企劃人員則是不清楚這類DMC可以提供他們哪些方面的協助，因而不了解有額外協助的需要。然而，當籌辦國際型會議的機會來臨時，海外環境的錯綜複雜及挑戰性，即使是最資深老練的國內會展企劃人員，往往也會變成一名新手，尤其是第一次籌辦國際型會議時更是如此。因此，屆時面對的問題，將不再是「需不需要尋求DMC的服務？」而是「哪一家DMC的服務品質最佳？」還有，「我們多快可以開始作業？」

想像你即將籌辦的會議就如同你將要興建的一間新房子一般，你必須在短短幾個月內把房子蓋起來。你知道這個房子應有的外觀，也知道如果想舒服的住在裡面，房子裡應該要有什麼設施。但是，你從來沒有在這個地方蓋過房子。因此，你需要建築師、土木工程師、裝潢設計師、結構工程師、水管工人、電線配置工人、水泥匠、蓋屋頂的工人、油漆工及園藝設計師，還有其他你可能沒有想到的技術人員。每個人都必須有專業證照或認證證明，當然你會希望找到最優秀的工人。因此，你必須去蒐集資訊，查閱各種資料，謹慎地確認每個人的背景經歷。然後，你必須評估他們每個人，與每個人商議工程的成本費用及合約內容，監督他們後續的工作，協調他們的薪資，確保工程進度及品質管控符合要求，並且拿到所有必要的許可證。這些工作，你可以自己協調監督，也可以雇用一個人，將這個工程發包出去，也就是總承包商。那麼，長期下來，你將可以節省不少自己的時間、金錢及工作負擔。建造過程中，你仍然可以隨時掌控房子興建的過程與品質。你請一名專家協助你監督所有的細節，將可以使整個興建過程更有效率及更安全。

DMC猶如籌辦會展活動的建築師與承包商的綜合體，在特定的會展活動裡，好比可以提供你全部所需的物流供應體系的「一次購足商店」。當你籌辦海外會議，考慮是否需要DMC的服務時，你可以問問自己下列幾項問題：

1. 我有時間、能力及專業技術，在這個不熟悉的會展地點，確認最佳的交通公司、影音視聽設備器材供應商、同步翻譯人員、娛樂活動、導遊、製造商、安全人員、會場外的場地、餐廳、畫廊、熱門又時髦的精品專賣店或是休閒活動嗎？
2. 如果我籌辦三天的會議，我需要的各項服務供應商，他們提供給我的費用，能夠比照當地長期合作業者的優惠價錢嗎？
3. 扣除差旅時間，實際會期至少兩天以上
4. 如果有某個環節出狀況，當地人能夠仰賴他或她的人脈關係與熟識的供應商，確保活動順利進行，需要的服務正常運作，遇到重大緊急狀況時，即時獲得協助，而且我能夠得到比當地人更好的回應嗎？

上述問題，大多數人的答案都是否定的。因此，你需要一家體制完善的DMC提供協助，需要他們提供會說當地語言且清楚當地文化的人員，知悉當地的商業實務，有顯著影響力可以掌握你會議成敗的人員。

在會議規劃及協調階段，DMC也可以協助規劃者擬訂節目表，使會議進行的步驟更加明快、順利；同時，他們也能夠協助安排宣傳活動，聯繫當地顯赫人士共襄盛舉，在各種活動草案上，提供具體的意見。他／她可以扮演主辦者與當地政府機關的聯絡窗口，也能安排政府提供某些特殊的服務，例如稅賦的減免或補助，保全維安的服務等等。有些設有旅遊部門的DMC，能夠設計並執行會前或會後的旅遊活動，提供住宿訂房，各式交通工具訂位，旅遊路線變更及貴賓服務的協調工作等等。許多公司也有專業的媒體公關人員，可以協助主辦單位在會議活動前與進行中，辦理各項公開宣傳活動以及與媒體記者聯繫等工作。

若以明確的現場支援服務的角度來看，一個提供全套服務的DMC可以提供下列服務：

1. 至機場迎接與會者，協助他們通過海關、領取行李、加速貨物通關及接送至飯店等等服務。
2. 召開說明會，介紹當地的文化及風景名勝、外幣兌換匯率、銀行服務時間、郵遞費用、購物時間、禮節及會議節目議程等等。
3. 設置諮詢櫃檯，配置具多國語言能力的人員，提供翻譯及資訊服務。

4. 安排租車、餐廳、戲劇表演等等預約服務。
5. 協調及監督遊憩、休閒活動及非在會場舉行的主題宴會、典禮等等，其中還包括團體活動的巴士監管。
6. 指派穿著制服、專業、有證照、能言善道的導遊人員，提供短程旅行服務。
7. 安排當地餐廳，提供團體用餐的餐館，讓與會者享受悠閒的晚餐，或是提供餐館建議名單給與會者自行選擇用餐地點。
8. 推薦、承攬及監督表演人員、技術人員、會議助理人員、臨時人員及其他行政職員。

專業會議籌組者

海外的專業會議籌組者（professional conference organizers, PCO）通常與大型會議或研討會息息相關，他們提供的服務經常與DMC提供的服務重疊。他們與DMC的共同點是，他們都是專業知識充足、人脈廣闊的專業人士，在商業界關係良好，關係密切的當地商業支援供應鏈，可以提供多元化、多樣性的服務來支援你的會議。不同於DMC之處在於：專業會議籌組者以其會議活動的組織及管理特殊專長聞名。他們參與會議活動的每個細節，包括議程的擬定、演講者的管理、報名註冊作業、預算控制、會議結束後的活動效益檢討分析等等。有關專業會議籌組者所扮演的角色及提供的服務等等更多的內容，將於第四章「籌組與主辦國際活動」中會有更詳盡的討論。

你要如何尋找一家優質的DMC或是PCO？你又如何得知這個人或這家公司是否眞正符合你的需求，或是你籌辦會議時需要什麼樣的人或公司？表3-1提供一些準則做爲選擇DMC或PCO的建議。你可以從身邊同爲企劃人員的同事開始評估，如果他們沒有海外工作的經驗，詢問他們是否有認識任何人可以針對你所籌辦的會議類型提供經驗豐富的DMC或PCO。你也可以向你熟悉或信任的供應商洽詢，特別是熟悉城市裡所有會議產業物流體系相關公司的當地飯店業者。如果你是國際會議專業人員協會（meeting professionals international, MPI）或是其他專業協會的會員，你的會員通訊錄上應該也有許多供應商名錄可以參考。NTO及CVB也經常提供DMC的建議名單，不過，

表3-1　DMC／PCO之選擇準則

- 這間公司至少成立三年
- 這間公司有銀行的保證
- 這間公司有客户的保證，特別是與你同性質的團體、會議及活動單位的推薦
- 這間公司具有專業協會的會員資格，例如：目的地管理顧問高階主管協會（ADME）、國際專業會議籌組者協會（IAPCO）、國際代表大會與年會協會（ICCA）、國際特殊活動公會（ISES）、國際會議專業人員協會（MPI）、專業年會管理協會（PCMA）
- 這間公司擁有政府核發的執業證照（視需要而定）
- 這間公司有適當的責任保險（視需要而定）
- 這間公司有充分、經過訓練的外語人才，能夠應付會議活動之需

爲了保持中立客觀的立場，他們不會特別指定某一家公司給你。另外，還有一些DMC的國際聯盟通常會定期地參與各種重要的國際性展覽會。

當你確認一家公司或一個團隊符合你的選擇準則時，你會想要儘快安排時間，會同你選擇的團隊，考察第一個會議地點，以確認你的選擇是正確的。你也必須堅持實地拜訪DMC或PCO的辦公室，這樣，你可以實地了解他們公司內部的運作情形，看看他們是否有先進的通訊聯絡設備，足夠的軟硬體設施及人力來支持你的會議活動？觀察他們公司裡的職員，是否具備熟練的外語能力，足以讓你和你的團隊充分溝通而無障礙？如果只有業務人員具備流利的英文能力，你和你的團隊都不懂得當地語言，或許你需另尋他處了。畢竟，從活動運作及風險管理的角度來看，你無法負擔缺乏理解力的支援團隊或是誤解你的支援團隊所衍生的風險，尤其當你面對緊急事件需要危機處理時，你沒有多餘的時間與籌碼，爲了溝通問題而延誤重要的活動。

下列是你也許會想要詢問的特定問題：

1. DMC有大量充分的人力嗎？他們有專業、能幹及具流利外語能力的人才嗎？
2. DMC工作人員的配置方式如何？經驗法則是每四十或五十名與會者配置一名工作人員。

3. 他們與飯店從業人員是否有良好的關係？是否持續不斷的與合適的機構、組織或支援服務商保持良好的關係？
4. 他們能夠且有意願針對客戶的需要做客製化的服務嗎？
5. 當遇到突發狀況時，他們有足夠的彈性及隨機應變能力嗎？
6. 他們投保的責任保險金及員工的專業訓練是否足夠應付任何緊急事件的發生？

國際活動企劃人員普遍有一致的共識，那就是合格且有經驗的DMC，是不能單單只靠成本因素來評價它的能力。畢竟，這類專業人員的價值，在於提供他們對會議舉辦地點、商業慣例及其他資源的知識，支援你在其他國家順利圓滿的舉辦會議活動。有具人脈資源，了解時間、距離、語言及文化影響力者協助你時，將可幫助你免於掉入任何可能的陷阱，並確保你成功的完成會議活動。

會展地點選擇準則

有了資源網絡的協助後，爲了完成會展地點的第一階段評估工作，你應該可以針對每個提案的地點，回答下列問題：

1. 這個地點能夠達到會議舉辦的目標嗎？
2. 這個地點能夠強烈吸引人們參加嗎？
3. 這個地區的政治或經濟穩定嗎？
4. 這個地點有沒有重大的安全及保全方面的顧慮？
5. 來自某些特定國家、具有特殊種族或宗教背景的參加者來此地，會不會比在其他地方產生更高度風險的安全警戒？
6. 有從各個主要國際大城市飛抵之不同航空公司、直航班機及足夠的座位數嗎？
7. 從國際機場到達這個地方是否很方便？
8. 飯店及會議設施的數量、品質及價格是否符合需要？

9. 有適當、合格及可用的當地支援服務、設備供應及人力資源嗎？
10. 當地的氣候及季節性因素有利嗎？
11. 這個地區是否有多樣化的文化景點及遊憩活動？
12. 在相關的專業領域中是否有相對應的組織？
13. 當地的海關及出入境管理單位的作業程序是否方便團體旅遊？

當你依據上述準則，將會展可能舉辦的地點減少爲一至二個，接下來的重點工作，即是安排實地考察。當此階段，透過國家觀光機構、會議機構或是具有優質評價的DMC安排考察行程是最好的方式；如果已選定航空公司，你可以徵詢其負責會議的業務代表。同時你也可以徵詢在當地有分店之連鎖飯店的業務代表。總而言之，與這些單位隨時保持聯繫，日後好做適當的安排。如果有可能，安排每年定期到訪該地，如同參加會議般，這樣，你更可以親身觀察到可能會影響參加者興致的不利情況，例如氣候、季節性因素或是觀光客的數量等等。

飯店與會議設施

儘管每一家飯店各有不同的特色，飯店選擇的準則，不論是在本國內或是海外地區，標準並沒有太多不同。傳統的飯店多半不像我們通常在新設立的飯店所見有大規模的會議設施。過去，亞洲與歐洲的首府，習慣將飯店住宿的空間與會議設施分開，飯店僅提供住房，會議則在附近的會議中心舉行，這樣的習慣仍然沿用至今。然而，隨著各式各樣會議活動的舉辦及獎勵旅遊方式的日漸興盛，國外飯店逐漸朝向增設會議設施空間的方向規劃。最近幾年，拉丁美洲及亞洲地區的大型飯店，在空間及住房設施的規劃上，逐漸跟隨北美洲的腳步，住房方面有單人房及雙人房，並保有更多彈性的集會空間，可作爲會議或其他社交活動的舉辦場所。相反的，歐洲地區一些較古老、傳統的飯店，對毫無心理準備的北美地區企劃人員而言，選擇這些飯店所帶來的挑戰，跟它們所散發的魅力一樣多。

當你與國外飯店交涉時，就如同與國內飯店洽談一般，應將飯店能夠提供的服務列爲談判的重點，而非僅僅注意價錢的多寡。如果理想中的飯店是屬於各大城市皆有設立的連鎖國際飯店集團，那麼，若你與其國內的飯店從業人員已經建立了良好的關係，在開始進行規劃會議活動時，能將他們列爲協助對象，他們將能夠提供你相當多的幫助。還有很重要的一點，你與任何人接觸後談妥的所有細節，包含會議使用空間的細節等，都應該有書面的雙方同意資料。不僅是會議使用空間，還有使用日期、時間及各個房間的平面圖等等，都應該包含在書面資料內，以避免爾後發生誤解。另外，你要記得，在亞洲、歐洲、拉丁美洲及澳洲，衡量距離及空間的度量單位是採公尺制。如果你想要從事國際性事務的工作，而且不想費神思考度量單位如公克、公里等等問題，你最好建立這些度量標準的換算方式，讓自己能夠將這些單位應用自如。雖然你可能會要求每件事都能夠配合你做改變，但是，不要期望這個世界會自動假設你「不懂度量標準」，於是迎合你的需要。

選擇飯店或是會議地點的準則，跟你選擇國內會議舉辦地點一樣，你應該思考表3-2中列出的問題及以下各項問題：

1. 這間飯店的房間數在會議舉辦期間數量足夠嗎？
2. 用做會議空間其大小足夠嗎？
3. 房間的大小、數量與陳設，能夠滿足會議活動方案說明書所列的需要嗎？
4. 這間飯店的品質能夠滿足與會者的期望嗎？
5. 房價在機構訂定的預算額度內嗎？
6. 管理人員以及職員有舉辦國際性活動之訓練與經驗嗎（例如重要幹部是否具備多國語言的能力，是否經過會議服務執行的訓練）？
7. 從機場到達這間飯店是否方便？如果它的會議設施已經有其他人使用，鄰近是否有其他會議中心可供緊急備用？
8. 會議設施有否配置科技性的設備，供影音媒體的播放、同步翻譯的進行及其他相關的會議支援服務？
9. 餐飲服務、員工及相關設施，能否滿足團體的需求？
10. 有其他可能的活動在同樣的時段舉行造成衝突嗎？
11. 這個場所有完整的緊急應變計畫嗎？如果有，是否有告知每個人？
12. 如果這是會議中心，其設施對飯店的房客而言是否方便？

13. 重要幹部是否資深、有經驗且具備多國語言能力？
14. 相關設施之容納量、大小、數量及陳設是否足夠？
15. 所需之燈光、音響、水電等公共設備及相關的專業設施是否足夠？
16. 有特殊的服務需要另請承包商提供服務嗎？要找哪些廠商呢？
17. 工會法規或勞工法令對於會議活動的運作是否有利？
18. 有工作人員辦公室可以提供通訊聯繫、安全防護及相關事務性設備嗎？
19. 有提供外語翻譯設備嗎？是否有專業級的翻譯人員？
20. 能提供活動方案所需之舞台架設及設備嗎（如果需要的話）？
21. 有外燴服務設施可以使用嗎？如果有，設施服務標準適宜嗎？
22. 有醫療或其他緊急救護設備或救護人員嗎？

如同你所了解的，對任何活動而言，會議的管理及地點的選擇，其本質並無太大不同。但是，籌辦國際性會議時，仍然有些特別的細節需要考量，例如文化差異、貨幣匯率的管理、語言及當地政府的法令限制等等。我們將在後續的章節針對這些準則再做更廣泛的討論及介紹。

表3-2　選擇準則

目的地選擇準則

1. 這個城市（區域）有許多可供舉辦會議的飯店及設施嗎？
2. 這個地點有從各重要城市直飛之航線及不同航空公司的選擇嗎？
3. 這個地區的政治安定嗎？
4. 這個地區的氣候及季節性因素有利嗎？
5. 這個地區的陸上公共運輸及支援服務足夠嗎？
6. 這個目的地之特色是否對會議目標有加乘效果？
7. 這個目的地能吸引參加者嗎？
8. 這個地區有相關領域的主辦機構嗎？
9. 這個地區的海關及入出境管理機構能夠讓外國旅客加速通關嗎？
10. 這個目的地在各主要城市設有海外聯絡辦事處？
11. 這個目的地有多樣化的文化及遊憩景點嗎？
12. 這個目的地會被參加者的屬國列爲禁止前往的地區嗎？

（續）表3-2　選擇準則

設施準則（飯店位置）

1. 這間飯店在會議舉辦時間，有足夠的空房嗎？
2. 這間飯店在會議舉辦時間，有足夠的會議室嗎？空間大小、數量及設備符合需要嗎？
3. 這間飯店的品質符合與會者的期望嗎？
4. 這間飯店的房價符合主辦單位的預算限制嗎？
5. 這間飯店的管理人員及員工曾經受過國際性會議活動服務的專業訓練嗎（例如重要幹部是否具備多國語言能力及接受過會議服務的訓練）？
6. 從機場到達這間飯店是否方便？
7. 這間飯店能否提供技術上所需之設備，例如：電腦、同步翻譯、視聽設施、桌椅、講台及相關會議場地所需之設備？
8. 這間飯店的餐飲服務及相關設施是否能滿足參加會議之團體的需求？
9. 同時段是否有其他可能相衝突的會議也在舉行？
10. 這間飯店有完善的緊急求生安全計畫及具有資格的保全人員嗎？

設施準則（演講廳及大會堂）

1. 這裡的設施對飯店本部方便嗎？
2. 這裡的重要幹部是否經過良好的訓練、資深且具備多國語言能力？
3. 這裡的設施容納量、大小、數量及陳設是否符合需求？
4. 燈光、音響及技術支援的提供是否足夠？
5. 特殊的服務有需要另請承包商提供服務嗎？
6. 秘書處辦公室是否提供適當的通訊聯絡器材、電腦及其他辦公設備？
7. 有現場翻譯諮詢服務櫃檯及設備嗎？
8. 有舞台設施可適合會議進行嗎？是否有充足的照明及布幔？
9. 這個地點有外燴服務設備嗎？
10. 有醫療、安全及其他緊急事件處理設施和受過訓練的工作人員嗎？

重點回顧

- 從你身邊經常旅行的家人、朋友、同事身上，建立蒐集資訊的人脈網絡，並結合會議產業協會，以蒐集特定目標地區的細節資訊。
- 參加國際會議及組織辦理的各項工商展覽，有助於廣泛地蒐集資訊並認識來自世界各地的人士。
- 與目的地的國家觀光機構或會議暨旅遊局聯繫，以獲得他們免費的諮詢與服務。
- 與國際性大型連鎖旅館集團的國內代表聯繫，藉由他們的聯絡管道，協助你在目的地地區獲得當地後勤方面的服務與資源，例如航空公司的機位預訂，當地的旅遊服務等等。
- 委託DMC提供物流服務，他們對當地熟稔的知識與內部的商業結盟，可以爲你節省許多的時間及金錢。
- 當你選擇一家DMC時，所需要考慮的因素有：在當地溝通的語言能力、過去承辦類似會議的名聲、與你的團隊聯繫的方式是否有默契、投保責任保險金的多寡，以及應付臨時突發狀況的彈性度。
- 在選擇海外旅館時，應確認其符合所有的選擇準則，與旅館代表談判時，所需要考慮的因素應以服務內容爲首要，而非僅僅考慮價格問題。

輔助素材

延伸閱讀書目

The Convention Industry Council Manual, 7th ed., Convention Industry Council, Fairfax, VA, 2004.

Professional Meeting Management, Professional Convention Management Association, Chicago, 2003.

Schaumann, Pat, CMP, CSEP, DMCP, *The Guide to Successful Destination Management*, John Wiley & Sons, New York, 2005.

網路

Association of Destination Management Executives (ADME): www.adme.org.

Destination Marketing International (DMAI): www.destinationmarketing.org.

International Association of Professional Conference Organizers (IAPCO): www.iapco.org.

第四章
籌組與主辦國際活動

沒有人能單憑他人的描述認識這個世界，每個人都必須親身遊歷才能了解它。

— 齊士特菲爾男爵（Lord Chesterfield）

內容綱要

我們將在本章探討：

- 如何籌組國際大型會議
- 規劃要因，例如時間、經費和集會場所
- 活動方案委員會的功能
- 聘用專業會議籌組者的好處
- 大會組織的時間表
- 接待國際訪客的訣竅

如同國內會議一般，國際大型會議也分成許多種，而且主要都是根據主辦者或組織團體來定義。因此，我們會談到企業會議或政府部門會議、學術專題研討會或論壇、宗教會議以及在全球性協會範圍中的國際大型會議。

對大多數北美的企劃人員而言，代表大會與年會這二個名詞意義是相同的，都是大型會議。意味著遍及整個城市的大型活動，這通常需要許多家飯店提供數百甚至數千名會議代表住宿服務，一個提供數千平方英呎之會議與展覽空間的會議中心，接駁車輛往來集會場所，以及各式各樣相關的活動。這種類型的會議是名符其實的大型會議，然而，在北美以外的地區，許多企劃人員也把規模較小的會議稱作congress。

通常，有來自多個國家目標群眾的協會會議就稱爲代表大會。國際大型會議的目的是爲來自全球各地的夥伴提供論壇，以交換資訊，並且學習特定領域的知識或實務的新發展，提出許多國家常見的問題並尋求解決方案，以及與世界各地的同業建立溝通管道。主辦單位希望與會者離去時會因爲獲得的新知識而感到充實，並且對他們本身與同業，都能有所幫助。

國際大型會議組織

多數大型會議分成二種類別。第一種是由國際協會主辦，有常設秘書處負責行政事務。國際協會的大會通常都定期舉辦，每年（annually）、每二年（biannually），有時則是每三或四年舉辦一次。常設秘書處可能必須協同管理當局及其指定的委員會規劃並管理協會的大會，或是與地主國的籌組委員會（an organizing committee）合作。會員國輪流規劃或主辦活動，不論是負責規劃或主辦，當地的籌組委員會都將設置自己的秘書處，專門負責特定大會的組織和管理。

第二種則是包括由同一產業或學科的會員所召集的大會，主要是非例行性（one-time）或首次召開（first-time）的會議。主辦者可能是政府、大學、企業或是跨領域團體，甚至是因爲特定會議而組成的臨時性任務編組。

國際大型會議委員會的組織與功能與國內會議委員會稍有不同，後者通常是名譽職位，而且大多數工作是由支薪工作人員完成。就國際大型會議而言，秘書處可能遠在地球的另一端，委員會管理大部分的規劃與運作，隸屬於整體籌組委員會之下。

籌組委員會統籌規劃會議，並爲運作委員會（operating committees）設定工作。籌組委員會通常由協會高級職員、常務委員以及代表該產業或學科的地主國會員等等組成。國際大型會議的總主席（general chairman or chairwoman）可能是榮譽任命的。然而，若說到其對大會應負的責任，通常就是主持籌組委員會。因爲委員會會員常常分散各處，不常開會，實際上絕大多數是由較小的執行委員會（executive committee）做決策。執行委員會定期開會，通常由總主席主持，並且監督所有任務團體的運作。除此之外，也以大會的名義簽訂契約，核准付款，並指導會議工作人員。

以國內會議而言，主辦委員會只具有輔助功能，實際上是由工作人員完成大多數工作。相形之下，對外國賓客而言，國際大型會議的當地主辦組織不僅代表地主國，也是會議主辦者。如此擴大的角色需要具備全球化的觀點，並且需要承擔某些特殊要求，那是國內會議不必具備的。委員會會員將專注於議程內容，並成爲其他委員寶貴的知識資源。

秘書處

國際大型會議秘書處與協會總部不應該混爲一談。總部通常依內部章程有管理責任，受到管理當局監督。協會職員規劃並管理組織的大會。秘書處比較算是行政當局，雖然必須執行重要的行政和代理責任，仍可深入參與會議的規劃管理。秘書處也爲執行與運作委員會提供人力支援，並且擔任通信聯繫、採購、會計與付款等大會相關事宜的行政中心。

如果國際協會在總部有常設秘書處，則由高級行政職員管理秘書處，通常會有專業人員擔任有給職的執行秘書。基於舉辦活動的考量，有些大會將這個職位保留給專業大會籌組人。秘書處會在規劃階段完成所有行政責任，並在活動開始之前移師至大會地點。

規劃大型會議

如同所有會議一般，國際大型會議的規劃流程從目標說明開始。如果該會議是一系列定期會議其中的一環，並且輪流在會員國的集會場所舉辦，那麼組織章程裡可能已訂定大會目標。然而，每個大會應該有特定目標。至於臨時任務編組活動，則由會議籌組者訂定目標，並明確傳達給所有與會者。

只要達成目標共識，決定開始進行並組成委員會，接著就由規劃小組提出特定地區。因爲國際大型會議的語言文化不一，企劃人員和工作人員需要特別謹愼處理文化差異對溝通和管理功能的影響。秘書處和與會者、活動方案委員會和演講者、簡報者以及會議代表之間清楚有效的溝通是國際大型會議不可或缺的要項。

規劃決策往往受各種因素影響，而且會依參加者的背景資料分析來決定。例如：

1. 如果所有可能參加的會議代表還不是主辦組織的會員，資料庫中沒有現成的背景資料，市場研究和報名作業需要額外的時間與預算配置。

在大型會議與展覽中，語言和國際禮儀是不可或缺的要項，尤其當接待者面對不同的語言文化時，更須特別注意。

2. 社會經濟因素常影響會議代表支付交通、報名費和住宿費用的能力。
3. 文化背景會影響議程形式以及供應的餐飲。如果會議日期與許多出席者的宗教儀式有所衝突，也必須考慮宗教的問題。
4. 語言理解力對於官方的會議語言，以及是否要提供一種以上其他語言之即席翻譯的決定會有所影響。
5. 出席資格條件將決定會議是否開放給大眾參加或只限於特定團體。誰會獲邀參加大會？有特殊的資格要求嗎？

時間表

規劃小組選擇會議日期時會考量是否有任何可能衝突的活動，或可能有助於提高出席率的適合活動。報名截止日訂定，議程時間表隨之成形。國際大型會議的前置作業時間通常比同類型的國內會議長，平均前置作業時間約在二年左右。然而，可能因出席者人數增加而延宕很長時間。如果該國際協會的平均出席人數高達上千人，提早五年以前先概略規劃飯店和會議空間也並不罕見。有鑑於能提供這種大會所需空間和服務的集會場所數量有限，而且許多協會要求他們的會議必須輪流在各大洲舉辦，可以支援這類會議的城市有限而且十分熱門。北美以外的地區，很難找到大型的「會議飯店」（convention hotels），此飯店須是附屬於會議中心，有500間至1000間以上的房間，或是與在步行可到達的距離內具備彈性之會議和展覽空間的會議中心比鄰。因此，一場800人次的會議可以全部投宿在拉斯維加斯（Las Vegas）的一間飯店內，而在米蘭（Milan）就可能得分散在多家飯店中，而且還要加上會議中心的空間以及與集會場所之間的接駁交通。

通訊技術的進步使得以往許多費時費力的規劃所需工作變得簡化有效率。現在用各種軟體來管理摘要的蒐集和處理，又快又有效率。相同地，宣傳和資訊網站、線上報名以及電子郵件，已經徹底改革行銷以及出席者的通訊方式。資料的翻譯、印刷以及發送，同樣可以迅速執行，所以郵局罷工，甚至政治動盪，再也不能阻擾將重要資訊傳送給可能或已報名的出席者了。然而，不論流程再怎麼有效率，有經驗的國際大型會議籌組者知道，時間表要預留出處理突發狀況的時間。時區的差異、文化、語言、商業慣例以及資源都一定會在規劃流程的某個時點延遲。典型的大會時間表，請參見表4-1。

表4-1　典型的大型會議／年會／展覽會時間表

關鍵詞：		
Org —籌組委員會	Ex —執行委員會	
Pro —活動方案委員會	Reg —註冊委員會	
Fin —財務委員會	Arr —籌備委員會	
T&T —交通與旅遊委員會	PR —宣傳委員會	
Exb —展覽委員會	All —全體委員會	
前置作業時間與活動	**負責之委員會**	**秘書處功能**
C（大型會議）減（一）二年：		
1. 成立籌組委員會。	Org	
2. 任命主席。		
3. 公文文件決議，確定可行性、日期、目標和主題。		
4. 開始目的地評估。		
5. 指派執行委員會。		
6. 預估費用與籌募資金。		
7. 確認目標群眾並決定出席資格。		

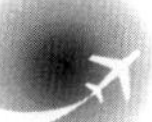

（續）表4-1　典型的大型會議／年會／展覽會時間表

前置作業時間與活動	負責之委員會	秘書處功能
C－20個月		
1. 成立運作委員會，任命主席。 2. 決定目的地並與集會場所接洽。 3. 設立秘書處。 4. 修正時間表。 5. 編製初步預算。	Org	籌組、確立總部和工作人員。
1. 擬定大會時間表、委員會預算。 2. 募集資金，準備補助金提案。 3. 開立銀行帳户。	Ex, Fin	建議。
1. 分析宣傳媒體（網站、郵件、出版品等）。	PR	建議。
1. 研究、視察、選擇、談判協商並預訂飯店、會議場所、展覽會場。	Ex, Arr, Exb	協助、確認契約、發動聯絡網。
2. 制定暫時性議程，評估演講者。	Ex, Pro	建議與支援。
1. 與PCO面談，選擇並簽約。	Ex	向PCO作簡報。
1. 設計、建立並宣傳網站。 2. 在商業與協會刊物中發布新聞稿。 3. 追蹤宣傳成效。	PR	建議與協助。
C－18個月		
1. 爲會議代表、出席者、主辦者、展覽者設計初步通告。	PR, Reg	監控網站。
1. 撰寫會議宣傳小冊子。 2. 交付翻譯。 3. 更新網站設計。	PR, Exb	發包美編與翻譯。

（續）表4-1　典型的大型會議／年會／展覽會時間表

前置作業時間與活動	負責之委員會	秘書處功能
1. 核對翻譯、審定版面編排、印刷、郵寄並寄發通知。	PR, Exb, Ex	發包印刷和郵寄服務。
1. 篩選並選擇展覽承包商。	Exb	建議與發包。
1. 發展工作議程。 2. 發出論文徵求公告。 3. 開始招募參展者。 4. 監控並更新網站。	Ex, Pro Exb	建議與支援。
C－15 個月 1. 預算與企劃檢視。 2. 分析出席者人口統計資料與分布。 3. 向執行委員會報告。	All	支援與文件處理。
1. 選擇與預約大會口譯人員。 2. 修訂工作與社交活動議程。	Pro, Arr	篩選與簽約。
1. 指定航空公司、旅行社、DMC。	T&T	建立接觸管道。
1. 第二次郵寄資料予會議代表和展覽者。 2. 第二次發布新聞。	PR, Reg, Exb	印刷與郵寄。
C－12 個月 1. 檢視會議代表／展覽者回應情形。 2. 檢視預算與會議議程。 3. 選擇DMC。 4. 向執行委員會報告。	All	支援與文件處理。
1. 確定演講者並寄發邀請函。 2. 請求提供摘要。 3. 發包翻譯、印刷。	Pro	支援與簽約發包。
1. 指派報關手續代理人。	T&T	建議與協助。

（續）表4-1　典型的大型會議／年會／展覽會時間表

前置作業時間與活動	負責之委員會	秘書處功能
C－9個月		
1. 檢視會議代表／展覽者回應情形。 2. 檢視預算與會議議程。 3. 向執行委員會報告。	All	支援與文件處理。
C－6個月		
1. 會議摘要提交到期。 2. 翻譯、編輯與印刷。	Pro	支援與文件處理。
1. 檢視會議代表／展覽者回應的情形。 2. 檢視預算與會議議程。 3. 進行地點協調勘察。	All	支援與文件處理。
C－3個月		
1. 檢視會議代表／展覽者回應的情形。 2. 檢視預算與會議議程。監控場地狀況。 3. 提供餐飲保證書。	All	支援與文件處理。
1. 確定社交議程與接待計畫。 2. 向執行委員會報告。	Pro, T&T	發包DMC服務事項。
1. 向口譯者概述摘要。 2. 決定與預訂視聽輔助設備和口譯設備。 3. 印製識別證、報名表和標示牌。	Pro Arr, Reg	支援與文件處理。 發包與督導。
一個月前		
最後的會前作業與國內會議大致相同		

經費來源

雖然舉辦會議的經費來源可以全部來自報名費，但這畢竟只是少數的狀況，因此需要有謹慎、全面的財務分析。資金來源必須經過確認，一開始就要探討來自贊助、補助金、津貼以及展示會的額外收入。過渡經費（bridge funding）——收到報名收入之前用於宣傳和其他費用的營運資金——可能有數種來源。如果是國際協會，也許可以由組織經費支付，或由主辦單位、企業、社團聯合提供資金，地主國的政府機構也可能資助，當做在該國舉辦會議的獎勵措施。

集會場所

國際大型會議的目的地、飯店以及會議中心之選擇，乃是根據第三章所陳述的準則來進行。出席者背景資料連同設施與支援需求都會影響你的選擇。如果一個城市有大量多元文化人口，且飯店和服務業的工作人員具有多國語言能力比例較高，自然就有明顯優勢。關鍵考量可能在於該地點爲門戶城市（gateway city，有國際機場的城市），因爲會議代表的出發城市須有國際航運的服務。然而，若其有航班可連接到大多數主要國際門戶城市者，也可以考慮作爲第二順位的集會場所地點。

活動方案內容與方針

一開始，活動方案委員會（program committee）須準備暫時性議程（tentative agenda）以確認每天的會議形式，如此才能決定合適的會議設施。接下來，委員會將致力於下列事項：

1. 所欲包含的主題（topics）與每個主題的會議形式。
2. 選擇並邀請演講者、會議主講人以及達官顯要。

3. 任命會議主席或主持人，決定其費用和／或開銷的原則（例如發表人免報名費）。
4. 論文徵求（call for papers）。技術與科學類大型會議在邀請演講者時須遵守一定的規則（protocol）和方針（policy）。邀請函包括要求簡報內容備份和簡報主題摘要，而且必須事前送交，這樣必要時才有足夠時間翻譯，重新編製後，再傳送給會議代表。這些文件就是大會議事錄／會議記錄的核心。
5. 活動方案所需的支援條件，包括視聽設備和工作人員、特殊場地安排或環境，以及額外的保全人員（security）、會場管理人員（room captains）和輔助工具（aides）。

在任何國際大型會議中，會議籌組者在活動方案設計上，應該表現出關心出席者可能長途跋涉而來。會議場次間、午餐時間和每天結束時，應該有適當的休息時間，如此出席者可以和其他國家同業會面並建立聯絡網。建議第二天或第三天有半天休閒時間，以及一兩晚自由時間。雖然各國對時間的文化理解不同，正式會期應該精確遵守印製的時間表，這對演講者和那些可以並願意準時到場的目標群眾而言都是一種禮貌。

活動方案委員會必須了解參加團體會想要看到議程裡有自己的同胞代表。因此，雖然不是代表各國的演講者都必須有，選擇演講者時應該要能反映出活動的國際化特色。活動方案委員會可以從指定會議主席、專題討論小組參加者、會議主持人和活動主持人等方面，建立多國參與會議活動的景象。如果規劃國際大型會議有任何凌駕一切的考量，那必定是對該活動及其參與者之多國與多元文化本質的敏感度。表4-2列出了其他的指導方針。

PCO的角色

上一章我們已介紹過專業會議籌組者（professional conference organizer），在國外，特別是和協會組織共同合作時，即是指專業大型會議籌組者（professional congress organizer），大家都明白PCO的角色得要十八般武藝樣樣精通。一般而言，PCO是獨立自主的實業家（independent

表4-2　接待國際參訪者的指導方針

刻板印象適用於描繪一般人，但若將其用在應付個體身上則顯得不夠明智。

— Wu-Kuang Chu

1. 了解商業禮儀、演說形式、關係、學習方式、價值觀、飲食習慣和外交禮節的文化差異。
2. 以頭銜和姓氏稱呼參訪者，直到對方請你使用較非正式的稱號。學習或詢問正確發音，避免名字縮寫或使用綽號。
3. 避免俚語、日常口語用詞與表達。避開運動相關用語，例如「上不了一壘」（“can't get to first base”，出師不利之意。）或「咱們一起打球吧！」（“you play ball with me.”，我們一起合作的意思）。還有，不要使用難以理解的首字母縮寫字。
4. 有些特定的英文字在其他文化另有所指，所以請用最基本的字彙。
5. 培養公制單位的基本認知。大多數國家均使用公制和攝氏溫度。
6. 使用手勢必須謹慎。有些手勢在我們的文化很普遍，但是在其他文化卻很唐突。舉例而言，OK的手勢對日本人來說是表示金錢，在法國表示0，對巴西人和希臘人而言則是猥褻的意思。
7. 避免國家的刻板印象。如同美國各州的地方特色和價值觀都大不相同，其他國家各地文化也可能大相逕庭。
8. 如果你知道其他參訪者母語的社交用語（哈囉，請，謝謝等），可盡量應用。這會讓參訪者感覺受歡迎，而且會很高興你所做的努力。但是首先，先弄清楚對方國籍，特別是亞洲人。
9. 找出會說你擅長語言的參訪者，善用你的語言能力。他們會很感激，並容忍偶發的疏失。
10. 開始交談後，避免政治話題和有特定組織的運動（organized sports）。建立關係後才能討論商業事宜。家庭、個人運動、嗜好和旅遊都是不錯的談話開場白。
11. 人與人的距離會隨各國文化而不同。拉丁美洲和中東參訪者談話時喜歡靠得很近，多數亞洲人和北歐人則喜歡保持一點距離。
12. 不同文化對時間敏感度落差很大。通常北方國家的人們非常遵守時間，而且時間觀念很強。南方地區比較隨興，比較不講究即時性。
13. 如果你希望和某位特別的參訪者多相處一些時間，略微談到他或她母國的歷史、地理、文化和時事。網站是提供這方面資訊很好的來源。
14. 幽默具有共通性，但並不是每個人都懂得幽默。容易理解的奇聞趣事和玩笑是很好的談話開端，而且可以加強關係。
15. 友誼置於商業之上。專心工作之前先花點時間了解你的國際訪客。

businesspeople），深諳會議目的地的之大小事宜，包括語言、習俗、資源以及便利設施，同時，對會議規劃管理也非常專業熟練。

一旦獲聘，PCO就成爲組織與當地會議局、飯店以及包括DMC在內其他供應商的聯繫管道。然而，不同於DMC按人數或議案審定百分比收費，PCO通常依照他們的服務收費。他們回報給籌組委員會或會議管理者的則是許多國際性會議層級的後勤與行政細節服務，使他們無須爲活動方案全神貫注和全部承擔。PCO提供的服務基本上包含下列各項：

1. 建議膳宿或設施，並協助談判協商。
2. 協助海關、稅賦和相關政府配合事項。
3. 有關當地有影響力的人事物、習俗和文化考量的諮詢。
4. 預算建議有賴於PCO對於類似會議的經驗。
5. 安排外國銀行帳戶和信用狀、收取費用並將資金支付給廠商、管理並稽核帳戶。
6. 設立秘書處或會議辦事處，提供工作人員和行政服務。
7. 聯絡當地合作夥伴、辦事處，主辦單位與籌組委員會。
8. 報名工作之監督、開立收據及文書作業。
9. 簽約、籌組並管理展覽服務，代收參展費以及其他展覽會管理事務。
10. 提供口譯員和多國語言工作人員，安排翻譯、重新編製和分發會議議事錄與會議資料。
11. 關於文化差異、禮節、VIP禮遇和保全之建議。
12. 協助風險評估、分析和突發事件規劃，以及緊急情況預備處理和危機管理議定事項。
13. 管理協調支援服務、後勤與運作細節。
14. 協調會後任務、關閉帳戶，準備並管理回程貨物裝載。
15. 會後檢討，調整經費使其與預算一致。

在缺乏專業視聽設備技術人員或展覽承包商的情況下，你不敢貿然進行國內會議。同樣地，如果你需要國際活動必備的特定能力，那麼就找一位PCO。如果你明智地選擇要聘雇一位PCO，你可能會希望有數家公司提案，並與其中最能符合你會議需求的那位簽約。在尋覓有經驗的PCO時，可徵詢會議局、飯店或曾在該集會場所舉辦會議的同業。視察場地期間，也要多檢視幾家公司。此時，提供PCO人選有關活動之完整簡要資料，詢問他們是否曾為類似的客戶工作。就像與供應商面談一樣，也可先詢問那些曾舉辦過類似活動和安排過類似團體之同業的意見。

在會前協調階段，將PCO視為你與其他供應商最重要的聯絡管道。告知其所有聯絡、安排和變更的最新訊息。會議中，盡量善用PCO，如同你會盡量善用任何獨立的會議企劃人員一般。這是你的幕僚長，他或她必須被充份授權，代表你的組織發言，完成你所指派的一切任務。

舉辦國際大型會議的單位同時與PCO、DMC簽約並不罕見。有時同一家公司會提供這二種功能。但更常見的是，PCO與獨立DMC合力完成，使他們的服務協調一致，就像他們能與其他支援要素協調一般。在某些情況下，你會同時與PCO和DMC簽約，清楚說明他們的責任，這樣他們的工作就會合作無間而不會有所重疊。其他情況則是PCO和既有的DMC已經是共同的夥伴。

雖然前述內容僅敘述主要與大型會議相關的資訊，活動方案發展的其他部分則適用於一般國際大會，後續章節還會再做討論。同樣地，後續章節介紹的規劃、運作和後勤工作等主題也普遍適用於大型會議和其他國際活動。

重點回顧

- 國際大型會議有常設秘書處規劃例行會議。非例行性會議則由籌組委員會安排並負責大會之企劃工作。
- 規劃國際大型會議的前置作業時間應該需要一至五年，或是更長的時間。
- 在籌備演講者、專題討論小組參加者和工作人員的暫時性議程時，應含括多國人士，建立跨國活動的形象。
- 應該聘僱當地PCO作為主辦單位與供應商的聯絡管道，以諮詢預算、緊急狀況處理、口譯者、當地禮節和文化。

輔助素材

延伸閱讀書目

Convention Industry Manual, 7th ed., Convention Industry Council, Fairfax, VA, 2004.

Terrence, Sara R., CMP, *How to Run Scientific and Technical Meetings*, Van Nostrand Reinhold, New York, 1996.

Wright, Rudy R., The Meeting Spectrum, HRD Press, Boulder, CO, 2005.

網路

Confederation of Latin American Congress Organizers: www.bicca.com.br/cocal.

International Association of Professional Congress Organizers (IAPCO): www.congresses.com/iapco.

International Congress and Convention Association (ICCA): www.iccaworld.org.

Union of International Associations: www.uia.org.

第五章
貨幣與財務狀況之管理

存下的每一分錢才是真正賺到的錢。

— 國際政治家班傑明・富蘭克林（Benjamin Franklin）

內容綱要

我們將在本章探討：

- 會議、年會與展覽相關之整體財務，以及貨幣的有效管理
- 如何擬定活動預算
- 從何獲得專業人士建議以減少財務風險
- 如何調節不同貨幣以達到最大財務收益率
- 確認並管理各種稅賦，包括加值稅
- 投入國際貨幣市場以產生更大的活動收益

經驗豐富的會議、年會與展覽籌組者在空中與陸上旅行、餐飲規劃、活動方案擬定以及多元文化溝通等各項事務裡勇敢地衝鋒陷陣，有時卻顯得非常不願面對錯綜複雜的幣值波動、稅賦和財政交易。

事實未必如此。只要你了解幾項基本原理，並對國際財務較複雜的方面尋求專業協助，無論在世界哪個角落，你都可以建立並管理會議預算。至於會議規劃的其他部分，在本質上多少有其專業性或技術性，不需要也不可能了解每件事，重點是懂得該問哪些問題，並在必要時尋求協助。

預算

國外會議與同類型的國內會議相較，成本通常比較高。**表5-1**列出編列國際活動方案預算時必須特別考量的項目。

對會議籌組者與贊助者而言，首先增加的預算項目就是交通。一般而言，儘管有促銷票價，但國際旅遊還是比國內旅遊更貴。部分原因是因爲各國政府間的雙邊協定限制票價折讓，不過有意促銷的運輸業者已找出因應之道。要求國際運輸業者提案，並將之應用於計算工作人員旅遊、運輸、出席者費用（如果是由公司或會議主辦者負擔）以及演講者的費用。

表5-1　全球性會議、年會與展覽的預算考量

1. 預做較高之航空旅遊成本的準備。
2. 預做較高之通訊成本的準備。
3. 預做可能需較長時間與較多次之地點視察的準備。
4. 預做較高之運輸成本的準備。
5. 查詢可能的關稅與稅務付款。
6. 查詢同步口譯與文字翻譯成本。
7. 查詢可能的稅賦（VAT、IVA、GST或其他相關項目）。
8. 預留適當的意外／緊急資金。
9. 預先考慮會議、年會或展覽地區的政治狀況可能會起變化。
10. 監控舉辦會議、年會或展覽地區當地的經濟變化。
11. 監控幣值波動（匯率、波動性）。

如果該活動包括展覽，則必須增加前置時間與運輸成本。例如貨物運輸與報關的服務以及無關稅國際通行證、商業傳票和債券（參見第十一章）的憑證成本等預算。有些國家的展覽服務成本較高，乃因爲有加值稅，下文將詳細討論。

會議資料有可能會增加成本。許多國家提供高品質印刷的價格遠低於北美地區。寄送可數位化處理的資料，在國外以數位方式重新編製，可以有效節省運輸成本與關稅。

國際活動的出席者來自世界各國，習慣上，相關預算都會加入文字翻譯與口譯項目。文字翻譯可能影響宣傳與行銷預算以及諸如議程、講義與會議記錄等會議資料。如果會議需要專業同步口譯者，便要決定使用哪幾種語言和相關預算。口譯者費用很高，而且因爲工作所需，必須輪班工作，因此每種語言需要二名口譯者。聯絡當地語言服務人員以確定有無人選與費用。如果當地找不到條件符合的口譯人員，那麼預算中還要再加上口譯人員的餐點及旅遊、住宿費。

負責任的財政管理需要的不外是常識和專業建議。常識指的是大致了解匯兌原則並且相當熟悉條款。專業建議則是指知道往何處尋求專業建議。

獲得建議

在銀行同業市場買賣貨幣的主要國際銀行與貨幣經紀商在預估未來匯率，並建議適當策略以防止不利的幣值波動方面，有其獨特的優勢。事實上，任何銀行只要有國際部門都可以向客戶建議貨幣策略、資金移轉與金融工具。國際會計公司和股票經紀商也了解貨幣市場趨勢，並通曉避險和遠期契約等事宜。本章稍後將詳細介紹這些策略。在這類公司工作之法人部門的企劃人員，以及在跨國企業工作的企劃人員，通常是在機構內部展開研究進行協助。

許多經驗豐富的全球性企劃人員寧願和國際貨幣管理與外匯專家共同合作，例如：Travelex Financial Services, Eide Inc., Thomas Cook Foreign Exchange和Ruesch International等。這些公司不同於銀行提供各式各樣服務並收取費用，他們專精於全球貨幣變動。他們若非不收取移轉費用，就是收取遠低於銀行的費用。因爲他們不斷地在全球移轉大量貨幣，從所謂「貨幣浮動」獲利，亦即欲移轉的資金轉送至另一家銀行之前，在原銀行持有期間賺取的利息。交易次數愈多，管理並轉移給你的資金總額愈大，費用也愈低。

這些公司也有專門的會計管理師可以提供最新的匯率資訊，建議並促進資金移轉。在許多方面，相當於有特定的私人銀行，但是成本微不足道。

在會議目的地，因PCO和DMC熟悉當地市場和國家財政法規，對於規劃與運作而言，他們是可貴的資產。非企業團體可能沒有當地辦公室，PCO通常扮演信託代理人的角色，爲主辦單位收取、支付並結算資金。這類當地的業務關係另有好處，從稅賦觀點來看，聘僱PCO和DMC是當前趨勢，而且可能有助於退稅。

貨幣策略

對於自己不擅長的領域，精明的管理者通常會尋求專家建議。然而，若是只要知道該問哪些問題，那麼對貨幣條款的基本認知是很重要的。以

下是你該熟悉之國際貨幣管理的幾種常見方法。既然連專家也無法正確預測貨幣波動，就沒有所謂安全無虞的策略。重點是要採取步驟以確定今天的預算將足以應付明天的費用。此即資金管理者所謂資本保存（capital preservation）。

有些企劃人員算準未來匯率走勢不利，僅實際購買支出經費所需的貨幣。如果他們的看法正確，則可以抵銷將資金長期投資於目的地國家或將錢存在爲該目的所開立之無息帳戶的成本。缺點是，這種做法必須能事先取得資金，而且如果匯率變好，他們將會失去額外的購買力。但是至少他們保障了資本和預算。

購買貨幣的變通方法是在期貨市場購買選擇權，或是購買所謂遠期合約以事先鎖住匯率。這些策略需要投入的資金較少，若會議日期不確定時也可能適用。以下是國際企劃人員最常用的方法：

選擇權合約（**options contract**）	這是事先鎖住匯率最有彈性的方法。選擇權合約使你可以在特定期間以預定價格購買外幣，以規避幣值波動。在到期日時你也可以選擇不履約。然而，這種彈性方法可能所費不貲。
遠期匯率合約（**forward contract**）	這種交易比較有約束力，遠期匯率合約是在未來特定日期購買規定數量外幣的協定。最低門檻$10,000元，事先鎖住匯率，並且以存款保證，通常是貨幣需求總額的15%。雖然較短期的合約可以議價，但是習慣上，遠期匯率合約是在計劃日期前一年購買。這可能是資本保存最常採用的策略。因爲提供高度保護，而且不像直接購買貨幣那樣必須套住大量資金。 主要缺點是如果在交割日（購買資金的有效日期）的匯率比較好，那麼籌組者便無法衍生出財務效益。如果你購買的合約金額比你最後需要的還多，或是會議取消，剩餘的錢隨時可以賣出。然而，賣價是依照賣出時的匯率。 遠期匯率合約應該視爲保險政策，而非貨幣投機。遠期匯率合約確保主辦者今日建立的預算足以支付預期費用，無論匯率走勢是否有利。

層疊法（layering）	此策略係指在有利的匯率區間購買貨幣（或遠期匯率合約），如果預期貨幣會愈來愈走強，此策略可以使匯率更好。如果協會企劃人員不能確定會有多少出席者報名，也可以採用這項策略，因爲當人數增加時可以加買遠期匯率合約。
即期價格（spot price）	此術語意指貨幣交易的現在價格。即期價格波動頻繁，以美元、英磅或歐元計價。

企劃的指導方針

重點是，企劃人員必須認知這些策略並不適用於所有貨幣，只有慣常在全球貨幣市場交易，或國際貨幣基金制定之特殊提款權限定的貨幣才適用。有些貨幣不可轉換，所以事先決定訂定哪種貨幣合約是很重要的。視國家或地區來決定哪種貨幣通行最廣，是歐元、瑞士法郎、英磅、美元或是日圓（世界主要貨幣表請參見表5-2）。

如果是大型會議或展覽會這類必須負責收取報名費的活動，則有必要一開始就決定可接受哪些貨幣，特別是在亞洲。應該考量那些貨幣在會議代表的國家是否能買到。如果報名費是用來支付當地費用，大多數組織會以目的地國家的貨幣訂價收費。然而，如果以當地貨幣收取款額並開戶存款必須繳交地方稅，則報名費以歐元或美元訂價收費也常見。在任何情況下最好都先查明稅賦規定。

若主辦國必須募集資金，而且預期有盈餘，則必須徹底了解該國貨幣規定。有些國家限制資金匯出金額，有些國家則在資金匯出時課徵超高稅額。

財務規劃與財政管理

幾乎每場國際活動的籌組者都要扮演財務經理人的角色，並非所有活動方案的費用都可以先付訂金或後付款。事實上，只有寥寥無幾的外國集會場

表5-2　世界主要通行貨幣

國家	通行貨幣	貨幣符號
澳大利亞	澳幣	AUD
奧地利	歐元	EUR
比利時	歐元	EUR
加拿大	加幣	CAD
智利	智利匹索	CLP
塞浦勒斯	塞浦勒斯磅	CYP
丹麥	丹麥克羅納	DKK
斐濟	斐濟幣	FJD
芬蘭	歐元	EUR
法國	歐元	EUR
德國	歐元	EUR
希臘	歐元	EUR
香港	港幣	HKD
印度	印度盧比	INR
印尼	印尼盧比亞	IDR
愛爾蘭	歐元	EUR
義大利	歐元	EUR
盧森堡	歐元	EUR
馬來西亞	林吉特	MYR
墨西哥	墨西哥匹索	MXP
摩洛哥	迪拉姆	MAD
荷蘭	歐元	EUR
紐西蘭	紐幣	NXD
挪威	挪威克羅納	NOK
阿曼	阿曼里奧	OIMR
巴基斯坦	巴基斯坦盧比	PKR
菲律賓	菲律賓匹索	PHP
葡萄牙	歐元	EUR
沙烏地阿拉伯	沙烏地利雅	SAR
新加坡	新加坡幣	SGD
南非	南非蘭特幣	ZAR
西班牙	歐元	EUR
瑞典	瑞典克羅納	SEK
瑞士	瑞士法郎	CHF
大溪地	CFP法郎	XPF
泰國	泰銖	THB
土耳其	土耳其里拉	TRL
阿拉伯聯合大公國	UAE迪拉姆	AED
英國	英磅	GBP

地或服務接受活動結束後寄送帳單的合約。國際募資可能極度複雜、昂貴而且曠日費時。

支付資金有很多種可行的選擇。假設有大筆費用準備用收來的訂金支付，大多數國際活動都是如此，可以預估每日費用並以下列方法支付：

1. 購買適量貨幣以提供現金資金。
2. 使用信用狀、銀行匯票或旅行支票等金融工具。
3. 高額度信用卡，例如美國運通企業卡或是美國運通專門爲會議費用發行的企業信用卡。
4. 開立在地銀行支票帳戶，以存入訂金。
5. 雜項支出，例如小費、飯店的現金支出等都從主帳戶提領。
6. 利用信託代理人，例如PCO、DMC的處所，或有可以聯繫之當地銀行分行或子公司辦公室也行。

對於那些不熟悉金融工具者而言，應了解國際銀行較常使用的工具有：

電匯 （**wire transfer**）	或稱電子資金轉移（electronic funds transfer, EFT）透過線上金融資料傳輸將資金存入外國銀行帳户，並在客户的國內銀行帳户記入借方。
銀行匯票 （**bank draft**）	國內銀行開出的支票，面額以外幣計價。這是付款給國外廠商最經濟的方法。
信用狀 （**letter of credit**）	銀行發行的金融工具，允許持有者從該帳户提領特定金額，在國外往來（通匯）銀行可以提領以信用狀發行的貨幣或是以信用狀開立日的即期價格換算的等值外幣。

這些工具與交易費有關，可能資金收受雙方都得付費。因此，將這些費用編入預算並尋找最符合成本效益之服務提供者是很重要的。如同前文所述，銀行收費通常比貨幣經紀商高。基於這個理由，許多有經驗的國際企劃人員寧可在貨幣經紀商開立帳戶。另外，除了前文提及的部分，貨幣經紀商還提供各種有用的服務。

稅賦問題

根據美國與加拿大稅法，在北美洲以外的國家舉辦會議至少須符合二項主要標準。第一，在該處舉辦必須如同在北美洲舉辦會議一樣合理。「一樣合理」的檢驗依照會議與主辦者的目標和活動、與會者或會員的住處、該組織以往的會議集會場所，及其他相關資訊而定。此類資訊可能包括主辦國獨特資源或地點有助於達成會議目標之資訊。

第二項標準是集會場所與組織任務或者與與會者的業務或職業有關。請注意，就美國稅務考量而言，波多黎各和所有美國領士都在此限。特殊地區和其他細節請參見第九章。

加值稅

在歐洲和亞洲被稱爲加值稅（value-added tax, VAT），在加拿大叫做GST，拉丁美洲則是IVA。在美國以外大多數國家，你都會在發票上看到這些名詞，意指你購買的商品和服務另加5%-25%的單一稅。雖然各國課稅範圍不同，通常會影響會議成本的項目包括了交通、飯店住房和會議室費用以及餐廳帳單。這些費用可能嚴重影響會議預算，應該從一開始就加以考量。供應商報價應該加計VAT，而且在會議預算工作表上單獨列出。如此一來，如果決定申請VAT退稅，將可以清楚知道哪些項目會有影響，以及有多少退還款項。

期初規劃時先釐清幾個基本問題，將可在往後省下大量時間與金錢。別猶豫，立即向你的當地供應商和VAT退稅代理人求助。至少，你會想知道下列事項：

1. 目的地國家的VAT標準是多少？
2. 活動相關的所有項目都必須課徵VAT嗎？或者有些項目免稅？
3. 我的公司或組織可以享有VAT退稅嗎？退稅條件爲何？
4. 會議出席者可以享有VAT退稅嗎？如果可以，怎麼做？

雖然有些國家可能退還部分或全部VAT，但是並沒有統一的程序。流程複雜耗時，最好外包給專家。即使是在歐盟區，雖然流通貨幣相同，各國稅賦仍然不一，而且易變。申請文件必須以該國官方語言填寫，只接受發票與收據的正本，而且需要的文件多得令人怯步。幸好有許多VAT退稅公司，他們有耐心、毅力和專業知識，可以幫你準備並呈遞需要的文件。如果是高稅率國家而且可以退稅的話，很值得爲大筆的購物金退稅而努力。VAT退稅服務會收取退還稅額20%-30%的佣金。然而，想想稅法有多複雜以及可能省下多少錢，還是很值得的。如果退稅不成，就不會收費。

會議與會者在國外的個人消費可能也符合VAT退款資格。各國情況不同，有些國家可以在出境前退還加值稅，通常是在機場或國境交界處設有退稅中心。

重點回顧

- ▶ 相較於國內活動，國際活動預算增加最多費用的項目是交通，其次是貨運。翻譯和口譯通常是隱藏成本，但卻不可或缺。
- ▶ 預期匯率和財政規定造成的預算波動，必須尋求國際銀行或貨幣管理專家的知識。
- ▶ 規避匯率風險可以預先購買貨幣，也可以使用選擇權或遠期匯率合約鎖住匯率。
- ▶ 許多國家不接受活動結束後才付款。爲了有效促進現金流動，可使用電匯、銀行匯票、信用狀等。
- ▶ 各國稅賦不同，稅率爲商品和服務總額的5%-25%不等。在契約和報價裡包含稅額是較爲明智的做法。

輔助素材

延伸閱讀書目

Howe, Jonathan T., *U.S. Meetings and Taxes, 2005 Edition* (available on the MPI website at www.mpiweb.org).

網路

Currency conversion information: www.xe.com/ucc.

Trancentrix (foreign currency exchange and management): www.trancentrix.com.

Meridian VAT Reclaim: www.meridianvat.com.

參閱附錄可了解更多有關於貨幣與加值稅退還的資訊。

第六章
活動方案企劃與發展

上蒼賦予我們一張嘴和兩隻耳朵，是為了讓我們少說多聽。

—— 埃皮克提圖（Epictetus）

內容綱要

我們將在本章探討：

- 依照會議目標規劃會議活動方案的重要性
- 會議活動方案規劃的各個步驟，以期達到會議目標
- 長途旅行對於會議活動方案要素之時間安排所產生的影響
- 會議場次的形式及其對會議活動方案動態的影響
- 提高與會者參與度以及保持其興趣的技巧
- 善用視覺輔助工具，強化演講者和與會者之間的溝通
- 透過筆譯與口譯，讓多元文化的與會人士溝通無礙
- 演講者的選擇與簡報可確保與會者與演講者之契合程度
- 能讓演講者的演說產生效果且能激勵與會者之因素
- 會議室作爲溝通環境的重要性
- 選擇餘興節目須考慮到不同國籍之與會者文化背景的考量因素
- 專業演講者的相關法律問題
- 附屬活動如何擴充主會的內容，及其對主辦者和與會者的附加價值
- 各種來源與形式的贊助活動及其帶給主辦單位的益處

會議活動方案是會議存在的理由，可藉此媒介來達成會議目標，其活動方案規劃更是攸關會議目標可以完成與否。規劃會議活動方案就像蓋一棟房子。會議活動方案的概要就是藍圖，它反映出設計的原則。會議活動方案的基本元素——報告人、視聽器材與講義——就是木材、磚塊與灰泥，以及用以建造完整建築物的各種結構元件，以達成預定目標。如同蓋房子的人一般，會議專業人員也必須實際執行下述工作：選定材料、下單買料、把材料送到指定地點後做好物料管理。

正因爲國際會議的後勤準備與國內會議大不相同，主辦單位和活動方案委員會在安排社交與教育活動時，必須了解其差異性，並依照與會代表的時差、哩程長短、文化背景與母語，做妥善的設計。

會議活動方案規劃的責任會因組織團體不同，而有所差異。公司內部的會議活動方案可由一、二個人擬定，也可能是一個部門內的一個小組在做，或是跨部門的小組在做。國際會議的議程，尤其是協會的會議，通常都是由活動方案委員會來規劃。不論是哪種形式的組織，會議專業人員扮演的角色就是於必要時協助建立會議目標，並且依照規劃合宜的會議活動方案，予以確實執行，最後再確認會議目標都已達成。

不論是否參與會議活動方案設計和規劃，對於會議專業人員而言，都有必要了解會議的基調，以便管理行政與後勤事務，諸如演講者、各場次主席、口譯人員以及其他支援的安排。為此，在提出特定的會議活動方案要素之前，我們將探討一些會議設計的準則，並從中了解這些會議準則在國際會議中的不同應用。

會議活動方案設計

由於跨國的溝通有距離遠近及不同時區的問題，使得國際會議的規劃時間要比一般會議規劃所需時間來得更長。為了使這樣的溝通順利完成，有些國際會議企劃人員會多加50%的時間；有些甚至會增加雙倍的時間去規劃跨國會議的後勤活動、媒體記者會安排、會議摘要的寄送等等細節。同樣的，在遠地開會的國際會議議程，其事前所需的時間也是一樣冗長。如第七章所提及，許多不同國家和文化的人，其動作、舉止、工作與溝通等各種步調的快與慢，也都跟北美所認定的正常速度不一樣。若在步調比較緩慢輕鬆的文化環境下開會工作，則必須於事前先多花一些時間準備規劃的各項要素，以及現場的管理流程。

前文提到用「建造房子」來比喻會議規劃的擬定，這個比喻相當貼切。因為蓋房子的人首先得分析蓋房子的目的是什麼：房子是要給單獨一戶家庭住還是兩個家庭合住？是要出租還是自住？同樣地，會議專業人員也得詢問贊助廠商類似的問題：「為什麼要開會？開會的目的和意義何在？」

一旦會議目標確認之後，會議專業人員必須知道哪些人會來參加會議，與會人士來自何方，以及其他像是國籍、語言流利程度，以及跟贊助廠商的關係等等之人口統計資料（與會人士可能爲贊助商的會員，供應商、展覽商、貴賓或是有其他關係）。

爲了讓會議活動方案能夠符合每位與會人士的需求與期望，會議專業人員會針對可能參加的與會者做一些調查。進行調查的時間有時可能會在本次會議結束時和規劃會議之前，或是兩者皆採用。

了解這些主要的因素後，便可以開始進行會議的規劃安排，除了要達成會議目標，也要吸引更多與會人士前來參加會議。

會議活動方案中要設計一個符合會議要旨的主題（theme）。會議主題之於會議，就有如書本的封面設計之於書本一樣重要。會議主題的美術設計應該鮮明搶眼，並具備能反映出活動要旨的標題（title）。它將成爲重要的行銷工具，也會成爲現場醒目之標的物。

與會人士的背景和會議活動方案的主要元素，都是影響主辦單位評估對媒體發布會議活動方案要旨的因素。演講者、互動的場次、視聽設備以及展示會，都是會議的溝通媒介，均需考慮其和與會者的關聯性並謹慎評估之。

最後，會議企劃人員與相關委員會將決定以何種方式傳遞會議相關訊息最有效果，以期收到最多的回應（參見圖6-1）。

旅程計畫

國際航程有兩項考量重點：第一是旅途的實際距離，即與會人士從出發地到目的地於陸上和空中實際花費的時數。第二是出發地與目的地之間的時區間隔。比方說，某位與會人士搭夜間航班從邁阿密飛到里約熱內盧，抵達時可能會感到疲倦，因爲飛行時數長達八個鐘頭。但是因爲兩地的時差只有一到二個小時（夏日日光節約時間須減一小時），這位與會人士可以不必再調整其生理時鐘，即可適應當地的時間。

然而，這位與會人士的另一位同事卻是從邁阿密飛到米蘭去開會，他不但得疲憊地飛個八小時，而且還得調整六或七個小時的時差。抵達米蘭時，睡眠不足加上旅途勞頓，他的身體反應讓他覺得是早上九點鐘；但牆上的時鐘卻顯示著下午三點鐘。假如他即刻躺下小憩補眠，差不多會在米蘭當地晚餐時間醒來，而且很可能之後整個晚上都睡不著，只在隔天早上開會前睡個幾小時。

圖6-1　會議活動方案規劃的步驟

為了讓飛行過程不要太緊湊，有人會精心安排飛行路線或分段飛行。然而，超過五個小時或橫跨五個時區的長途旅行，就算是經常飛行的識途老馬也偶爾會吃不消。為此，有經驗的國際會議活動企劃人員會依循一些基本原則去安排規劃會議，讓與會人士不至於太過疲勞。

1. 讓與會人士抵達當天有機會休息，避免在第一天就討論嚴肅議題或安排正式的社交活動。第一天晚上的活動，最好是安排簡約的招待與歐式自助晚餐，讓與會人士可以用餐，稍微寒暄，且可以自由離席。
2. 切忌安排過多的會議行程，尤其是會期的第一天。會議場次之間要安插足夠的休息時間，每個場次的時間也要安排得宜，好讓與會人士有機會跟其他同來參加會議的人建立情誼、觀光、購物以及在當地遊覽。
3. 考慮安排會後的觀光旅行，延伸與會人士在當地的經驗。

會議場次型式與動態

公司行號在海外開的會議跟在國內開的會議模式應該一樣，若這家公司的總部是在美國，情形更是如此。早上八點開早會，一直開到午餐時間，且邊吃午餐邊開會（working lunch，當然不能喝酒）。對於歐洲人、亞洲人、拉丁美洲人來說，這樣的開會模式簡直就是犯了大忌。然而，若是該美國公司總部裡面沒有深諳各種不同文化差異的會議專業人員的話，這種冒犯他人忌諱的會議經常會發生，非但使會議的效果不彰，而且還會讓與會人士不悅。

國際性的協會會議傾向有較多正式的全體會議（formal plenary assemblies），然後有一些分組後共同進行的會議（concurrent meetings）及較小型的分組會議（smaller breakout sessions），或按照會議的主題擴展延伸安排研習會（workshops）。

尤其是國際協會所辦的會議，其與會代表通常都是自費參加會議，所以，會議內容的設計必須讓這些長途跋涉且自費來參加國際會議的與會代表們覺得值回票價。比方說，可以安排買賣雙方產業相關活動，讓與會代表們可以在這樣的場合裡互相建立關係網絡，也可安排科技性或教育性會議，讓他們互相交流切磋。另外，可穿插幾個自由交流的社交時間，讓來自不同文化背景的與會人士可以互動、交換意見與觀點、並分享彼此的經驗。以上這些會議內容場次的安排，不僅可讓該會議增色許多，同時也可凸顯舉辦該國際會議活動具附加價值的優點與特色。

與會者之互動

在大型全體出席的大會中，要讓與會者參與度提升，可能會產生一些問題，特別是在使用同步口譯的情況下。如果會議中採用同步口譯服務，爲了能有最佳品質，最好在走道各定點安裝麥克風或準備無線麥克風。與會者要使用麥克風時應有工作人員引導，且麥克風須連接口譯人員的音效系統，好讓口譯人員可以聽清楚與會者的問題。目前能增進與會者互動的最新技術爲互動式回應系統（interactive response system）。這種科技乃是使用遠端遙控裝置，讓與會者可以回應在螢幕上所看到的複選題項。這項應用電腦科技的設備，也有整合的翻譯軟體，可同時將會議內容翻譯成多種不同語言。

以上所提的會議技術也適用在分組活動中，不過主持人仍得注意與會人士因文化差異所形成之不同學習型態。無論如何，演講者和與會者之間良好的雙向溝通可強化彼此的了解，特別是當與會者的語言程度不是那麼流利的時候。有些不同文化背景的人對於不拘小節且隨興的演講者會感到不自在，尤其是演講者在小組中以個案討論方式要求每個與會者參與時。這類文化背景的人比較喜歡正式且有架構的演講，而演講者對他們而言就代表著權威。特別是亞洲人，他們的文化養成裡面很重要的一部分就是避免丟臉，所以亞洲人通常不會主動回應或是發問。第七章將針對跨文化的溝通議題有更詳盡的討論。

技術支援

運用視覺輔助工具可以加強與會者對內容的理解力並強化他們的印象。尤其是在有不同國籍人士與會且其語言程度不一時，更是得藉助視覺輔助工具。主辦單位應該鼓勵演講者或做簡報的人士多運用視覺輔助工具，並且讓他們的報告是跟著視覺輔助工具來進行的。圖表與插圖說明比文字敘述要來的好，可能的話應儘量採用之。分發的講義資料（handouts）中應該概述報告內容；而逐字譯稿摘要（verbatim abstracts）對於與會者和口譯人員都很有幫助。這些視覺輔助工具可以事先翻譯成不同的語言，於活動結束後，這些內容就會成爲大會議事錄的一部分，是個不錯的參考資料。

在國外地點舉行的會議，主辦單位會遇到電流、設備與配件、尺寸大小、容積及重量等特性差異的問題。因此，主辦單位最好事先知道公制與英制之間的單位換算方式，因爲公制是目前世界上大部分國家使用的測量標準。還有，也需注意錄影帶的格式問題。北美洲的錄影帶格式NTSC，就跟歐洲（與拉丁美洲）的PAL，還有法國及法屬殖民地的SECAM格式不相容。這種錄影帶格式不相容的問題，已經靠著新近發明之多重格式的VCR解決了。目前各種廣泛運用的數位式媒體（CD、DVD與串流視訊）以及標準多媒體數據放映機（standard multimedia data projector），也已讓傳統錄影帶日漸式微。

類似的科技進步也讓會議內容的製作及發行更爲便利。電子檔案傳輸、網際網路跨平台應用（web-based applications），以及桌上列印設備，這些進步的科技不但已經取代過去需要人力且冗長乏味的資料蒐集、整理、印製等工作項目，甚至可以協助校對龐大繁雜的活動內容與摘要資料。不僅如此，運用這些進步科技還可節省運費與通關費用，主辦單位也不用再擔心來不及印製資料的問題，因爲所有資料都可以用迅速且省錢的電子傳輸方式，傳到會議目的地現場去列印。

有些國際協會以及許多公司行號，現在都用CD或是需用密碼的網站下載方式，讓與會者直接取得會議內容相關資料，以取代過去常見的紙本講義資料。本書第十五章針對會議活動的新科技將有更進一步的說明。

語言考量

在這個全球化高漲的年代，英文已經是一般國際商務以及國際會議通用的官方語言。對於以英語爲母語的會議專業人員而言，使用英語開會再自然也不過，但是，若他們安排的國際會議有其他國籍的人士參加時，他們就必須收起這份語言上的自滿，並且審慎評估與會者的語言翻譯需求。就算我們說這個世界已經濃縮成一個共同的全球市場，我們也不能忽視這個事實：全球有十分之九的人不是用英文當做溝通的語言。因此，在任何的國際會議場合裡，如有若干不同國籍的人士參與，主辦單位就需要提供口譯人員或是口譯系統的服務。身爲會議專業人員的你，就必須扛下這個責任，去了解口譯者的功能，並針對其相關需求，做妥善安排。在會議規劃的階段，主辦單位就得判斷主要的語言族群有哪些（通常是由目標群眾作爲代表）。因爲這將會影響主辦單位之推廣與行銷的方向及活動本身之內容。

另外，與會人士的人口統計（demographics）背景及其語言程度也會影響會議規劃的幾個重點。以行銷觀點而言，常見的做法是針對會議推廣的地區，將會議小冊子與會議宣告以多種語言印製而成。對歐洲的與會者而言，常用的語言有英文、法文、德文、西班牙文或義大利文。對拉丁美洲的與會者而言，則必須用到英文、西班牙文與葡萄牙文。若對亞洲的與會者來說，建議得用到日文跟中文。對於加拿大法語區的人來說，他們絕大多數都能說流利的英文，但是仍堅持（有時沒什麼道理）要有英語跟法語的雙語資料。且加拿大法律規定，加拿大境內所有印製品或標語上面都必須同時用英文和法文標示。

雖然一般都用翻譯（translation）這個字泛指所有語言方面的服務，但技術上來說，這樣的用法並不正確。translation專指書面的譯文。在會議用法裡，文字翻譯會用在宣傳與註冊資料、大會手冊、講義、論文以及會議議事錄方面。相對地，口譯（interpretation）則是把演講者的演說內容或批評建議，以口說的方式翻譯成一種或多種其他語言。口譯的形式有：

同步口譯（**Simultaneous Iinterpretation, S/I**）	通常用於需要多種語言的全體大會場次。由技巧嫻熟的口譯員坐在有隔音設備及同步翻譯設備的翻譯間裡，將從耳機中所聽到的演講內容以另一種語言傳譯給戴著耳機的聽眾。聽眾的座位也有按鈕可選擇適合自己的翻譯語言。
逐步口譯（**Consecutive Interpretation**）	比較適合在人數較少的會議場次。演講者在一個段落之後停下來讓譯者以另一種語言傳譯同一內容。這樣的口譯比較花時間，因爲得重複演講者的演說內容。
耳語傳譯（**Whisper Interpretation**）	是在社交或小型團體場合使用的一種口譯方式，口譯員最多只能爲二名與會人士服務。口譯員坐在與會人士的旁邊或正後方，在演講者演說的同時，低聲以另一種語言將內容傳達給身邊的與會人士。這種口譯方式不太適用於正式的會議場合，但若只有一名與會人士需要翻譯服務時，耳語傳譯卻是最經濟與最省時的翻譯方式。

然而，術業有專攻，會議專業人員必須知道翻譯人員對於會議內容的專業知識了解程度，也必須知道何時得尋求協助。有充裕時間或專業技能去評估、徵召、安排口譯人員的團隊，並與其簽約的會議專業人員，眞的是少之又少。幸好目前在世界各國都有專業的翻譯公司，針對會議的語言需求，提供完善的語言協調服務。這些專業翻譯公司旗下有各式各樣的口譯人員，其中包括專精於某一特別產業或學門的譯者。通常，在合理價格下，這樣的翻譯公司可以處理許多繁複但又重要的會議內容。

多數國際會議中心都設有同步口譯的設備。

跟這類的專業翻譯公司接洽時，會議專業人員必須提供完整的會議活動內容，好讓翻譯公司協助決定他們的專業翻譯人員在哪些場次可以幫得上忙。比方說，會前的宣傳和正式的議程就一定得用到翻譯。但其實一些社交活動的場合也需要用到口譯人員——像是有重要嘉賓出席或是與媒體打交道時；還有新聞稿或是記者會，也都需要用到多種語言的翻譯服務。

當會議有同步翻譯的需要時，身爲會議專業人員的你，則必須在每種語言的翻譯上，雇用兩名以上的譯員。因爲同步口譯的工作既耗神且辛苦，口譯員必須視演講者演說內容的難易程度與演講者演說的清晰程度，每隔十五到三十分鐘，輪流翻譯。口譯人員的計費，與其職業道德是否嚴謹及工作狀況是否良好息息相關。就像是受過嚴格訓練的賽馬一樣，我們可以將專業的口譯人員比擬爲思緒敏銳的腦力運動員，他們經過嚴格的訓練，當然也會要求合理適當的價碼以提供最佳的翻譯服務。

若要了解口譯工作的困難及其令人神經緊張的程度，讀者可以試著這樣做：找個人負責演說並立刻重複他／她說的話，然後持續這樣的重複動作五分鐘以上。你能辦得到嗎？大多數的人都辦不到。因爲就算是用同樣的語言，要能做這樣精準的重複動作，都需要有極高的專注力，更何況是把聽到的演說內容翻譯成另一種完全不同的語言呢？故此，國際會議口譯員協會

（Association Intérnationale de Interprètes des Conference, AIIC）制定了一套專業口譯人員的行爲準則，經驗豐富的會議專業人員會尊重口譯人員或公司所列之條件。畢竟，說了這麼多、做了這麼多，最終目的無非是爲了讓與會人士了解會議講演內容。看來只有聘請水平高、懂得掌握會議內容，而且事前準備充分的專業口譯人員，才能確保此目的可以達成。

由於口譯與筆譯的服務費用要價頗高，會議專業人員與議程委員會必須事先決定好要將會議內容翻成哪幾種語言並印製在文宣資料上、哪些會議場次又需要不同語言的口譯，才能控制這方面的費用。有些國際機構會針對主要的與會者所使用的語言，固定地提供同步口譯的服務給他們。至於其他與會者，這些國際機構就把這樣的口譯服務列爲選項之一，由他們自行決定是否需要口譯的服務。若需要口譯服務，他們必須在報名參加會議時多付一筆口譯服務費用。有時候演講者的演說內容之於會議很重要，但又不容易翻成官方語言，這樣的場合就需要用到口譯的服務，以加強會議的內容，讓與會者更能了解。另外，會議專業人員須了解到一點：不是每一個城市都可以找到相關的口譯人員隨時待命，所以需事先預備好口譯人員差旅的預算，以備不時之需。

口譯方面的科技

同步口譯的設備系統包含：(1) 口譯人員的頭戴式耳機（聲音來源是有線廣播系統）；(2) 口譯人員的麥克風；(3) 擴音器；(4) 附有耳機的多頻道接收器。有些地點是把接收器裝設在座椅的扶手中（就像飛機的座椅設備一樣），這種固定式的器材系統是利用有線的設備進行聲音的傳輸，與會者可以利用安裝在會議堂座椅內的耳機收聽。有些地點則是提供與會者可攜式的接收器，由與會者登記使用。這種無線接收器是透過感應迴路型的天線，去接收多達八個頻道的音訊，然後把聲音傳到耳機中。目前最新的科技是在會議廳周圍裝設紅外線輻射器，這不但可以把擴音器的訊號傳到與會代表的耳機中，而且容易攜帶。

在亞洲與歐洲，大部分的會議中心都設有同步口譯設備。就算沒有此設備，這些地方的會議中心也會提供可攜式的無線音箱設備（portable sound booths），讓與會者享有語言的服務。另外，還有一些視聽器材租賃公司也會指派訓練有素的技術員，以協助與會者安裝並操作這些設備。

還有一點很重要，就是若有安排口譯時，要事先告知演說者，並讓他們充分了解與會者來自不同國家的情形，建議他們的演說內容與技巧必須一致。若情況許可，可以要求演講者提供演說內容的講稿以及視覺輔助文件的副本。這些講稿及副本都得包含變更的部分，並且指出哪些是即席的內容。這類的講稿可以幫助口譯人員把演說內容翻譯得更爲精準。

語言專家會去深入了解其聽眾的專長與他們常用的詞彙，然後讓自己也成爲那方面的專家。所以，有的口譯者除了語言的專長外，也擅長科學、工程、管理、財務、政府行政等等其他的項目。在談到技術層面的會議場次中，口譯人員需要主辦單位事前提供鉅細靡遺的資料，讓他們做口譯的準備。由於口譯者必須在同一時間吸收演講者的話語、把這樣的內容翻譯成另一個語言，可以想見口譯人員承受的壓力有多大。如果口譯人員能夠在事前就取得演講者的講稿，且針對其中的技術用語做記號，應該可以舒緩口譯人員部分的壓力，也可確保翻譯品質無瑕又正確。

選擇並安排演講者

會議專業人員了解到會議本身只是溝通的一種媒介，好的演講者可以讓會議開得成功，就如同好的表演者可以帶給觀眾歡樂。本書所談的都是國際會議活動，所以在語言和國外開會環境之考量下，對於選擇演講者的資格條件，一小部分娛樂表演性質的資格條件，必須更爲審慎。

選定演講者的責任由會議企劃人員和議程委員會共同分擔。對於在國外舉辦的會議，建議還是向當地的資源管道（會議產業同業、PCO或是演講者聯絡處）諮詢。尤其是當地的演講者聯絡處，其對於和地主國的專業演講者簽約事宜特別有幫助，因爲該聯絡處會知道哪些演講者有空檔以及他們的價碼，同時該聯絡處也對地主國的合同法規相當熟悉。

除非事先已安排好同步口譯，不然的話，即使是在多種不同國籍人士參與的會議中，通常演講者都必須會使用英文這種目前常用的會議語言。爲避

免差池，最好還是親自挑選演講者並與其直接面談。如果這樣不可行的話，會議專業人員則須請求在當地的代表（演講者聯絡處，或是主辦單位委員會）徹底了解此次會議之目的與主辦單位的期望。會議專業人員千萬不要不好意思要求演講者提供參考資料、講稿或是錄音帶。如此才能先從這些資料了解演講者的講演內容以及表達方式，也可從演講者提供的講義（假如他們有提供的話）去了解其內容是否切題。

假如與會人士來自幾個不同的國家，會議專業人員必須在會議中確實安排不同國籍的演講者，讓他們可以兼容並蓄又可以代表這些不同國家，因爲與會者都喜歡在會議裡面看到自己的同胞（或文化特色）。這些講演者不一定都得是會議的主要人物，但是他們可以藉由擔任場次的主席（session chairperson）、小組會議的主持人（moderators）、介紹人（introducers）、座談會與談人（panelists）或社交活動的共同主持人（cohosts）等，來增加能見度。

很多在國外舉辦的會議活動都因爲邀請當地的嘉賓或名人致詞而增色不少。假如有需要的話，會議主辦單位可以透過當地的國家觀光機構、DMC、PCO或是演講者聯絡處的協助，以便找到合適的演講者，同時可以請這些機構教導主辦單位當地的風俗禮儀。以下是邀請嘉賓的幾個常見方法原則：

1. 確認這些嘉賓可以致詞的時間並且安排備用人選，以防萬一。因爲這些嘉賓通常都是公務繁忙且經常得應付突如其來又推不掉的任務。
2. 確定這些嘉賓都能侃侃而談，且所談的都跟會議主題有密切關聯。
3. 問清楚這些嘉賓的過去榮譽事蹟，其致詞方式以及座位安排。然後把以上的資料發送給所有的與會者及會議主辦單位。

演講者的準備工作

如果會議的性質並非僅在跨國的目的地舉行會議而是多國會議，或者會議中將有許多國外人士受邀參加，此時演講者就必須事先知道與會者來自多種不同的文化背景。假如，演講者在會議中所使用的語言不是與會者的母語，那麼演講者必須依循某些準則，以確保與會者能聽得懂他們所要傳遞的訊息。即使與會者當中有人可以把演講者的母語講得很流利，有些屬於該語意上的細微差別，還是容易誤導他們，進而讓他們會錯意或無法了解。

會議產業從業人員在提供開會資料給活動方案委員會和演講者時，最好也順便在資料中介紹地主國的地理環境、歷史變遷、文化與商業實務。對於地主國近期內的政治要聞、經濟活動、文化活動，要有所研究，並把研究的結果列於上述資料中，同時鼓勵會議中的演講者在致詞時，盡可能引述到這些事例。地主國的與會者看到演講者如此花費心思去認識他們的國家，他們一定會對講台上外地來的演講者產生一份親切感或認同感。這份認同感若可以一直持續下去直到會議結束，對於贊助商和與會者而言，此會議活動方案便是圓滿成功的。

不然的話，會議專業人員就得多花費心力精神去準備會議的演講者，無論是國內邀請來的及國外邀請來的都一樣要多花心思。要確認這些演講者是否對主辦單位熟悉、是否了解與會者的組成和與會者的期望、是否清楚會議的目標，以及是否知道他們在會議中所應扮演的角色。

一旦選定演講者之後，會議專業人員就必須提供更仔細的資料給演講者，並且做更頻繁的溝通。起碼，必須讓演講者知道下列事項：

1. 贊助的機構名稱，其贊助的目的，以及該機構於業界的地位。
2. 其他演講者的資料，尤其是在同一會議場次的演講者（如座談會或是共同致詞的場合）。
3. 整體後勤安排（會議地點、會議室、場次主持人、視聽器材設備、演講者簡介、事先排練），以及演講者個人部分的酬勞、住宿、差旅費用等等之確認。
4. 向多種不同國籍的與會者致詞之準則。這點對愛用俚語又愛講粗野笑話的美國人而言，特別重要。因為並不是所有國家的人都可以了解美式幽默。最終還是要鼓勵演講者盡量多使用視覺輔助器材（除了儀式性質的會議外），因為視覺形象化的東西通常是眾所周知的，而且也可增進觀眾的理解並讓觀眾印象深刻。

開會環境和舞台設計

會場的環境深深影響著會議進行的動態。論壇（forum）、指導型討論會（seminar）或專題研討會（symposium）這些形式的會議，就需要適合團體溝通的環境與設備。至於像是專業研討會（conference），如果須用到大規模的視聽設備，則應考慮到舞台的設計。假如是一個國際性的會議活動，舞台的陳設也會因大會規定及國際禮儀而有所不同。

對於年會與代表大會而言，其舞台設計也相當重要。代表大會的講台高度就會賦予演講者一種威重感，讓台上的演講者更顯得具有權威。而年會的講台高度較低——以觀眾能看到演講者手勢爲原則，這也意味著演講者與聽者是平起平坐的。另外，燈光照明，演講者與貴賓席次，裝飾與旗幟的使用，以及主題裝飾等等都得按照會議活動的形式去設計安排。本書第七章會針對這些主題逐一介紹。

餘興節目

適當的餘興節目，其選擇通常會受到下列因素的影響：會議目的、與會者的國籍與文化背景，主辦單位的組織文化，以及特定功能的性質。

不論是會議進行中的音樂，社交活動的背景音樂，還是適合跳舞的音樂，音樂總是能替會議活動增色。就算是同文同種，每個人的音樂喜好素養還是會有所不同。因此，在選擇音樂種類時需要多費點心思，以免選錯。從經驗來看。會議企劃者最常忽略的一個原則是：在接待處所放的背景音樂，其目的是要讓與會者能夠輕鬆交談。假如在國際會議接待處（國內會議也一樣）播放大聲嘈雜，前衛大膽的音樂或是聲樂的話，非但不適宜，且容易讓與會者之間的互動受到干擾打岔。國際會議的與會者來自四面八方且語言程度不一，播放那樣嘈雜的音樂不僅會讓與會者覺得被冒犯，主辦單位還會被譏品味不佳。相較之下，輕古典，經典配樂及舉世聞名的流行音樂，都是比較合適的音樂選項。

在社交活動的場合裡，千萬別忽略了主辦地區當地的音樂。當地的舞蹈團、合唱團體、民俗技藝表演以及音樂演出，在在都反映出當地文化與此國際會議活動接軌，且讓與會者有機會觀看賞心悅目的表演。另外，會議企劃人員也必須考慮到與會者的不同品味。例如，某國的國寶級藝術家並不一定可以吸引到所有與會者的目光。相反的，當地居民認爲平凡無奇的餘興節目，在外人眼光看來可能是非凡的表演。

如果會議與會者分屬不同語言族群，會議的餘興節目安排最好還是集中在視覺表演上面，像雜耍、特技、魔術以及舞蹈都是不錯的選擇。即使有語言的隔閡，主辦單位還是可以考慮安排合唱團表演。除非會議企劃人員對於與會者的英文程度很有信心，否則應盡量避免安排喜劇演員的演出。因爲幽默與笑點，常出現在細微之處又不太好懂（對於以英語爲母語的與會者也是如此）。

另外，還有一個相當值得會議企劃人員考慮的可行方案——贊助行動（patronage）。這種贊助行動顧名思義就是由會議舉辦當地的市立或國立政府機構，負責提供各項有價值的服務與有用之物給主辦單位，作爲到該地舉辦會議或展覽的酬謝與鼓勵。常見市府所贊助的餘興活動有當地藝術家美聲表演，管絃樂團表演或是民俗音樂的表演。

在其他國家和演講者或是餘興表演者簽約也不容易。無論如何，帶著本國聘請的演講者出國開會或參展也會有問題，因爲各國的勞工法規定大不同，而且若目的地需要簽證才能入境的話，這些本國聘請的演講者則必須要有商務簽證。除非會議企劃者本身是國際法的專家，否則最好還是跟專業的節目製作人、DMC或是可靠的經紀公司合作，以安排合宜的餘興活動。

附屬會議活動

國際會議除了主會之外，還提供與會代表絕佳的機會去參加其他各式各樣的相關活動，如展覽會、商展或是在醫療產品會議中出現之附屬專題研討會（satellite symposia）。醫療產品的附屬專題研討會通常由藥廠或是醫療器材公司所贊助，這些贊助商的產品和附屬會議的內容息息相關。通常於國際大型會議或是展覽會中，贊助活動讓會議主辦單位可以有收入的來源，又可讓贊助商有機會針對特殊的事件或會議場次，給予全部或部分的資金贊助。

附屬會議活動（satellite events）之於協會會議的重要性，自然不在話下。對於主辦單位來說，附屬會議活動除了是他們額外收入的來源，也是他們跟主要贊助商保持甚至拉近關係的機會，所以附屬會議活動對於整體會議的成功與否舉足輕重。另外，贊助商財務上的貢獻，可以讓主辦單位一開始就確定會議活動可以辦得下去。至於該由哪些廠商贊助，得由會議主辦單位與委員會全盤審視會議議程內容之後再做決定。

贊助廠商之利益

接受贊助的會議活動中，其中最典型的就是醫學年會。醫學年會的贊助活動不僅由來已久，而且相當必要。參加這樣的醫學年會常被藥廠視爲一種義務，讓他們有機會向與會代表發表他們臨床研究的成果。雖然贊助活動絕對不只限於醫學方面的會議。但那些被贊助的醫學會議通常也說明了爲什麼贊助商與會議主辦單位的關係經常發生爭議。

國際大型會議中若有附屬會議由廠商贊助，該附屬會議的開會地點想當然耳一定是贊助商所決定。對於該附屬會議地點的設置與安排，會議企劃者也只能接受這樣的既定事實。就算他們知道會議室的大小、舞台設計與其他環境重點之於會議的重要性，他們似乎也無法跟贊助廠商有所談判或磋商。是否具有彈性與適應能力是會議專業人員面對之眾多挑戰中的第一項。

同樣地，主要的國際大型會議所雇用的各種服務人員，通常也被贊助商視爲交易的一部分（part of the“package”）。但有時候在有些地區雇用的服務人員可能並不全然符合所提議之附屬會議的要求。如此一來，會議企劃人員就得向外部尋找合適的服務人員。假如這些雇用的各種服務人員有工會介入的話，這種向外部尋找的動作就顯得相當敏感而棘手。

另外，重要的國際醫學年會均需要同步口譯的服務。其附屬會議可能會利用主會的口譯服務，也有可能廠商自行另外找口譯人員。有鑑於醫學論文資料與冷門的醫學術語，技術門檻極高，不是醫學方面的專門翻譯人員可能無法勝任這項工作。因此，會議企劃人員在安排口譯人員時要特別注意。

通常國際大型會議都會規定與會代表要參加附屬會議。只是，贊助廠商也有權利選擇透過他們的國外分公司，另外邀請其他人士去參加他們所贊助的附屬會議。如此一來，就算有電子郵件寄送系統，會議企劃人員還是會花很多時間去處理各方的聯絡事項。以住宿問題爲例，大型會議的企劃人員早在會議開始之前就已經向會議目的地所有合適的旅館，替與會代表們預訂客房。若這些贊助廠商的分公司另外邀請與會的人士也須入住飯店，則必須事先告訴會議主辦單位，好讓企劃人員可以早做安排，以免向隅。

會議企劃人員在做贊助會議的時間安排時，記得要跟主會各場次的時間錯開，以免撞期。有時候同一個會議室，主會的場次剛結束，就得趕緊開始贊助的附屬會議，中場間隔只有幾分鐘的時間而已。

在大型會議的主會安排架構中，附屬會議的報名登記與資料文件發送，必須要很有效率。附屬會議的標示牌必須清楚明顯，且跟主要活動的資訊告示及方向指示牌有所區別，才不會讓與會代表混淆。

當然不可諱言地，附屬會議的報名費，是大型會議主辦單位的重要收入來源之一。另外若大型會議有附帶舉辦展覽會的話，展覽會也會增加主辦單位可觀的收入。所以某種程度上，展覽會也算是一種廠商對大型會議的贊助，且廠商希望從中得到相對報酬的雙贏活動。展覽會的收入可貼補大會預算的支出，廠商的展覽品不但可以讓與會代表獲取新知，更可讓參展廠商跟潛在的客戶有彼此聯絡的機會。

另一種附屬會議的類型就是和主會同一時間舉辦的商展或展覽會。這類型的商展或展覽會之舉辦地點通常都會跟主會在同一個城市，且與會代表都對這類的商展或展覽會感興趣，因爲這類的商展活動主題不是跟代表們個別的產業有關，就是跟所有代表共同的興趣有關。像這項的附屬會議活動，會議企劃人員需要規劃足夠的時間讓有興趣的代表們去參加，最好也可以提供交通工具，以節省代表們的時間。從行銷的觀點來看，愈多代表人數出席的附屬會議，表示該附屬會議的人氣愈高，其主題也愈引人矚目。這樣的會展活動，可以讓與會代表及贊助廠商彼此有機會互動合作，進而互蒙其利。

即使會議的安排有諸多細節如：後勤方面、技術方面與溝通方面，必須一一考量，會議專業人員絕對不能忽略了會議之於與會者及贊助商的重要性。畢竟，這層重要性是整場會議的樞紐，可以連結所有其他會議的要素，讓會議辦得有聲有色。

重點回顧

- 爲了讓與會者有調整時差的時間，主辦單位不要在會期的第一天就安排嚴肅或正式的議程。整個會期也不要安排過多的會議場次或是內容，應該讓與會者有機會可以體驗當地的風俗民情與文化。
- 讓與會代表有充裕的時間彼此寒暄、分享經驗、參加社交活動、及其他自由活動的時間，使他們可以探索當地文化，這樣的體驗是會議的附加價值。
- 運用新科技（如口譯人員或是視覺輔助器材）以確保和來自多個不同國籍的與會者溝通無誤，且他們可以更了解會議內容。
- 使用多種語言的大型會議需要口譯的服務。視會議形式的大小與狀況來決定要使用同步口譯、逐步口譯或是耳語傳譯。
- 根據與會者的國籍狀況分布，將印製的會議資料筆譯成該國的語言，並於演說時提供口譯的服務。
- 透過當地配合的DMC或PCO安排，跟有經驗的演講者面談時，要小心謹愼；審閱該演講者的演說內容時要確認是否切題。
- 爲來自各國的與會者安排演講者時，必須先讓演講者了解主辦國的歷史與文化，且省略掉不必要的語彙。
- 選擇各種文化都能接受的高格調音樂和餘興節目，並讓與會者可以自在地於社交場合中互相認識。
- 尋求贊助廠商、參展廠商並舉辦附屬會議，讓主辦單位和與會者能夠藉由這些機會互蒙其利。

輔助素材

延伸閱讀書目

Axtell, Roger E., *Do's and Taboos of Public Speaking*, John Wiley & Sons, New York, 1992.

Carey, Tony, CMM, ed., *Professional Meeting Management: A European Handbook*, Meeting Professionals International, London, 1999.

網路

Association Intérnationale de Interprètes des Conference (AIIC): www.aiic.net.

National Speakers Association (NSA): www.nsaspeaker.org.

第七章
文化差異因素

這個世界有一百九十一個國家，其中只有百分之十系出於同一種族。

過去的人類歷史中，從來沒有這麼多人離開過他們自己的家園，前往他國旅行。

— 摘錄自喬治・賽門斯、鮑伯・阿布拉姆斯、安・霍普金斯及黛恩・強森合編之《多元文化實戰手冊》，1996年出版。（G.F. Simons, R. Abramms, L.A. Hopkins, and O.J. Johnson, eds., *Cultural Diversity Fieldbook*, Peterson's/Pacesetter Books, Princeton, NJ, 1996.）

內容綱要

我們將在本章探討：

- 身爲會議、年會或展覽會的主管，應如何獲得足夠的文化知能
- 對世界各地的同業人員合宜的稱謂方式
- 其他民族文化的思考方式
- 認識其他民族的文化思維型態，並學習應對的方法
- 不同民族文化的學習方法
- 有效的跨文化溝通之基本概念
- 考慮文化差異審愼處理座位與舞台設計的安排
- 對德高望重的貴賓，應如何展現出適宜的國際禮儀

身爲會議企劃人員，若舉辦國際性集會活動的經驗不足，往往會犯的錯誤就是將自己在國內舉辦會議活動的經驗，直接套用到其他國家境內辦理，而忽略其他國家有不同的文化背景、商業慣例與基本的社交溝通禮節。然後，因爲自己無能力控制不同環境文化的變數，而心生困惑、焦慮及挫折感，進而對眼前發生的每件事實產生質疑、批判與沮喪的心情，懊惱爲什麼國外的情況，總是無法像在國內進行般地順利。

相反的，舉辦國際性集會活動經驗豐富的企劃人員，清楚知道跨國與跨文化的活動規劃本來就具有獨特的挑戰性。他們已經了解這種所謂的「差異性」並不意味著好或不好，僅僅就是不一樣的文化而已。事實上，有經驗的企劃人員還可以從這些文化的差異性中，獲得刺激與滿足感，並於世界各地任何一個角落，自在、順利地完成他們的工作。

讓我們再更清楚地解釋規劃國際性會議活動的關鍵因素與基本內涵：假若你希望每件事情的運作方式，都如同你在國內辦理時那樣，那你就好好待在國內吧！再者，假如你邀請的對象只希望每件事情都如同在國內進行般的氛圍，而你又無能力或者也無意願引導或鼓勵你的與會者做些改變，請他們嘗試在另一個不同的國家、不同的文化國度裡，享受不同但是豐富的變化；那就不適宜在國外舉辦會議。但是，如果你能打開你的心胸，伸出你的專業

觸角，學習與許多不同文化的專業夥伴，以過往不一樣的工作模式，共同合作辦理國際性的會議活動，那麼，你就可以在國外舉辦活動，並且盡情地享受這個工作帶給你的樂趣。

投入國際性會議活動規劃或管理工作的人員，必須充分了解其他國家文化內涵的構成要素（請參見表7-1），並且讓自己有足夠的能力擔任跨文化溝通的橋樑。

要成爲跨文化溝通的橋樑，首先必須調整你面對不同文化的態度。你不僅得了解各種文化內涵的差異性，還得接受並尊重這些差異性。千萬不要將其他文化的民族當做是異族或外國人，請務必將「異類」、「異族」這類詞彙從你的腦海中摒除，同時記住你自己本身對其他文化民族而言，也是外國人，你與你的會議參加者們，對地主國當地人而言，也都是前往他們家園的訪客。因此，你有責任及義務，在主人的地盤上入境隨俗，言行舉止合乎當地的民情習慣。爲此，你必須更加認眞、盡可能地學習你將造訪國度的文化歷史，了解當地的民情風俗。

表7-1　文化內涵的構成要素

- 可以被接受的行爲舉止
- 藝術與手工藝品
- 信仰
- 儀典
- 自我的觀念
- 習俗
- 各種想法及思想模式
- 理想
- 知識
- 語言
- 法令
- 禮節
- 道德
- 神話與傳說
- 宗教信仰
- 宗教儀式
- 價值觀

1. 仔細研究舉辦活動之地主國的地理資訊。
2. 與其他國家的人民互動前，應事先了解他們的歷史、文化、風俗習慣及宗教信仰，尤其當地對宗教信仰特別受重視時，更應多加了解其信仰的歷史與教義。
3. 事先探聽當地不同場合的衣著裝扮，以及當地人稱呼他人姓名的習慣禮節。通常北美地區，人們喜歡直接稱呼對方的名字；然而，這樣的文化習慣，在多數其他國家的文化裡，是當人們彼此相當熟悉之後，才會有如此直接的稱呼；有些地區，則絕不能直呼對方姓名。
4. 學習適當的社交禮儀。當你與對方談話時，適時的使用。請你也要特別記住，在歐洲及拉丁美洲，大多數國家，對人們的稱呼，習慣加上對方的頭銜，例如某某博士或是教授之類的。
5. 最重要的一點，務必事先研究這個國家的禁忌，以避免在社交場合發生嚴重失態的行為（這方面的資訊，讀者可以參考本章最後一節列出的參考資料）。

文化思維的型態

如果你不了解其他民族的思維模式，不清楚他們的文化背景，也不熟悉他們的風俗習慣，你能夠與他們達成有效的溝通嗎？任何一位專業的國際會議企劃人員，都會大聲地告訴你，答案是「不可能！」問題就在於必須研究及了解其他國家的文化禮儀及商業慣例，任何成功的全球活動企劃人員，均會嘗試事先了解他們所遇到的人會表現出何種言行舉止。

根據美國跨文化溝通權威專家喬治・波頓博士（Dr. George Borden）表示，要了解其他民族文化的內涵，需要有足夠的洞察力去探究其他民族的文化，也就是所謂其他民族的認知型態（cognitive styles）。波頓博士認為所有的文化各有其獨特的認知型態：個人接收、處理、儲存資訊的方式。毫無疑問地，在同一地區這些特質具有同質性；然而，會因個人不同的生活經驗、偏見及人格特質而發展出不同的模式。認知型態可以是聯想式的（associative），亦即從其他類似的環境裡接收到類似的資訊，因而產生類比式或者是抽象式的聯想。

抽象式的型態則是從其他片斷的資訊中，組織它的關聯性。例如「一件昂貴的禮物」這個詞，日本人會將「昂貴」與接受禮物者的社會地位以及送禮的情境聯想在一起；而美國人則是抽象地看待這件禮物，將其與其他類似禮物的品質及價錢做比較。根據研究顯示，這個世界大概有10%左右的人，包括中歐、北歐及北美地區，是採取抽象式的文化思維型態；其餘90%的人，包含拉丁美洲地區，則是屬於聯想式的思維型態。

艾德華・霍爾（Edward T. Hall）與邁德瑞・霍爾（Mildred Reed Hall）共同設計出另一種既有趣又實用的文化思維架構，他們依據各民族的特性，歸納出「高情境（high-context）與低情境（low-context）」、「單一時間模式（monochronic）與多元時間模式（polychronic）」的文化思維模式。表7-2列出上述這些分類的特性與彼此之差異，這在與人談判、團隊管理或與其他人互動時，具有深刻的影響。

如果不同地區的文化之間有差異處，那麼同時也會有雷同之處。有智慧的跨文化溝通者或是談判專家，會妥善利用那些相類似的特質，同時也察覺到不同文化的異質性。一般而言，聯想性、高情境文化的地區，例如拉丁美洲、中東及亞洲地區，比較注重人際關係的價值。他們在與人洽談商業活動之前，會先尋求建立彼此間和諧的關係。從家庭成員、學校同儕、文化思想內涵乃至運動的喜好，全是進行文化溝通可以討論的話題，進而成爲建立良好關係的最佳媒介。

每種文化對時間的態度也大有不同。低情境、單一時間模式文化型態的地區，通常較重視守時；反觀於高情境、多元時間模式文化型態的地區，人們多半比較不能按表操課。因此，常常有人從北方來到南方，會發現人們對時間的敏感度，隨著地點的遷移而變得愈來愈低。在中國、德國或日本，如果你與他人約定中午十二點吃午餐，那麼，你可以預期中午十二點整看到對方；不過，若你在台灣、菲律賓或是義大利，你大概會在十二點十五分左右才看到你的客人；至於在埃及或是大部分的南美洲國家，你可能得等到十二點三十分或更晚時，才會看到你的客人姍姍來遲。

表7-2　來自不同文化之人們的學習方式

低情境文化（必須提供明確的資訊，通常以文字來表示）

1. 對於非言詞的提示、環境或情境較不敏銳
2. 缺乏完好的人際網絡
3. 需要詳細的背景資訊
4. 傾向切割及區分資訊
5. 基於需要知道（need-to-know）的準則，傾向控制資訊
6. 喜好從知道資訊的人身上，獲得明確與謹慎的方向
7. 將知識視爲商品

高情境文化（資訊多從週遭環境擷取，必須明確轉譯的資訊非常少）

1. 注重非言詞的資訊
2. 資訊可以自由流通
3. 肢體接觸之信任以獲得資訊
4. 環境、情境、手勢及心情全會列入考慮因素
5. 維持廣泛的資訊網絡
6. 習慣談話被中斷
7. 往往不會按照計畫表執行

單一時間模式民族（monochronic people）

1. 同一段時間，只能做一件事
2. 能夠集中全副注意力在工作上
3. 認眞地花時間執行受委託事項（如安排大綱、時間表等）
4. 屬於低情境文化思維型態，需要別人提供資訊
5. 依照宗教習慣行事
6. 在意談話時不受到干擾
7. 強調行動要迅速

多元時間模式民族（polychronic people）

1. 同一段時間，能夠同時做許多事情
2. 容易分心、容易受到其他事務的干擾
3. 會顧慮達到目標的承諾時間
4. 屬於高情境思維型態，通常已經擁有充分的資訊
5. 容易與人建立良好的人際關係
6. 經常且容易改變計畫

資料來源：艾德華．霍爾與邁德瑞．霍爾，《了解文化差異》（*Understanding Cultural Differences*）。

發展文化知能

想獲得文化知能，首先必須摒棄刻板印象。每個國家都是由不同地區、種族與社經小團體組合而成，沒有一個城市有全然相同種族的居民。例如，我們總是會將穿著皮短褲、吃德國臘腸、聽大號銅管發出嗡吧嗡吧聲樂音的這些人，與德國人聯想在一起。但是，任何生活在德國境內的居民會告訴你，上述那些現象是巴伐利亞人的特點，柏林人與漢堡人可不是這樣的。而對西方人而言，中國人的外表長相看起來似乎都一模一樣，儘管中國境內有漢人、廣東人及滿州人等各民族，各族間的外表身材、使用的方言以及生活習慣均大有不同，西方人仍然很難分辨其中的差異。你也可以在任何一個國家發現，城市與鄉下地區居民，或信奉不同宗教教義，或政治意識型態不同者的言行舉止、人生價值觀、觀念與態度，均有所不同。因此，不僅要了解一個國家的文化特質，也要學習讀取該國國民的想法，然後將他們以不同的個體（individuals）看待之。這是獲得文化知能，非常重要的課題。

當你選擇某個國家作爲你未來工作的地方時，先從這個國家的首都、主要城市、重點文化景觀或是具有歷史價值的地方，開始學習他們的風俗文化，將可使你獲益良多。爾後，當你與當地人士溝通時，他們將對你事前準備的這些功課，留下深刻的印象，並滿心歡喜你能接觸他們的文化。同時，你也應該花點時間，學習一些當地生活上的常用詞彙。當你用他們的語言說：「很高興認識你！」、「謝謝！」、「再見！」時，不僅會令他們感到驚訝，也會讓他們日後對你更加親切。此外，還有一點非常重要，那就是用餐禮儀，如敬酒的習慣與表達感謝的方式，也是你事前準備功課不可少的要項之一。當眞正在當地舉辦會議的機會來臨時，你還要將你學到的當地文化，傳遞給你的與會者、管理人員及演講者們，讓他們也能入境隨俗，在不同文化的氛圍裡，享受跨文化間的異質樂趣。

一般語言上的考慮因素

目前，英語是全世界公認商業溝通的首要語言。因此，對於缺乏經驗的國際會議企劃人員而言，比較不用擔心他們即將前往工作的大都市或是旅遊景點，會有語言方面的障礙。當然，當地的CVB、飯店業務人員、會議中心以及DMC的工作人員等等，因為他們想要承攬這筆生意，必定具備流利的英語能力。不過，這些在上游的飯店業管理人員，以及第一線的從業人員——飯店裡負責接待的服務人員、門房以及領班，可能是你即將在海外工作的環境裡，唯一能聽講英語的人。

飯店的後勤人員——清潔女工、維修工人、會議室佈置人員、視聽設備技術人員等等，這些人通常會是外地來的移民者，可能不會說地主國當地的語言，許多人更是不會聽講英語。因此，你委託的計畫團隊裡頭，務必要有能夠聽、講當地語言並熟悉當地文化的成員。

這個人，也許是你的同僚，你們同樣為總公司服務，只是他／她被雇用來從事獨立企劃的工作；也可能是你委託的DMC或是PCO提供的人選，他們是原本就在當地工作的人。不管是誰，他／她都將是你在當地工作的眼睛與耳朵，你必須從一開始，就把他／她納入你的工作團隊。

此外，不論是書面資料或是一般的會話，如果你跟母語非英語的人談話時，你必須遵守某些原則，以確保你與對方溝通無礙，對方也充分了解你所要傳達的訊息。即使對方能夠熟悉你的母語，有時一些細微的差異，也可能會讓對方摸不著頭腦，造成對方誤解或無法完全了解你話中真正的含意。

因此，與母語非英語的人溝通時，需要多一點的體諒及耐心。在某些情況下，因為某種理由，即使我們說話的對象是成年人，大多數人仍會有提高說話聲量的情形，或是使用為人父母或小學老師姿態的語調。然而，語言溝通的真正關鍵，在於速度應緩慢些，而非大聲嚷嚷，發音需清晰點，儘可能地使用簡短及簡單的句子，並在兩段句子中間稍作停留，好讓你的溝通對象能夠有時間思考並回應你的話。

千萬不要假設對方一定能充分了解你說的話，即使他表現出無礙並同意你的態度。某些地區的文化認為，要求對方說話慢一點，或是請對方解釋一個字或一句詞彙的意思，或是承認自己完全聽不懂對方講的話，都是一件不禮貌或是令人羞愧的行爲。因此，在你整段溝通談話過程中，以一些開放性的問題，不時重複詢問對方是否了解你的意思，確認對方的理解程度，是相當重要的。

以下列出幾項其他有關語言溝通的注意事項，提供給讀者參考。你也可以與你的同僚們分享。尤其是參與多元文化活動的簡報人員，更需注意以下語言溝通的技巧。

1. 在寫作或說話時，避免使用過於口語化的用語，也應減少使用慣用語或俚語，例如在美國很流行的運動活動用語：「灌籃」（slam dunk）、「全壘打」（home run），以及「殺人不眨眼」（the whole nine yards）等隱喻性的用語。這些慣用語，除了美國以外，世界上可能沒有多少地方的人，能夠光看字面便立即了解這些慣用語或俚語的眞正涵義。
2. 同樣地，特殊的行話，例如「電腦駭客」（geek）、「頭頭」（chief honcho）；縮寫名稱（ACCME）以及單一文化的特別指涉（mono-cultural references），例如「像媽媽做的蘋果派一樣的道地」（as genuine as Mom's apple pie）等等，應該盡量避免使用這些用語。
3. 使用最基本的詞彙，最好是與其他語言有共同語系或來源的字彙，而不要使用委婉或無法讓人立即了解的字彙。例如你要指點別人前往廁所，有些地方用W.C.來標示廁所，讓人可以很快明白這個名稱代表的場所功能。然而，有些地方會用「休息室」（restroom）或「化妝室」（powder room）來作爲廁所的名稱。對於不了解當地文化語言的外來人而言，很容易以字面解釋而產生疑惑：眞的可以在「休息室」裡休息嗎？從「化妝室」出來，是不是臉上都會擦上一層粉？
4. 避免炫耀或嘗試使用艱澀難懂又神祕性的詞彙，例如同樣是「秘密的」意思，你可以使用“secret”這類大衆化的詞彙，但盡量少用“arcane”或是“esoteric”這類鮮少人使用的字彙。
5. 要認知到，即使是英語系國家的人們 —— 澳洲人、加拿大人、美國人及英國人，用詞上都各有不同的細微差異和含意，更別說是用字的區域變化。例如“boot”在美國指的是「靴子」，在英國則是指「汽車的行李箱」。

6. 當你舉例或使用類比時，不要使用太區域性的例子。盡量以眾人耳熟能詳的國際性大都市爲例，來解釋你的話語，例如倫敦、維也納、東京、里約熱內盧等，盡量不要用芝加哥或洛杉磯這類非國家首都級的城市爲例。畢竟，你不該假設你的聽眾一定熟悉北美地區的地理環境，儘管多數人可能都知道。
7. 如果你的簡報主題屬於科技性質，請務必確認你的聽眾都了解或熟悉這個主題，而不是假裝謙虛或假裝聽懂。你可以發一些講義，來確認他們都理解講演的內容。
8. 如果可能的話，盡量使用視覺輔助設備（如幻燈片或投影片等）以及圖表，畢竟圖片較具有共通性，有助於讓聽眾理解。
9. 建立一套度量衡的換算標準，至少要包括距離（公里）、空間（公尺）、面積（平方公尺）及溫度（攝氏）的換算方式。目前世界各國，多數國家採用公制。而當你愈熟悉這些度量衡換算的方式，你與供應商之間的溝通就會愈容易。
10. 當你的簡報即將結束時，結論應該列出簡報內容的重點摘要，並在每個可能不是很明確的地方，向聽眾提問。不過，你必須了解，在有些地區的文化中，當地人不喜歡在他們的同儕面前，發生被問問題而表現得一問三不知的窘態。
11. 盡可能將重要的商業討論寫成書面文件，並且與對方確認你記下的重點摘要。

國際會議的禮節

舉辦國際會議時，不同文化的代表之間，尤其是彼此的文化相背離之代表之間的互動與交談，通常不會太熱絡。以熱情、喜愛社交活動的澳洲人、美國人與加拿大人爲例，他們往往感到不解，爲何他們的隨和、熱忱未能獲得其他文化的對等回應。所謂的「入境隨俗」，同樣適用於日本京都、德國科布倫次（Koblenz）及尼泊爾的加德滿都（Katmandu）。因此，熟悉其他文化應有的適當舉止行爲，是國際禮節（protocol）與商業禮儀（business etiquette）的基礎。

很多人總是將禮節與禮儀這兩個字彙混爲一談，或是交互使用。事實上，這兩個字彙，雖然都是在描述某些特殊情境下，可以被接受的行爲；然而，嚴格說來，這兩個字彙的實質意義與適用情境並不相同。國際禮節通常是指政府或組織機構，就風俗習慣、社會階層及個人的行爲舉止訂定的正式規範，主要應用於政府機構、外交或軍事等官方場合，無論是在國內或國外地區均適用。至於禮儀這個字彙，多意指在社交活動、商業活動及人際關係的互動中，約定俗成或可接受的行爲法則。

在任何集會活動中，來自各種不同文化或國籍的參加者，若均表現出適當的舉止行爲及端正合宜的禮節，將可避免發生尷尬或是冒犯他人的失禮行爲。主導這些行爲的風俗習慣，會隨著文化及使用方式的不同而有所改變；然而，國際禮節的規範，適用於大部分的國際性活動。因此對舉辦國際性活動的主辦單位而言，了解這些普遍已經獲得共識的規範，是很重要的課題。

剛接觸國際性活動的會議企劃人員，經常會將這些國際禮節視爲洪水猛獸，避之惟恐不及，或是把這項工作交由他人執行。反將這些禮節規範留給其他人學習。“protocol”（禮節）這個字彙源自希臘文，意思是「第一等的黏著劑」（the first glue），意指它具有社會潤滑劑的功能，可以讓不同文化背景的人與組織，在彼此了解及互相尊重的氛圍下互動。這不是神祕的儀式，反而是對必須互動的不同政府或組織而言，一種可將彼此的摩擦降低至最小、溝通效率提高至最大的媒介。因此，身爲專業的會議企劃人員，你有責任充分了解各項國際禮節的細部要求。有許多極佳的資源可以找到這些資訊（讀者可自行參閱本章末尾的參考文獻）。一旦你自己、你的同僚以及你的會議參加者，都能夠了解不同文化的習慣與商業禮儀，你們將可以避免在他國境內，發生令人啼笑皆非的失態行爲或是令人尷尬的意外事件。

語言

如果觀眾來自於世界各地，參加者使用不同的語言，那麼會議主辦單位若要展現適當的國際禮節，便要安排文字翻譯與口譯的服務。即使會議所使用的官方語言是英語，而且往往如此，但仍要有其他語言的翻譯服務。其實，如法語、德語、義大利文及西班牙語，都曾經成爲國際會議的標準語言。時至今日的會議，阿拉伯語、日語、俄羅斯語及其他更多的外國語言，也多已成爲國際會議場合提供同步翻譯的語言。有些組織協會，事先預期參加者中可能會有少數代表是來自於非主要語系的國家，他們也會提供同步翻譯的服務，附帶條件是，請這些參加者於報名時，支付額外的翻譯費用。

語言翻譯團隊應該與活動方案委員會密切合作。語言翻譯團隊的成員通常包括會議企劃人員或是PCO、一位語言服務單位代表，及一位熟悉會議所採用之口譯系統的技術人員。這個語言翻譯團隊應該於會議規劃初期時即開始作業，以便評估整項活動所需要的設備、後勤支援及成本費用；安排所需口譯抑或翻譯之合宜的人員數，以及準備指引舞台方向的附件。同時，還要製作備忘錄給演講者、各場次的主持人及相關的政府官員們，告知他們是哪些口譯人員被指派到各場次的會議、社交活動以及談生意的場合中。

稱謂方式

每個人的名字，對他（或她）自己而言，都是非常重要的。你必須要求你的工作人員在接觸賓客及達官顯要時，能知道其名字的正確發音與適當的稱謂。指導你的工作人員、管理階層或是與會者，對博士、其他專業人士，特別是社會賢達人士稱呼頭銜是合乎慣例的。若有高層人士參加會議時，必須再次確認適宜的稱呼，並且告知所有的與會人員，與這些高層人士互動時，應該如何稱呼。同時，如果有安排訪談，也應該將這些資訊告訴媒體代表們。

亞洲國家與匈牙利，通常將姓氏擺在名字之前。因此，從布達佩斯來的傑諾斯．阿瑞尼（Janos Arany）會介紹他自己爲阿瑞尼．傑諾斯。有些經常與西方人接觸的官方人士，會因此改變他們傳統的姓氏排列順序，反而加重姓名前後不一的困擾。爲了避免混淆，當你設計報名表格時，應在姓氏欄位明確標示姓氏（surname或family name），避免將名字（first name）的欄位並列，但可另外提供一個欄位，註明「如果你希望在識別證上印出你的姓名，請塡寫於此」。另外，爲了確認參加者是男性或是女性，你可以問問該國人士或是熟知該語言的人。否則，光看韓來明博士（Doctor Han Lei Ming）的名字，你能辨別此人是男性還是女性嗎？

還有一點很重要，以西班牙語爲母語的拉丁美洲國家（除了巴西以外，巴西是以葡萄牙語爲官方語言），他們的姓氏有兩個，一個是父親的姓，另外一個是母親的姓。父親的姓擺在母親的姓氏之前，稱呼時，以父親的姓氏爲主。因此，若這個人的全名叫做弗納多・賈西亞・莫瑞諾（Fernando Garcia Moreno），通常只會稱呼爲弗納多・賈西亞。但是，在巴西或是葡萄牙，父親的姓氏是擺在最後。因此，在里約熱內盧，弗納多・賈西亞・莫瑞諾這個名字會被稱呼爲弗納多・莫瑞諾。

但是，如果弗納多（Fernando）變成女性的弗娜達（Fernanda）呢？如果她還沒結婚，不論是西班牙語系或是葡萄牙語系，她的全名都跟上述的排列法則一樣。不過，若她已經結婚了，她除了要冠夫姓，還要在夫姓前加上「德」（de）。例如哥倫比亞波哥大（Bogotá）的弗娜達・賈西亞・莫瑞諾（Fernanda Garcia Moreno）嫁給委內瑞拉卡拉卡斯（Caracas）的荷西・瓦加斯・皮瑞拉（José Vargas Perrera），那麼她的全名將變成弗娜達・賈西亞・德・維加斯（Fernanda Garcia de Vargas）。然而，若弗娜達與她的丈夫都來自於巴西聖保羅（São Paulo），那她的全名該如何稱呼？沒錯！就是弗娜達・莫瑞諾・德・皮瑞拉（Fernanda Moreno de Perrera）。若假設弗娜達來自於聖保羅，而她丈夫來自於阿根廷的布宜諾斯艾利斯，那麼，弗娜達的全名又該如何稱呼？這個問題就留待讀者自行解答吧！

座位安排及舞台設計

如果有德高望重的貴賓（honored personages, HP）出席會議時，例如政府高階的官員們，他們座位席次的優先順序，是你擬定座次表時，須謹愼考量的重點。這些貴賓進入會議廳或餐廳的順序，如何就座，他們何時到達，參加哪個場次，以其如何離席等等，都必須仔細地安排好細節，以維持主辦單位對待貴賓應有的禮數。一般而言，如果貴賓是搭車前來，主辦單位的主席，應該在門口迎接貴賓到會場；如果貴賓已經在會議中心內，那麼，主辦單位的主席就要到迎賓室內迎接貴賓。當這些人依照順序進入貴賓席時，觀眾應起立以示尊重這些貴賓，直到這些貴賓就座後，觀眾才坐下。貴賓座位的安排，以主席爲中心，然後依照貴賓的官階或社會地位，由主席右側開始向右排列，中間並安插該貴賓的隨扈人員。如果貴賓席次設在圓形的主桌或是舞台區，主席應該坐在中間的位置；如果有設置講台，主席也可以坐在講台的右側。接著，按照貴賓的階級，由主席的右側、左側依序交互安排貴賓的座位。如果有二位貴賓是夫婦，那麼就不用考慮階級高低，直接安排夫婦坐在一起。

主席在講台致詞時，應向觀眾介紹參加會議的貴賓並發表演說。如果舞台區設置二座講台，右邊的講台作爲頒獎之用，主席則站在左邊講台作爲介紹之用。

貴賓離席的順序也是比照就座的順序。通常貴賓在開幕儀式之後或是第一場休息時間即多半會離席，也有部分貴賓會等到整場會議結束後才離開。當貴賓離開時，觀眾應該再次起身，待在原地直到貴賓確實離開會議廳爲止。而這段迎接及歡送貴賓到、離的過程，主辦單位應該在貴賓到達前，向所有的觀眾說明，並請觀眾配合。

旗幟豎立的位置

在國際會議的會場，通常會豎立主辦國的國旗及與會代表國家的國旗。主辦國的旗幟設於會場區隔地帶或講台的右側，其餘出席者國家的旗幟，則依照各國國名英文字母的順序，排列於左側。如果主辦國的旗幟樹立於舞臺中央，則應高於其他國家的旗幟；其餘國家的旗幟，再依照各國英文國名的字母順序，以右側爲先、左側爲次（依面對觀眾的方向），依序交錯排列。

如果你無法確定旗幟排列的位置是否適當，千萬不要用猜測的方式，務必請教主辦國家的政府外交禮賓司單位。通常個人排列的標準是，皇室貴族優先，其次依序爲州長級官員、貴族名人、高階軍事官員或是宗教教廷領袖。爲了確保旗幟位置順序的慣例及標準，當你不是非常確定這些順序時，務必向貴賓的助理人員或是外交領事館人員尋求協助及確認。

貴賓禮遇的儀式

對國家元首及其他貴賓致上歡迎的作法有行禮致意、唱誦歡迎曲、列隊歡迎、提供護衛、致上歡迎辭或者全數用上等等。這些禮數都相當嚴格，若有悖離規範的情形，好一點的頂多被視爲違反禮儀，最糟的就是導致外交事件。因此，不遵照適當的外交禮節，不僅是冒犯到訪的貴賓，對他（或她）的辦事處，乃至他（或她）所代表的政府，同樣是不敬的行爲；同時，也反映出會議主辦單位的無知。同樣的迎賓禮節，也適用於公司領導人及任何有成就的名人。不過，即便是外交禮節，每個國家仍然會因當地文化的不同而略有差異，會議企劃人員必須加以留意。

重點回顧

- 爲了使跨國文化溝通得以圓滿達成，你必須了解並學習不同文化的思維及學習型態。
- 花點時間了解其他國家的風俗習慣、文化、古蹟及用餐禮儀，並將這些知識跟與會者一同分享。
- 與當地的外語翻譯人員密切合作，這位翻譯人員必須能夠流利的聽講主辦國的語言，也熟知主辦國的文化習俗。
- 當你說話時，用語避免過於口語化，並避免使用俚語及行話，用字遣詞應簡潔明確，並給對方充分的時間思考、回應及提問。
- 遵從當地文化的國際禮節與商業禮儀，以避免發生尷尬及失禮的行爲。
- 學習使用介紹人名的適宜方式：正確唸出頭銜、名字及姓氏。
- 學習如何迎接、介紹、安排座位或規劃貴賓席，並學習正確的旗幟排列方式與禮節，以示敬意。

輔助素材

延伸閱讀書目

Axtell, Roger E., *Do's and Taboos around the World: A Guide to International Behavior,* 3rd ed., John Wiley & Sons, New York, 1993.

Axtell, Roger E., *Gestures: Do's and Taboos of Body Language around the World,* John Wiley & Sons, New York, 1991.

Borden, George A. *Cultural Orientation: An Approach to Understanding Intercultural Communication,* Prentice Hall College Division, Englewood Cliffs, NJ, 1991.

Bosrock, Mary Murray, *Put Your Best Foot Forward: Asia,* International Education Systems, 1997.

Bosrock, Mary Murray, *Put Your Best Foot Forward: Europe,* International Education Systems, 1995.

Bosrock, Mary Murray, *Put Your Best Foot Forward: South America,* International Education Systems, 1997.

Dresser, Norine, *Multicultural Manners: New Rules of Etiquette for a Changing Society,* John Wiley & Sons, New York, 1996.

McCaffree, Mary Jane, and Pauline Innis, *Protocol: The Complete Handbook of Diplomatic, Official, and Social Usage,* Devon Publishing Company, Washington, DC, 1989.

Morrison, Terri, Wayne A. Conway, and George A. Borden, *Kiss, Bow, or Shake Hands: How To Do Business in Sixty Countries,* B. Adams, Holbrook, MA, 1994.

Pachter, Barbara, and Marjorie Brody, *Prentice-Hall Complete Business Etiquette Handbook,* Prentice-Hall, Englewood Cliffs, NJ, 1995.

網路

International Association of Protocol Consultants: www.protocolconsultants.org.

Individual country overviews and reports: www.culturegrams.com.

第八章
活動行銷策略

我們在國內所蒐集的市場資訊，到了國外同樣重要。不同之處在於，我們在國內視為理所當然的因素，在國外則必須再重新審視一番。……畢竟這個世界，並不是只有一種文化。

—— 路易斯・格里格斯（Lewis Griggs）與雷尼・柯普蘭（Lennie Copeland）

內容綱要

我們將在本章探討：

- 如何應用大眾傳播的原則，從事行銷的工作
- 如何利用大眾傳播原理，創造強而有力的行銷計畫
- 選擇宣傳媒體並擬定其預算的步驟
- 尋求活動推廣所需要的資金來源
- 在管理宣傳訊息時於文化面的考量因素
- 活動公共報導的有效方法
- 透過同業夥伴擴增行銷的效益

不管活動在國內舉行，或在國外舉辦，主辦單位都應該了解，必須將活動的相關訊息，以適當的方式，傳達給社會大眾知道；就像行銷人員喜歡用的一個詞——「包裝得很有吸引力」（attractively packaged）。即使對象是企業活動的主辦單位也會發現，公司除了在公布欄上張貼公告向員工喊話：「請全體同仁務必踴躍參加」外，還需要提供更多的誘因來鼓勵員工參加。假若活動對象是具有決定自己是否需要花時間參加集會活動之獨立廠商、代表人員、分會成員、協會會員等這類人士，想要邀請其參加活動，你勢必得絞盡腦汁創造出更具吸引力又出色的行銷計畫才行。

若你想要邀請多種文化的潛在參加者參與你所舉辦的活動，在將活動的特色向這些國外顧客宣傳時，僅僅使用傳統四頁、單摺的廣告資料是不夠的。即使目標群眾知道你的客戶是什麼樣的機構，當舉辦國際性活動時，仍然需要比舉辦國內活動時，傳達更多且更強而有力一定要參加活動的訊息給國外的朋友了解。而且可能必須翻譯成數種語言，並應該表現出你對文化差異的認知與態度。因此，活動行銷工作囊括了活動宣傳的所有細部作業，包含宣傳媒體的選擇、設計及製作文宣、編輯寄發的郵件目錄，以及找出其他宣傳的資源等等。這些工作最終的目的，無非是想盡一切辦法，盡可能提供參與動機，吸引人們來參加（請參見表8-1）。完美的行銷計畫，能夠營造出讓人不禁想參加的吸引力，展露出主辦單位已經爲出席者準備好所有的活

動細節。因此，一項設計完善的宣傳與公關計畫，能夠傳達給與會者所有必須知道的訊息，包括如何到達活動場地、如何返家、活動會場的詳細資訊，乃至參加者期望活動帶給他們的益處，或是他們的參與能夠帶給活動什麼效益等諸如此類之資訊。

總而言之，具有效益的行銷計畫，不僅要能呈現活動主題的內涵、會場位置的地理資訊以及活動的節目內容之外，也必須反映出所有相關利益團體（潛在的與會者、贊助商和展覽商）的動機，如表8-1所示。

表8-1　參加會議的動機

出席代表的動機

1. 專業發展
2. 進修機會
3. 文化交流
4. 接觸新的人、事、物
5. 分享資訊
6. 社交活動
7. 休閒娛樂活動

協會贊助單位的動機

1. 增加會員間的互動
2. 了解協會的業務
3. 教育會員
4. 徵募新的會員
5. 增加非會費的收益
6. 提供展覽商展示商品或服務的機會

企業贊助商的動機

1. 告知資訊與激勵員工
2. 介紹產品或服務
3. 開創新的市場
4. 告知資訊或吸收全球會員
5. 召開股東會議

展覽商的動機

1. 開創新的市場
2. 開發客源
3. 推介產品
4. 社交活動的交流機會

行銷策略

每一場活動的現場、目標、議程與出席的會眾都不會完全一樣。因此，當然也很難有萬用的活動行銷策略。不過，還是有個指導原則可以適用於所有的宣傳活動：尋找有能力、夠專業的行銷顧問公司，協助你訂定行銷計畫的預算目標與執行時間表，以獲得最高的成本效益。國際會議專業人員協會（MPI）曾經做過一份調查研究，標題是「活動行銷趨勢之研究」（Trends in Event Marketing Research）。該篇文章追蹤許多國家近年來從事市場行銷的實戰策略，包含美國、加拿大、亞太地區、英國及德國。有興趣的讀者可以自行參考本章最後之輔助素材。

行銷國際性的活動有可能是會議規劃部門或秘書處的職責，也有可能是註冊與行銷委員會共同分擔。活動行銷的業務內容包括：挑選國內外宣傳媒體、編輯郵寄名冊、以及確認任何可用的宣傳資源，諸如相關的活動、出版品及展覽會等等。儘管多數會展主辦單位了解網路行銷的吸引力與效益，但許多證據顯示，他們僅將網路宣傳視為印製或郵寄宣傳品的附屬工具。

下列各項大眾傳播指導方針均適用於各種行銷宣傳：

1. 分析市場人口統計資料與目標群眾的需要，擬定一個符合這些需求的行銷計畫。
2. 評估潛在參加者的文化差異，探討能吸引其參加活動的動機誘因，例如主題內容？演講人？與同業人員的互動？會場位置？一年中舉行活動的時間？同期或時間上前後相近的活動？
3. 考慮可能阻礙人們參加的阻力因素，例如：參加活動的成本費用、往返的距離遠近，以及活動會場本身的因素，例如治安、氣候、政治穩定度；另外，還有參加者對主辦單位或主辦地主國家的政治態度，這些因素都有可能影響潛在參加者參與活動的意願。
4. 詳加研究任何可運用的媒體資源，包括網際網路、電子郵件、DM、商業刊物、公關活動、合作廣告、交換廣告（trade-outs），以及參與之前的活動等等。務求給予目標群眾多重印象，同時也考慮相對的預算控制。

5. 運用多媒體行銷，將網際網路線上的資源，如電子郵件、部落格、聊天室等等，結合錄製在光碟片上的文案和視覺媒體，包裝成宣傳廣告的素材。
6. 如果行銷對象是多種文化的目標群眾，應顧及主要的語言族群，印製不同國家語言的宣傳廣告資料。
7. 創造動態的主題，選擇具有吸引力的圖案與容易爲人所了解的文案。
8. 跨國的與會者，並非同質團體，應該根據他們不同的文化背景價值，強調他們各自能獲得的收益。
9. 在活動開始前一年，即整年著手宣傳活動，不要等到活動前一個月才開始進行。最好於目前正舉辦的活動中，即預告下次活動舉辦的時間與地點。

莎拉・陶瑞斯（Sara Torrence, CMP）問道：「如果你舉辦一場會議，謹愼地選擇演講者，但是參加活動的聽眾卻稀稀落落，會場幾乎有一半是空位，或者來參加演講會的聽眾來自各種文化背景，聽眾難以理解演講者的演說內容時，你該怎麼辦？」她接著說道：「經過深思熟慮、有效的行銷計畫，才能夠吸引眞正適合會議主題的參加者參與活動。」陶瑞斯是會議產業的先驅，不僅著書立作，同時也領導一家受人敬重的會展管理公司。她特別就動態的活動宣傳計畫（dynamic event promotion plan）提供下列指導方針：

透過媒體的宣傳有助於活動的行銷推廣。

1. 策劃一項具備特色的活動主題與演講者，不但要能吸引民眾參加之，同時要能成爲媒體鎂光燈下的焦點。
2. 擬定會議時間表時，要考慮到行銷計畫以及能有效地進行公共報導。
3. 尋求預算，支持不同的宣傳方式——如廣告宣傳、電子行銷、印製傳單、製作小冊子、翻譯不同國家的語言等等，以吸引所欲求之目標群眾參加。
4. 如果預期的出席率不樂觀，應該編列預算用之於媒體廣告、新聞室設備與人員、媒體套件及相關人士上。
5. 將行銷效益納入會議評估準則中。

表8-2列出有用的宣傳工具，供讀者參考。

表8-2　典型的會議行銷工具

1. 大眾傳播媒體
2. 商業期刊
3. 公會刊物及商務通訊
4. 近期活動（可先行宣傳將來的活動）
5. 相關的集會活動、展示會、展覽會
6. 藉由網際網路寄發電子郵件
7. 直接寄發廣告宣傳資料：收件人名冊、郵遞服務
8. 成員組織推廣——CVB, NTO
9. 電話行銷
10. 獎學金
11. 口耳相傳

行銷預算

不管你是行銷彈性牛仔褲、早餐麥片或是會議活動，以下這些原則都適用。假如你行銷的「產品」是一國際性活動，你就必須更加注意成本問題。

網際網路應該是最具成本效益的行銷媒介，你可以利用電子郵件寄發活動訊息給收件人，也可以建立專屬的網站或雙管齊下。印製DM宣傳廣告，以大宗郵件直接寄發給世界各地的潛在參加者，也同樣具有經濟效益。大多

數的航空公司有提供航空郵件的運送服務，如果你指定某家航空公司，他們可能還會給你一些優惠。另外，像是海外郵件遞送服務、當地的會議局、同業組織機構、分會辦公室，或是其他國家的聯盟會員們，也都可以協助你寄發宣傳郵件。如果印製的資料會被課徵高關稅，或是信件量非常龐大，也可以將可照相製版的檔案交由當地相關單位印製，如此亦可節省不少物流成本及時間。

針對目標群眾，將活動訊息刊登於商業性、貿易性、其他專業性雜誌或相關協會的期刊內，是最有效的宣傳媒介。這些專業性的刊物還可以將活動報名表格附在內頁，只需要額外再支付些費用。另外，於貿易展、商品展示會或其他聯盟的產業展覽會中，向特定的潛在參加者宣傳新的會議活動，也是具成本效益考量的方式之一。

資金來源

主辦單位經常發現，要讓具全球規模的活動達成高出席率之行銷計畫，總是會超出預算限制，尤其是不斷增加的成本及增高的匯率。特別是年輕的與會者，習慣參加網路視訊會議或是使用電子通訊設備，對於親身實地參加各類型會議，普遍抱持著遲疑的態度。因此，主辦單位需要花更多的心力去說服這些人，告訴他們「面對面溝通」的好處何在，這也是約翰・奈思比（John Naisbitt）所謂需要「高度接觸」（high touch）的人際互動方式。因此，較有創意的主辦單位，通常會尋求贊助來源，以籌募行銷費用。

由於體認到大批的遊客所帶來的經濟效益，會議局及會議場地業者在提高出席率上具有重要利害關係。早在1980年代早期，荷蘭會議局（Netherlands Convention Bureau）就曾經向那些有意於荷蘭境內城市舉辦國際會議的組織協會，推行「銜接資金」（bridge funding）。這類資金的用途，主要是用以提高活動出席人數而採取的各種行銷活動。贊助這類資金的投資者有當地的企業、相關的產業機構以及會場經營者。至於其他的會展行銷人員，由於體認到大批的會議遊客對當地經濟所造成的經濟效益，也會依樣畫葫蘆。

國際目的地行銷協會（Destinaion Marketing Association International），其前身爲國際會議暨旅遊局協會（International Association of Convention and

Visitors Bureaus）相當注重它的會員關係。它認爲CVB需要提供各種的出席策略與誘因，來維持它們的競爭力。許多類似的組織，一旦它們的會場作爲國際會議活動場所時，即提供以物代金的服務（in-kind services），諸如電子行銷活動或是寄發DM給會員等方式，來協助協會增加活動的出席人數。

文化議題

對國外參加者而言，語言是影響活動行銷成果的重要因素。如果你舉辦國際性會議，通常需要以多國語言印製活動手冊、宣傳廣告以及其他公告事項，選擇的語言依參加者的地區而定。對歐洲人而言，通常必備的語言有英語、法語、德語及義大利語。對亞洲人而言，華語、日本語是少不了的基本語言。一般而言，會議內容應以會議官方語言發表，但會議記錄、新聞稿及相關的印刷刊物，則可能需要翻譯成其他語言。因此，你務必要找到熟悉該種語言的專業人士，對翻譯後的文稿詳加確認。畢竟，即使是居住在北美地區的居民，也不一定能夠完全了解現在流行的生活用語或慣用語。最保險的作法，是在每個國家找適當的翻譯服務，或者在國內尋求專業的翻譯服務。當資料要付印前，得要先經過確認。

如果會議活動包含展覽會，有其他國家的展覽者受邀參加活動，那麼也同樣要考慮到這些展覽商也會面臨到參觀者詢問時的語言溝通問題。至於平面圖及契約內容，就不需要翻譯；但是，要特別注意重量、體積、長度等度量單位應該採用公制及英制的度量標準。

公共報導

將活動宣傳新聞稿發送給國外專業的商業或科技方面的新聞媒體，是一種低成本的會議宣傳方式。大多數這類的印刷出版品，還可以將報名表格包含在內，並只收取一點點象徵性的費用。

會展活動本身應該要有特別準備的資料給委派的或容許採訪的外貿媒體記者。媒體套件應以會議官方語言製作，並包含已翻譯好的文件，然後事先將譯文傳送給責任編輯審閱，再提供給現場的採訪人員參考。活動進行期間，也需要安排記者會採訪著名的演講者，訪問出席的名人貴客，以及主辦單位裡最能言善道的組織幹部與成員。

網際網路推廣

「主辦單位的網站，本身即可當做宣傳會議活動最有效的行銷媒介。」吉姆．達吉特（Jim Daggett, CAE, CMP）說道：「真正的關鍵在於，你要設法將網路瀏覽流量導引至你們的網站，確保網路使用者能夠使用搜尋引擎找到你們的網址，看到相關網頁上出現斗大的橫幅標題廣告、新聞稿的發布，以及其他離線的行銷方式。還有許多各式各樣的方法，可以確保網際網路行銷的效益，並有助於達成主辦單位的目標。」表8-3詳列出達吉特的策略。

網路部落格

部落格（blog）與部落格聯播（blogcasts）正快速影響活動行銷的方式。

所謂的部落格，是指由個人自行於網路上，創設並維護的線上日誌。更新部落格的動作，通稱爲寫日誌（blogging）；擁有該部落格的作者，通常

表8-3　作為行銷工具的會議活動網站

1. 整合報名、訂房及旅遊訂位的服務，一次完成。
2. 盡可能在預先植入表單欄位資料區以及歡迎詞處以個人化方式呈現。
3. 加入演講人的專長和／或在會議現場處理摘要的管理工作。
4. 以相關的網路聯播、線上即時資訊或計次付費（pay-per-view）的方式，廣爲宣傳。
5. 讓訪客方便購物。
6. 提供主題式聊天室、留言板、討論區等等。
7. 提供其他利用網路的教育訓練機會。
8. 含括攤位的配置，以及展示便利的設施功能（如果有適當合用的）。
9. 開放線上商務交流的機會。
10. 提供電子版的通訊、調查報告、評估結果與問卷調查表等等。

稱爲部落客（blogger）。大多數的部落格都有應用軟體可進行每日資訊的更新，以便讓幾乎沒有科技知識背景的使用者，也能輕易地使用它。刊登在部落格上的文章，通常以刊登的日期時間作爲排序的基礎，使用者可以放入一些最新、與眾不同的文字或照片。

在會議活動產業中，全球各地有數千個部落格，會員可以在每個部落格上發表自己的意見，對於參加的活動給予評價，從同業人員的經驗中獲取資訊，以及增加另一個通訊工具連結至電子郵件。主辦單位通常會鼓勵他們的參加者成立自己的專屬部落格，藉以了解他們的需求與關切的重點。同時，他們也扮演一個很有幫助的助理角色，提供會後的檢討評估。

播客（podcast）是一種網路廣播工具，可以傳播會議活動前、中、後三階段的資訊、意見、問題及回應等訊息（請參考本章最後的「輔助素材」）。

DM

儘管電子郵件及網際網路的行銷成效令人訝異，但DM還是具有電子通訊科技可能無法提供的優勢。將傳統的會議宣傳手冊加以美化，封面要有會議主題的圖樣、會議名稱、舉辦場地以及活動日期，內頁則由主辦單位的執行長或名人告訴潛在參加者爲何不能錯過這場活動。接下來幾頁介紹活動內容，包括議程（要包含演講者的照片以及主題摘要）、社交娛樂活動、交通工具與住宿資訊、報名資訊並檢附報名表格，以及潛在參加者有興趣了解的相關資訊。當然，以上這些資訊都可以刊登在網站上供使用者瀏覽；但是，有多少網路使用者，有耐心一次把這麼多的資訊全部看完呢？電子郵件及以網路爲主的通訊方式，多半適用簡短、特定的資訊，大多數的網路使用者，鮮少有耐心坐在電腦螢幕前，把一項主題的所有資訊一次看完。但若是平面宣傳品，他們便能在空閒時間，一頁一頁地翻完所有的資料。

理想狀況下，如果是一再舉辦的活動，那麼你可以在現正進行的活動中播放影音影片，並散發平面傳單，公告最新的活動日期、地點、會議主題。接下來的幾個月時間，利用電子郵件和網站持續提醒潛在參加者即將到來的活動相關訊息，直到活動內容定案爲止。此時，再將詳細的活動資訊與宣傳小冊子寄發給潛在的參加者。

當你要向其他國家行銷會展活動時，可以將DM以大宗郵件的方式先寄送到當地，再由當地的郵務公司轉寄給收件人，這種方式比較具成本效益。

美國郵政總局（The U.S. Postal Service）提供重量五十磅以上貨物的國際海陸空遞送服務（International Surface Air Lift, ISAL）；另外，他們還建議採用全球快捷服務（Global Direct），將大宗郵件運送至目的地國家，再由當地的郵遞公司加蓋當地郵戳，視爲當地郵件遞送給收件人。

至於五十磅以下的郵件，德國郵政全球服務網（Deutche Post World Net）透過他們獨有的配送網絡，也有提供國際海陸空遞送服務（ISAL）。同時，它還提供郵件遞送的追蹤查詢服務與確認信件是否送達的服務。另外，德國郵政全球快捷服務（DPGM, Deutsche Post Global Mail）沒有重量下限的限制；大英皇家郵遞公司（Great Britain's Royal Mail）也提供類似的服務，只是這家公司只服務歐盟地區的國家，以及澳洲及紐西蘭。（請參考本章最後「輔助素材」提供的資訊）

如果寄送的平面印刷資料在當地須被課徵高關稅，或者寄送的郵件份數超過一千份，即可將照相製版的電子檔寄到國外，在當地印刷這些資料，如此將可節省大筆的成本費用。

行銷夥件

當會場地點決定後，當地的行銷機構，像是會議局或是國家觀光機構，可以提供主辦單位許多宣傳協助。若活動籌備時間尚充裕，多數會展主辦單位會在他們正舉行的活動上，提前宣布下一次活動的舉辦時間及地點。觀光局處也可以提供許多素材，生動活潑地介紹即將舉行的會議地點，以提高該活動的參加人數。

就活動的認知價值而言，支持這類活動的可用資源可能有以下幾項：

1. 正式的會場導引圖或地圖，圖上應有標示休閒娛樂設施、博物館與其他觀光景點的位置。
2. 觀光導覽手冊，指引各個休閒景點、海灘、餐廳、購物的地點。
3. 會場地區彩色照片的攝影集，最好是還能隨客戶需要而訂製者。

4. 專業製作的錄影帶或影音光碟片，介紹會展地點的特色。
5. 會場地區的特產品，可作爲宣傳活動的紀念禮品。

對於大型或是較具聲望的組織而言，活動目的地的行銷機構經常將活動演講人或表演藝人作爲活動行銷的宣傳重點。例如新加坡著名的獅子舞者、巴伐利亞的音樂團體、英國精彩奪目的皇家禁衛軍（Coldstream Guards）、墨西哥街頭音樂樂團及舞者，都是可利用的宣傳娛樂資產。

大多數倚賴會議市場的國家觀光機構會架設一個精緻的網站，介紹該國特殊的觀光景點與歷史文化。這些資訊對於想要事先了解會議地點的參加者而言，是相當有價值的參考資料。

分會組織，例如公司位於當地的分公司、合作供應商或會員、協會於當地的分會、結盟的組織等等，這些單位如果能在會展活動規劃初期即參與合作，並擔負活動內重要的工作，將會是整項會展活動裡難得的行銷資產。其他策略性的活動行銷夥伴，諸如支援服務商，則能夠從活動出席率的增加獲得利益。當他們獲得目標群眾的姓名與聯絡資料後，即可以利用電子郵件、網站公共報導、DM以及出版品上的廣告或文章做宣傳。這些支援行銷的聯盟單位機構包括下列各類：

1. 對提高出席人數有既定興趣的參展商。
2. 會場當地的旅館，特別是國際連鎖旅館業者，於當地設有分館者。
3. 當地推薦或指定的航空公司。
4. 曾承包或協助整個活動的PCO（專業會議籌組者）。
5. 透過DMC（目的地管理顧問公司），及他們代表主辦單位與之簽訂合約的服務供應商及觀光景點經營者。
6. 與展覽有關聯的展覽服務廠商（若活動包含展覽的話）。

行銷計畫時間表

如同其他國際性活動一般，在國外舉辦會議活動比在國內需要更多的前置作業時間。即使你是以電子郵件或是傳真方式作爲溝通管道，但在國外要處理參加者和服務的事宜還是比較費時。翻譯及確認通常最花時間，但是也最重要；郵遞信件的速度，也不是每個國家都相同。最好的方法是將事前準備的時間及行銷預算都加倍估算，然後再加上一點偶發事件需要的時間及預算。表8-4列出一般普通規模的會議活動需要的作業時間表，供讀者參考。

表8-4　典型的會議行銷計畫表

一年前	在目前正進行的會議活動中，預先宣傳下次會議活動舉辦的時間及地點。架設網站，開始評估目標群眾參加者的人口統計資料和語言能力。尋找參展商。
八個月前	決定活動主題及美編設計。草擬初步議程。分析潛在參加者及準備行銷計畫。爲行銷計畫草擬活動通告函與文宣內容。審查草稿與設計內容並定案。若有需要，將草稿內容翻譯成其他語言。
七個月前	確認翻譯內容。設計報名表格，建立電子化報名系統的服務或外包製作。準備郵遞標籤及收件人名冊。通知郵遞服務。印刷業務及網站建置的招標。提交第一批廣告郵件給印刷廠。製作郵遞標籤。
六個月前	運送廣告郵件給郵遞公司。寄出第一批郵件。準備第二批郵件內容。建立報名作業管控系統。設計、製作宣傳廣告，刊載於同業出版品中。洽談廣告頁面。準備發布新聞稿。
五個月前	確認會議議程及社交活動。設計第二批郵件內容，並獲批准。外包網站服務。將第二批郵件送印。將宣傳廣告、原始的新聞稿件發送給同業相關媒體，並刊登於網站上。
四個月前	寄出第二批郵件。持續發布新聞稿。追蹤報名情況。設計最後一批郵件內容與報名作業。會議內容定案。
三個月前	追蹤報名情況。第一個廣告文宣公開發布。再發送最後一篇新聞稿給同業相關媒體。決定是否需要再次寄送報名表格。再次確認節目表。將最後確認的資料付印。
二個月前	確認演講人。寄發最後一批信件。將會展節目表及相關資料付印。準備新聞媒體室。聯絡談話節目製作單位。
最後一個月	連絡執行編輯，並做後續追蹤。雇用工作人員及採購新聞室所需要的設備。製作各式招牌及出席者名牌，準備報到需要的事務作業。安排記者會。高級幹部與發言人要提早抵達目的地，準備出席談話節目宣傳活動。

重點回顧

▶ Marketing Strategies　行銷策略

在你行銷會展活動時，應對潛在參加者強調參加這個會議能夠獲得多元文化的益處；同時，在執行行銷工作時，也要展現出對每種文化的敏感度。

▶ Marketing Budget　行銷預算

印製任何宣傳品，應有成本預算控制的敏感度。大量使用網際網路和網站以及專業刊物，將你舉辦的會展活動宣傳給廣大的社群知道。利用CVB的獎勵措施及贊助方案，解決你預算限制的問題。

▶ Publicity　公共報導

運用許多國家的新聞媒體、網際網路、網站和DM，將舉辦會展活動的訊息，傳播給大眾知悉。

利用觀光局、參展商、航空公司、旅館等機關團體所提供的宣傳資源。這些單位通常都有製作一些與文化或歷史有關的文宣資料，作爲向世界各地宣傳之用。

輔助素材

延伸閱讀書目

Copeland, Lennie, and Lewis Griggs, *Going International: How to Make Friends and Deal Effectively in the Global Marketplace,* Random House, New York, 1985.

Torrence, Sara R., CMP, *How to Run Scientific and Technical Meetings,* Van Nostrand Reinhold, New York, London, 1991.

網路

American Marketing Association: www.marketing-power.com.

Association of Convention Marketing Executives (ACME): www.acmenet.org.

Deutche Post Global Mail: www.mailglobal.com.

International Surface Air Lift, *USPS Publication 51:* www.uspa.gov.

J.R. Daggett & Associates: www.jrdaggett.com.

Meeting Professionals International, *Trends in Event Marketing Research:* www.mpiweb.org.

Royal Mail (USA): www.royalmailus.com.

www.podcastalley.com (to search for Blogs)

www.blogger.com (to establish a Blog)

第九章
國際合約與適法性

口頭承諾遠不及一紙合約。

——摘錄自電影製片人山繆・高德溫(Samuel Goldwyn)

內容綱要

我們將在本章探討：

- 國際合約內容與美國境內的合約有何不同之處
- 美國稅法對國際性活動有何影響
- 在主辦國，有哪些需要了解的法律事務與法規
- 當地的法律執行力對會議活動與參加人員有何影響
- 當地的衛生醫療法令對與會者會產生哪些影響
- 認識撰擬合約書以及將其應用於活動中的主要差異
- 與不同國家文化人士談判的策略

合約通常由律師撰擬，猶如藍圖或路線圖，就爭議的事項提供精確的定義，使簽訂合約的雙方當事人同意共同遵守。有人說，最好的合約內容，是由非執行合約的人士起草設計者。換言之，合約內容沒有針對某一方而預設立場，詳細載明雙方同意辦理的每個事項，即使最後簽署合約的代表人非最初討論或談判合約內容的人，所有雙方期望的事務與責任義務全都很明確地列為合約條款。

當符合下列幾項準則的情況下，合約即可被視為有執行效力：

1. 一方提出報價。
2. 另一方接受報價。
3. 提供「酬勞」（例如某件事已經完成、某項商品已經提供或是某項服務已許下承諾）。
4. 依法律規定之書面文件已經製作完成。
5. 簽署合約書的代表人是合乎規定者或經法定代理人授權者。

不論是國內會議或是國際會議，合約的基本條文均應包含下列項目：

1. 訂立合約者的稱號。
2. 活動日期。
3. 住房需求。
4. 會議廳空間需求。
5. 其他設施空間需求。
6. 餐飲需求。
7. 房價（包括額外的費用和／或稅金）。
8. 會議廳或其他設施空間的使用費率（包括額外的費用和／或稅金）。
9. 附贈之膳宿、服務與便利設施。
10. 付款規定。
11. 不可抗力因素處理方式。
12. 損害賠償方式。
13. 取消與終止合約的規定。
14. 爭議時的處理方式。

不過，值得注意的是，雖然國內外的合約基本條款大同小異，但條文的定義與期望卻可能會產生極大的差異。以飯店房間爲例，北美地區的飯店房間通常空間大小一致，如果團體訂房，不論一個房間內住一個人或是二個人，房價都相同；相較於歐洲地區，其多數飯店的單人房的坪數通常遠小於雙人房，計費方式是以人數計算。因此，在簽訂國外飯店的住宿合約書時，企劃人員必須將需求的房間型式與數量明確載明於合約內，如果每個人都很在意房間的大小，合約也應該明確記載「雙人房單人住」（double rooms for single occupancy）。

同樣的，企劃人員對於中場休息時間的餐點內容也會有所期待。未探聽清楚就將準備餐飲的工作外包給海外廠商，結果可能會令企劃人員感到相當意外。比方說，在北美地區，典型的休息時間，一定會同時提供冷飲、熱飲與各式各樣的小點心。但是，在拉丁美洲地區，喝咖啡的休息時間就眞的只有一杯簡單的咖啡，如果有提供其他食物，頂多是一盤小餅乾或是一口吃的小三明治；如果是比較講究的休息時間，也許會多一種果汁再加上一種餅乾，如此而已；至於歐洲人的休息時間則與拉丁美洲一樣簡單。

因此，這些地區的中場休息時間很難符合美國企劃人員對於休息時間的滿心期待，他們會期望有新鮮水果、格蘭諾拉燕麥捲（granola bars）、冰沙飲料（smoothies）、冰淇淋聖代、剛出爐爆米花等琳瑯滿目的點心。

強納森．霍威（Jonathan Howe）是國際會議專業人員協會的會議產業權威律師，他建議國際性會議活動的企劃人員在與國外物流服務供應商溝通服務需求時，應明確定義各項條款的內容與細節。他舉例說明這個課題的重要性如下：

> 飯店業務經理與會議企劃人員坐在一起討論問題，企劃人員問道：「請問你們有沒有貨物專用電梯？」業務經理回答說：「有的，我們有載貨電梯！」然後，他們雙方繼續討論問題。沒錯！他們都有講到重點——問者問了一個好問題，而回答者的答案也很確切。但是，實際的狀況是這間飯店確實有一台電梯專門提供承載貨物，只是這台「貨運電梯」就是其中一台客用電梯，承載重量限於二千磅以下。而這位會議企劃人員規劃中的展覽會場在這家飯店的二樓，展覽會中需要大型的設備，總重遠超過二千磅。因此，最終的結果是會議企劃人員無法利用「載貨電梯」將會展需用的設備運送到二樓展覽會場。從該案例中，讀者不難發現問者與答者之間溝通的癥結：問題是被提出來了，也獲得答案，但是問者與答者均未再就答案的細部內容交換明確的定義——容量大小是否能夠符合需求。

除了要將合約條款加以明確定義，並謹慎調整各方的期望之外，還有一點也很重要，那就是大部分的合約條款雖然都很相似，但是每個國家對合約管理的法令並不一樣。你可以遵循某些基本的法則，了解當地法令對會議活動產生哪些影響，以避免產生一些適法性的問題。只是，儘管你做了這些功課，並不代表你在當地國家即可通行無阻，只是多少能降低你誤觸當地法令規範的機率與風險。總而言之，你得接受每個國家、每個地區不同法令規範的事實，並遵守下列指導原則：

1. 請教當地觀光旅遊機構，了解當地的法令限制。
2. 在有些地區的文化中，君子重然諾，口頭承諾遠重於書面合約，甚至簽訂合約會讓人感覺不被信任。因此，務必了解當地的商業慣例。
3. 了解該合約是由民法（如拿破崙法典）或是由一般法律管轄。規範的法系不同，會影響合約條款的約定。
4. 調查何種情況下會發生合約終止的情形。
5. 查詢給付飯店或其他服務供應商的保證金有否其他替代方案，特別是與這些業者簽訂長期合約，但是又質疑其穩定性時。
6. 如果會議代表來自世界各地，則須了解地主國對各個國家入境簽證的要求與限制。
7. 若參加國外舉辦的會議活動，譬如美國團體前往他國參加會議，那麼就要研究美國管轄境外旅遊的稅法規定爲何。
8. 考慮讓PCO（專業會議籌組者）代表談判合約內容。

文化考量與商業慣例會影響合約內容談判的過程，而且每個國家的情況都大不相同。在某些文化中，書面合約的部分內容會受到當地風俗習慣與傳統文化的影響；有些文化則認爲堅持執行書面合約內容規範是對對方表達不信任的態度，而且是非常不禮貌的行爲。就如同第七章所敘述的，在亞洲、中東以及拉丁美洲，這些地區普遍認爲個人誠信與名譽的價值遠重於合約條款。因此，有經驗的國際會議企劃人員多半會建議多了解不同文化中的商業慣例，並隨時保持彈性、耐心，並善於應變。

「要將任何同意執行合約內容的完整記錄與書面文件保存妥當，萬一發生訴訟時，律師將會需要所有相關文件。」強納森·霍威如是建議，他並指出，以今日全球化的溝通方式而言，所謂相關文件包括：電子郵件、電腦硬碟資料、傳眞記錄、錄音記錄、電話通聯記錄、電話帳單以及任何手寫的紙條。

但是，如果你無法與供應商在誠信、互重與互信的基礎上取得完美的合作關係，儘管你持有所有的合約文件與記錄，這些書面文件都將可能變成一堆廢紙。最後的下場極可能是在一場一敗塗地的活動後，雙方上法院見，不過這還算好的，眞正棘手的是國際訴訟需要耗費的鉅額成本與損失。

合約條款

與北美地區業者簽訂的合約內容通常非常冗長，鉅細靡遺，詳細地列出各種損害賠償方式、合約終止與取消的規定，以避免會議主辦單位發生罰款的情事。其中罷工、戰爭、天災等不可抗力因素是會議可能臨時取消的原因；延後入住日期或是改訂同一連鎖集團內其他飯店的房間，也許還不至於遭受飯店業者太嚴苛的求償損失。事實上，多數與亞洲或歐洲飯店業者簽訂的住房合約不會規範這些賠償條款，這些地區的飯店業者只會希望主辦單位能有較高的住房使用率，有些國家的合約甚至不會超過一頁，只簡單地條列出住宿時間、房間數、空間位置、餐飲需求以及取消的罰款。

在擬定國際合約時，使用的語言也很重要。雖然大多數的國際合約是以英文爲書寫語言，而且你當然也可以要求以英文撰擬合約條款，不過還是有許多國際合約係以地主國的官方語言撰擬，然後再翻譯成英文。美麗殿酒店與渡假村集團（Le Meridien Hotels and Resorts）的前任歐洲業務執行長彼得·黑依（Peter Haigh）提供一項很有用的警告：

「一般而言，合約發生爭議時，雖然有不同語言別的翻譯本，仍以地主國語言居於優先地位。因此，在里約熱內盧舉辦的活動，洽談的設施或服務合約，以葡萄牙語撰擬的合約書遠較翻譯成英文的合約書具有較高的優先地位。」因此，要求認證合約翻譯本並謹愼地審讀後，才是簽訂國際合約的明智之舉。

在其他國家簽訂設施使用或服務合約時，可參考下列指示要點，以避免發生問題與衝突：

1. 聘請熟悉簽約雙方國家對合約管轄法令規範的律師提供服務。
2. 確認合約條款在該國境內是可實施的。
3. 當合約條款經過雙方認可有效且滿意後再簽訂。
4. 了解必須遵守各國的哪些法令，有爭議發生時，哪個國家有管轄權。
5. 前往海外處理國際訴訟常常需要耗費鉅額費用。因此，需要調查爭議時，有否其他替代方法如調解（mediation）或仲裁（arbitration）的

方式可以解決。一般而言，採用調解的方式，需要雙方同意調停爭議的解決方案；而仲裁則是需要雙方願意認同且接受仲裁人做出的仲裁決定。

保證金、合約取消或終止

在國外舉辦會議活動時，得預先準備各項物流服務或使用設施的保證金。在美國境內舉辦活動，主辦單位可以預先支付部分金額給各個物流服務供應商或設施管理者，於活動結束後，再支付剩餘尾款；但在國外舉辦國際性活動時，絕大多數國外服務供應商會要求主辦單位依照合約內容事先支付全額費用。飯店業以及再將工作發包給下游廠商的會展管理公司尤其如此，均會要求主辦單位預先支付全額款項。因此，主辦機關爲了防範預付保證金受到服務供應商破產危機的連累，可以將保證金存入雙方都能認可的可孳息託管帳戶（escrow account）或開立不可取消、隨時可付款的信用狀予以替代。若開立信用狀，則將保證金存入雙方均可接受的銀行，俟信用狀條件履行後，始將資金兌予受款人。

很多人將終止（termination）與取消（cancellation）這兩個字交替使用。不過，這兩個字在法律上的定義與結果有相當大的差別。當一項合約終止時，代表合約雙方對彼此的權利義務關係劃下休止符。產生終止合約的原因有很多，大部分原因是天災、人禍等不可抗力因素引發的災難性事故（詳見下文「不可抗力因素」），也有部分情況是因設施管理方式變更或是不滿意設施條件時，另外還有可能是因供應商無力提供服務或破產。

至於取消合約的因素則多半肇始於合約一方無法履行合約規範的事項。發生此類情況時，無法履約之一方必須負擔損害賠償責任，至於實際損失的成本費用經常包含收益的損失以及因無法履行合約衍生的額外費用，因此受損害的另一方不僅得設法提出損失程度的證明，還得設法降低（「減輕」）損失的程度。比方說，飯店業者突然接獲取消訂房的通知後，得立即設法再將這些被臨時取消的房間銷售出去。

因爲發生上述合約取消後衍生的收益損失通常有極大的變數，也很難被客觀地評估與認定。因此，多數會議專業人士傾向在合約內訂定**違約賠償金**

（**liquidated damage**）條款，作爲損失賠償的折衷方案，以降低合約雙方的風險。在這類型合約中，雙方在草擬合約內容初始，即同意因一方未履行合約致合約取消時，另一方發生損害的違約金應如何計算。如此作法能使合約雙方事先明確地了解未履約時須負擔的風險與費用，也讓將收受違約金的一方無需費心張羅實際發生損失的證明或是嘗試降低實際發生的損失。因此，以違約金清償方式擬定合約取消條款的罰則，而非採用實際損失的估價方式，已經成爲當今國際會展企劃人員與國外供應商洽談國際合約普遍採行的方式。

不可抗力因素

不可抗力因素（force majeure）在法文的譯文中，通常被隨意地翻譯爲「強大的力量」（great force），意思是指有某些不可預期的事件發生，或者是有某種強大的力量或事件，致使合約一方或雙方全然無法執行他們應盡的義務。比方說，巨大天然災害如颶風、地震、暴風雪、水患，以及人禍如戰爭、民間暴動遊行、勞資糾紛與恐怖攻擊行動等等，均屬於不可抗力因素條款適用的範圍。不過，這些不可抗力因素與天災的定義，隨著每個國家界定的範圍而有所不同，甚至每個地區的解釋也不大一樣。因此，有必要將天災、人禍的範圍界定清楚，讓合約雙方清楚了解哪些災害發生時，雙方的權利義務將會終止，這也是合約訂定時非常重要的條款之一。例如九一一恐怖份子攻擊事件發生後，飛往美國境內與離開美國的所有航空班次全被暫時停止飛航好幾天，因爲美國限制人員出、入境，致使許多人被迫取消前往世界各地參加會議，原本預定搭乘的航班也全被迫取消。在此案例中，因爲美國政府限制出、入境的規定，致使許多人無法如期前往世界各目的地參加會議，此時即適用不可抗力條款；相反地，如果那一段期間，美國並沒有限制國民出境，只是那時候出境的行爲會讓人感覺不安（例如1990年波斯灣戰爭時期），那麼，就不適用不可抗力因素條款。

美國稅法的精神

對會議主辦單位或企劃人員而言，本節內容最重要的部分是參加人員費用的可扣除稅額。美國國稅局（Internal Revenue Service, IRS）指出，這類型的可扣除稅額，需要會議主辦單位提出參加人員專業背景與會議主題相關或基於商業貿易需求的證明，如此扣除參加人員的費用才屬合理與正當，而非「需索無度」或「過分」的行爲；同時，若有申報扣除額，參加會議活動期間也必須致力於完成商業目標。美國國稅法（The Internal Revenue Code）更近一步要求會議主辦機構於國外舉辦會議時，必須選擇與北美地區「同樣適宜」的地點，且屬於「受惠國家」（beneficiary countries），這類型國家的最新資訊請參考表9-1。如果欲申請驗證上述可扣除額的正當性，下列幾個相關要素需要注意：

1. 會議主辦機構的成立宗旨、成立目標與活動類型。
2. 會議活動的目的與活動內容。
3. 主辦機構會員的居住地與曾經舉辦或即將舉辦活動的會場地點。

表9-1　IRS會議「受惠國」一覽表

1. 美屬薩摩亞（American Samoa）
2. 巴貝多（Barbados）
3. 百慕達群島（Bermuda）
4. 加拿大（Canada）
5. 關島（Guam）
6. 馬紹爾群島（Marshall Islands）
7. 密克羅西尼亞（Micronesia）
8. 墨西哥（Mexico）
9. 太平洋聯合國託管地（Pacific Trust Territory）
10. 波多黎各（Puerto Rico）
11. 維京群島（Virgin Islands）

當其他稅法規定牽涉到國際性會議時，便會影響組織協會的報告。2004年起，所有公開交易的企業全被要求提交內部控管的財務年報表給美國證券交易委員會（Securities and Exchange Commission, SEC）。另外，美國沙式法案（Sarbanes-Oxley Act, SOX）也增加許多新的條款，包括各種違反規定的犯罪行爲與罰則、請外部稽核員做公司內部稽核的認證與擴大對外揭露財務相關的資訊。現在，任何公開發行公司的員工都將可能因小小的報告缺失或錯誤而被直接合法地認定有犯罪行爲，處罰的方式除了罰金之外，還有可能入監服刑。這項法案對跨國公司集團而言，無異帶來相當大的衝擊。如今與美國公司合作時，得提出更多的報告，承擔更多的責任，保留精確記錄也變得更加重要。

協會目前尚未如公司團體般受到上述法令的影響，不過，多數人普遍預期涓滴效應（trickle-down effect）很快即會擴及協會。屆時，不管是公共或私人的組織協會，責任義務都將一致：每個組織法人均應正確、誠實地說明與記錄轄下所有資金的往來記錄。這其中包括跟活動預算相關的支付款項、應收帳款等等。

地主國的法令規定

世界各地所有國家都會嚴密地防衛他們的邊境，以確保進入他們國家境內的訪客、貨物與物資皆符合他們當地的法令規定。在會議產業領域裡，組織協會輸入的物資、設備與各式供應品以消耗品居多，或者是爲了再度運送至其他國家使用，因此上述這些輸入品經常可以被視爲免稅品。其他的免稅適用範圍如：旅客的行李、禮品及屬於個人消耗的物品等（請參見第十三章），這些項目的認定標準會隨著它的品項、使用方式與各個國家的規定而有所不同。大部分國家普遍遵守貨品暫准通關證（ATA Carnet）的規定，這個規定主要是針對進口物資再輸出，允許免稅商品或暫時性的進口物品可以停留一年。它的原始名稱起源於法文與英文字「暫時許可」（Admission Temporaire / Temporary Admission）的縮寫。

爲了使你的貨物順利地運送至活動現場，你最好事先聯繫貨物運輸業者、報關行或其他物流服務代理商，請他們將地主國需要的所有入關文件準備妥當，同時備妥將物品運送至會議現場與回程所需的運輸工具。前述這些委託服務費用絕對會比未事先準備妥當而衍生突發狀況、發生運程延誤或無端產生不可預期的費用時，所需要再額外付出的費用來得值得且划算。

相對地，回程的海關檢查作業也需事先考量妥當。務必先行了解回程海關的法令規定，將最新的限制告訴你的參加人員，其中的資訊包括下列事項：

1. 回程攜帶回家的禮品與免稅物品數量。
2. 哪些物品需要申報或個別列出。
3. 哪些物品有數量限制或被禁止一起攜帶。

參加人員的護照與簽證

會議主辦單位應該要提醒參加人員，出境前務必事先申請護照，如果參加人員已經有護照，也得提醒他們查閱護照的有效日期。有些旅遊業者有代辦護照申請的服務，請旅行者將護照內頁的封面與第一頁影印備份是妥善的作法，萬一有人將護照遺失了，可以用此影本加速護照重新申請的作業，另外還可作爲確認身分之用。至於簽證方面，每個國家的規定不太一樣。研究性質的簽證比較容易幫助參加人員取得簽證；團體旅遊者，可申請團體簽證。要特別注意的是，有些國家會要求某些國籍的人需要簽證，某些國籍者免簽證。此外，即使參加人員全部來自同一個國家，也需要注意這個團體內是否有人具有國外居留權，如果有，這些人可能適用不同的簽證規定。還有一點也需要記住，即使有些國家對觀光旅遊者或參加會議代表人提供免簽證的優惠，並不表示會議主辦單位的工作人員或演講人也適用此一優惠措施，反而會要求這些工作人員申請工作簽證。以上這些簽證規定，務必要向你的旅行社或國家觀光機構取得明確的資訊，本書第十三章將會再詳述更多護照與簽證申請的細節。

法律執行的效力

偶爾，會有參加人員因爲故意或漠視當地法令而觸犯地主國的法律規定。發生這類情事通常起因於會議參加人員發生爭吵、疏忽、故意犯罪或會議代表被認爲有過失等爭議所致。專業年會管理協會（PCMA）顧問約書亞·葛林姆斯（Joshua Grimes）指出：「在國外被逮捕的旅遊人士仍得受制於當地國家的法律規定，而且通常不會因爲他們是外國人而給予特別的優待。」

在國外犯罪被逮捕後，都會通知犯罪人的屬國領事館。但是領事館人員只有在犯罪人沒有被地主國法院公平合理地審判或保護的情況下才會出面協助爭取犯罪人的權益，即使如此，領事館也經常無法提供合法的協助或是協助獲得合法的諮詢顧問。因此，萬一有參加人員不幸地在地主國境內被逮捕，葛林姆斯建議會議主辦單位應該立即尋求協會的律師顧問協助或者聘請當地的律師協助。

違法行爲的管轄權，在刑法法典中，是屬於行爲發生地的管轄範圍。因此，會議主辦機關應該提醒各個前往國外的參加人員，美國法律體系中對犯罪行爲人的保護作法，如有權利聘請律師、保釋規定、對行爲人的無罪推定與防範因證詞誤導己身入罪等保障犯罪人權益的精神，可能並不適用於其他國家。

衛生醫療規定

前往某些國家旅遊時，有些傳染病的預防疫苗接種是必須事先施打或建議施打的。特別是有些地方是眾所皆知高傳染病地區，有瘧疾、痢疾、出血性登革熱（hemorrhagic fever）與其他許多外來傳染病，旅客前往這些地區應該事先施打預防針或者準備最近曾經證明免疫的證明文件。這方面的問題，會議主辦單位務必要事先提醒並注意參加人員是否準備妥當，否則，地主國衛生醫療主管機關將有權扣留、強迫接種或是隔離未具有免疫能力的外來訪客。有關衛生醫療管制方面的細節規範，將在第十三章詳細討論。

談判方式

讀者務必要記住，有許多國家的文化均認爲口頭承諾比書面合約有效力。再者，承辦國際會議活動一定會遇到很多企業文化風格與美國境內迥異的人。但是，與不同文化的人發展及培養合作關係是承辦國際會議活動非常重要的課題。因此，你有必要廣泛地學習其他國家談判斡旋的習慣與技巧。比方說，阿拉伯人、中國人及拉丁美洲人普遍認爲談判是一門藝術，目的就是要談出一個最好的價錢；至於其他國家，如日本、北歐與英國則多認爲討價還價是表示輕蔑的行爲。

彼得・黑依曾經指出，歐洲人對談判動機的差異性是：「因爲空房率低、住房率高，旅客短暫住宿的需求較高，因此以往多無須談判，飯店訂房及服務也一直提供固定的價位。雖然飯店內通常有會議廳空間，不過多半當做社交活動場地，例如舉行婚禮、晚宴、歡迎酒會與其他類似的活動。」

許多歐洲會場當地的飯店多半屬於小型飯店，數量也很少。因此，飯店房價相對較高，會議廳的收益主要來自租金收入與其他設施功能使用的利潤。海爾也指出，歐洲地區的其他物流服務，譬如交通工具的費率，也較其他會展所在地高：「生產小汽車與大巴士的規模經濟愈小，意謂著其生產成本愈高，也將產生較高的使用成本，使用者將付出較高的租金費率。此外，勞工成本高，課徵的稅率也高，還有也不要忘記高價的石油費率。」歐洲地區的飯店會議室普遍沒有提供視聽設備與相關的服務，使用者得自行或透過飯店向其他供應服務商洽租，租金通常也遠較北美地區高許多，尤其是高科技設備如攝錄影機、電腦、多畫面螢幕及投射至大型螢幕的投影機等，租金尤其貴得嚇人。

獲得這些標準設施或服務成本的基本資訊是非常重要的課題，能讓你了解自己手上有多少籌碼，以決定未來談判的立場。如果對方要求你再提高一點價位，這其中可能有好幾種涵義。有可能是對方想要敲詐，所以要求你多付一點；也有可能是對方的成本底線就在這個價位，爲了使這件交易能獲得一點利潤，希望你再比過去的價位多付一點。你可以爲了獲得最好的價錢與對方談判，不過，你也必須評估這個價位是否跟當地的成本水準相差太多，而不是以國內習慣的成本估價方式來做評斷。

當供應服務內容初步談妥，事前需要準備的各種功課也已完成，決定國外談判與簽約作業能否圓滿完成的重要關鍵，就在於你有否適應當地風俗習慣、法令規定與商業慣例的能力。畢竟，對地主國而言，我們都是外來的訪客，還有當地的法令限制加諸在我們身負的工作重擔上。猶如強納森・霍威提醒我們的一席話：「在別人的地盤，我們必須遵照別人的遊戲規則，他們不會用我們的規則來玩遊戲。我們在傳統上做生意的方式與他們做生意的方式有所不同，但是，不管我們喜歡與否，他們就是會依照他們自己的方式行事。」

重點回顧

- 合約必須具備一些要項，以構成具有法律效力與約束力的書面文件。
- 除了條款細節內容有可能不同之外，地主國對合約管轄的法令規定也有極大的差異。
- 文化差異與商業慣例深深影響合約談判斡旋的過程，而且每個國家的情況都不一樣。國外的商業文化與當地的風俗習慣也可能與北美地區普遍習慣的方式不同。
- 在國外洽談服務供應合約或設施使用契約時，聘請熟悉雙方國家法令規定的律師予以協助，方爲明智之舉。
- 了解地主國與參加人員所屬國家的稅法制度是件很重要的課題。
- 會議主辦單位必須熟悉入出境管理作業程序與海關的各種規定，才能告知參加人員注意特殊要求與限制。

輔助素材

延伸閱讀書目

Brake, Terence, Danielle Medina Walker, and Thomas Walker, *Doing Business Internationally,* Irwin, New York, 1995.

Goldberg, James M., *The Meeting Planner's Legal Handbook,* Meeting Professionals International, 1996.

網路

Prism Business Media (articles on international contracts): www.meetingsnet.com.

Worldlink (international network of lawyers): www.worldlink-law.com.

第十章
執行會議計畫

好好端詳一下郵票。如果在信件或包裹送達目的地之前，郵票都能夠緊貼在信封上，這可是計畫能否成功的關鍵。

—— 傑克・比林斯（Jack Billings）

內容綱要

我們將在本章探討：

- 建立與執行有效報名作業程序的最佳實務方法
- 自動化報名作業流程
- 電腦單機版與網路版報名作業系統
- 報名處理作業與住宿訂房作業的技術
- 管理線上訂房作業
- 訂房未住進對飯店產生的折損及其對會議活動產生之影響
- 製作識別證
- 勘查會場，並了解現場設施功能
- 在不同文化國度，如何規劃餐飲事宜

當活動的初始規劃、成員組織及活動通告都已完成，時間、地點已經確認並與會場管理單位簽訂使用合約，計畫已然準備就緒，接下來的重點工作就是細部計畫內容的執行與協調。

這個階段會隨著會議的規模大小、持續時間的長短及會議的地點不同，所需的時間與工作項目亦不同，它包含以下幾個階段：

1. 報名與協調作業階段
2. 參加者住宿訂房作業階段
3. 勘查會場作業階段
4. 會議前置工作階段

執行階段必然會與作業階段銜接，當工作人員到達會場之際，即展開執行階段，此一階段的工作包括：

1. 與內部（in-house）人員合作
2. 召開會議前的小組會議
3. 現場（on-site）作業與後勤補給工作
4. 活動後的責任歸屬

至於作業階段的細節，將在第十二章討論。

報名作業

舉辦會議活動前的徵求作業，接受及處理報名作業，安排參加者的食宿問題等，各個環節皆需要嚴謹詳細的規劃、監督、協調與後續追蹤管理。目前，市面上可見各式各樣的報名作業軟體，也隨手可連接各種專門提供活動報名作業的網站，這些都使得報名作業的工作簡化許多（請參考**附錄二**）。

然而，不管這些電腦化的應用程式有多麼好用，活動宣傳資訊有多麼詳盡，仍然有許多工作是無法依賴電腦來解決的。例如問題發生時，需要工作人員花時間打電話解釋說明、寫信回答問題、提供建議與預防產生誤解。這類型的工作即需要有知識及機敏的人現場處理，最好還能夠具備良好的溝通技巧，抑或是擁有八面玲瓏外交手腕特質的人。這些特質可避免某些可能的問題發生，這些問題若未獲處理，即使有再好的宣傳和活動內容也是枉然。

報名作業程序

或許會議活動主辦單位會建立一套報名作業系統，提供給對活動行銷資訊有所回應的參加者登錄資料之用。這套系統可能是採用人工方式，將報名表格隨同活動文宣資料寄送給各個潛在參加者填寫，或是附在主辦單位發行的期刊，或者刊登於主辦單位的網站上，由欲參加者自行下載表格填寫後，寄回主辦單位，並彙整於報名作業系統內。因爲會議活動常常有很多人參加，專業的會議承辦單位需要準備清楚、簡明又完整的報名表填寫說明，以及發送會議活動資訊給潛在的參加者閱覽。主辦單位也可以利用市面上現成的報名作業電腦軟體，或是自行設計簡單的報名表格與作業系統，提供報名者方便登錄他們的資訊，活動主辦單位也能夠從系統中擷取需要的資訊。這套作業系統最終的目的是能安善地通知各個活動參加者，並擁有所有參加者精確的記錄。

當舉辦國際活動時，報名作業必須考量不同的文化背景，通常會議活動專業人員有他們獨特的方法去表現出他們的深思熟慮。報名作業程序分成兩大類：預先報名及現場報名。預先報名者，主辦單位會告知會議活動的時間、地點與其他相關的細節資訊。

會議活動公告

通常，活動主辦單位會利用電子郵件、網站，以及偶爾以郵寄方式發送資料。一般而言，主要的活動公告包括下列各項：

1. 以吸引人又符合主題的美工設計，將會議名稱、時間、地點、主辦單位的標誌或名稱以及連結網址等等資訊載列其上。如果空間版面足夠，活動的目的、參加活動的收穫、參加活動的資格等等資訊也可登載說明。不過如果是公司內部的會議，就不需要上列這種作法，因爲受邀者一定要出席。事實上，多數這類型會議，只要一封附有議程表的電子郵件就可以構成一個公告了。
2. 會場相關資料、地圖、鄰近飯店的簡介或網頁。如果有必要，也一併提供該飯店總部的資料。
3. 會議套裝房價；提早到達或是延後離開有無房間可供住宿；入住登記時間及退房時間；飯店電話、傳眞、電子郵件信箱。
4. 根據來賓與一般參加者的身分不同，有不同的報名費用；提早報名者，可享有優惠；延遲報名者，需多繳費；自費行程的費用，臨時取消報名者的罰款與退款方式；匯率及匯款方式（如果是公司內部主辦的會議，這個部分可省略）。
5. 活動方案詳細內容。按照日期先後順序，介紹各場次演講主題，熱門的專題演講以及需要預先報名的特別座談會。一般而言，報名費已包含各場次會議活動的入場費、會議資料及使用設施所需要的費用。

6. 社交或娛樂活動時間表，應附帶說明參加這類活動需注意的禮節與適當穿著。
7. 展覽會訊息。如果可能的話，一併提供參展商名錄及參展時間。
8. 報名資料及表格（表10-1爲典型的報名表範例）。
9. 旅遊行程。列出指定的航空公司，提供團體代號、特別費率及免付費電話號碼。
10. 機場接機（如果有安排的話）、陸上運輸工具、轉乘工具、租車資訊。另外，地主國家的導覽手冊，介紹當地文化、歷史背景、銀行服務時間、匯率換算標準與常用的生活用語集冊等等，都是實用的會議旅遊資訊。
11. 報名表填寫說明及報名程序。無論是國際或國內會議，報名者所須提供的資訊並無太大不同，同樣包含會員的身分（如果有的話）、到達與離開時間、聯絡資訊、識別證上偏好的稱呼、飲食禁忌或特殊需求，以及其他主辦單位需要的細節資訊。這些項目多半會列在報名表內由報名者填寫後，以電子化設備回傳或傳眞回覆主辦單位，當然也可以採用多數人習慣使用的線上報名作業軟體，或是以電子郵件回傳報名表。
12. 現場報名方式。現場報名作業係指參加者在會議現場，直接向報名作業人員登記報名，或在現場架設的工作站自行登錄報名。主辦單位會建立一套現場處理作業的程序，確認報名者的證件與報名狀態。由現場工作人員直接收取報名費與處理相關行政作業。更多的現場報名方式，將在第十二章再予討論。

報名作業系統

目前，市面上已有許多電腦軟體與作業系統可以處理各項會議活動的報名作業、收費（如果有適用系統的話）以及提供活動主辦單位需要的資料。

欲設計一套報名作業系統，一開始就要建立報名者的資料檔案，最簡單的表格格式內容包括姓名、地址與到達時間，當然，活動的性質也會影響系

表10-1　報名表範例

世界工程代表大會
www.wce.org
報 名 表
2006年**7**月**1**日至**5**日
伊利諾州芝加哥市

報名表收件截止期限：2005年6月15日。如果您無法在此期限內報名，請於會議現場報名。

1. 基本資料：

姓＿＿＿＿ 名＿＿＿＿ 姓名首字母＿＿＿＿ 職稱＿＿＿＿

地址＿＿＿＿

城市名＿＿＿＿ 國家＿＿＿＿ 郵遞區號＿＿＿＿

需要特別的住宿服務嗎？（請勾選一項）

☐ 需要（請於下方說明）。

＿＿＿＿

＿＿＿＿

☐ 不需要

2. 報名類別與費用（單位：美元）（請勾選一項）

類別	截止期限	費用
☐會員（全程參加，折扣100元）	截至4月1日止	$595.00
☐會員（只參加展覽會，折扣100元）	截至4月1日止	$195.00
☐非會員（全程參加，折扣100元）	截至4月1日止	$995.00*
☐非會員（只參加展覽會，折扣100元）	截至4月1日止	$295.00*
☐會員，按日計算（全程參加，折扣100元）	截至4月1日止	$195.00
☐非會員，按日計算（全程參加，折扣100元）	截至4月1日止	$395.00
小計		$＿＿＿

*包含一年會員會費。

（續）表10-1　報名表範例

3. 特別活動（可選擇所有項目）

特別活動	日期與時間	費用
會前市區旅遊	2006年7月1日下午1時至5時	$49.95
產業觀摩	2006年7月2-3日下午3時至5時	$29.95
頒獎餐會	2006年7月5日	$99.95
小計		$______

報名費用總計（第 **2** 項與第 **3** 項合計）$ ______________

4. 付款方式（請選擇一項）

☐ 支票（支票受款人爲「世界工程代表大會」）

☐ 信用卡（提供完整資訊於下）

☐ 寄劃撥帳單至以上地址

信用卡卡別及號碼（請選擇一項）

☐ 萬事達卡（MasterCard）

☐ 威士卡（VISA）

_ _

有效日期：

______ ______ ______

日　　月　　年

請將付款資料及報名表郵寄至：

世界工程代表大會國際會議部

麻薩諸塞大道**1111**號 西北區

華盛頓特區**20053**

或是傳真至：

國碼：**1**，區碼：**202**，電話：**454-2345**

網址：**www.wce.org**

統格式的設計與作業程序。一般而言，依會議活動性質的不同，會議型態不外乎爲以下幾種：

1. 公司會議，由管理階層決定參加人員，並由公司負擔全額費用。
2. 銷售會議，參加對象包含公司職員與自行負擔部分費用的獨立經銷商。
3. 協會的年會或指導型討論會，由參加者自行負擔報名費與全額費用。
4. 政府出資舉辦的活動，參加對象包括民意代表、部會首長以及相關的公民團體。
5. 展覽會，參加對象爲參展者與受邀的訪客或一般社會大眾。

以上是最常見的幾種會議活動類型。除此之外，另外還有指導型討論會、團聚餐會、專題研討會以及許許多多給各領域人士參加的特殊活動。每種會議型態各有其特色，需求的資訊當然會隨著會議性質而異。例如第一種公司會議型態，主辦單位也許只需要發出會議公告，安排好與會人員的食宿問題即可。

接下來的重點，將著重在必須支付報名費用始得參加會議的報名作業細節，其中提出的許多指導方針也適用於因慈善目的而發起的活動。

報名表的格式與內容

當你舉辦跨國活動時，報名表的格式設計扮演著非常重要的角色。任何一位會議專業人士都了解，一套高效率、避免發生問題的作業系統有賴於合宜的文件資料。因此，不管你使用的作業系統是自動化產出結果或是得採用人工登錄，這些表格的格式設計必須簡單、容易塡寫並且兼具有效性與精確性，以符合作業系統的需要。基本上，一份完整的報名表需要的基本項目包含如下：

1. 活動名稱、主辦單位、主題、日期及地點。
2. 報名者基本資料：姓名、頭銜、任職機構、通訊地址、日間電話號碼、會員類別或證書、識別證資料、希望被稱呼的方式（尤其某些民族文化的與會代表，他們也許會希望對方以姓氏與頭銜稱呼他們，讀者可以參考第七章「稱謂方式」一節）。

3. 同行伴侶：這部分的處理，需要帶點外交敏感度，避免將道德價值施加於與會者同行伴侶身上；儘管如此，仍需要完整的同行者姓名與識別證資料。
4. 報名費用，根據參加者的身分類別而異：如會員、非會員或是訪客。
5. 可接受付款的貨幣。
6. 提早報名的截止期限，同行伴侶需要全額或部分的報名費，取消報名的退款規定，報名費支付方式及貨幣種類，信用卡號碼及授權資訊等等。
7. 電話號碼、傳真號碼、電子郵件信箱，以供洽詢或是通知緊急事項。
8. 其他提供報名作業人員處理的資料。

除了上述這些基本元素外，報名表內也許還可以提供下列事項：

1. 住宿資訊：飯店名稱與房價，可由參加者自行選擇；入住日期與退房日期、有無喜好哪些特殊房型、提供信用卡資訊或是直接預付訂房保證金（請參考下節「與會人員的住宿安排」）。
2. 特別活動、宴會以及其他購票入場活動的售票規定與價格，以及搭配指定選項的勾選欄位。
3. 需要預先訂位的特別活動場次表，也請報名者指定第一順位及第二順位。
4. 有無服用藥物或是特殊飲食。
5. 如果有提供機場接機服務，請報名者提供預定搭乘的航空公司名稱、航班與到達時間。
6. 現場報名地點與報名時間。

有些主辦單位對於現場報名者，會使用不同於通訊報名者的報名表格，以便有所區別。然而，不管是哪種格式，仍須注意一些設計的原則。首先，表格應放置會議標章，並提供必要的資訊，版面不宜雜亂無章；字體最好使用線條簡單的鉛字體，重要的文字說明宜以粗體字或彩色字體呈現；應該要留足夠的空間給報名者塡寫資料，以免發生因欄位長度不足而使塡寫人不易塡寫的窘境。例如來自阿根廷艾爾・加洛波・戴爾・阿奎拉（Al Garrobo del Aquilla）的代表必須將他／她家鄉的地名塡寫在一個只夠塡寫皮奧里亞（Peoria）這種短字的欄位中時，可能會覺得很洩氣。

當報名者塡完表格後，你會很訝異有這麼多聰明人竟表現得就像是國小五年級的輟學生一樣。因此，爲了使表格內容清楚易讀，表格欄位的設計應盡量使用勾選式的小格子取代底線式的空格；如果可以，也應盡量提供多重選擇式的問答題，減少需要塡寫的空格欄位，底線或空格要讓手寫者、打字者或是電腦使用者方便塡寫。報名費用與付款幣別應列表顯示，如此可讓報名者預先準備需用的貨幣種類，工作人員也方便核對費用總額。如果活動不只一場，同時又要處理進行各場次的報名作業時，那麼各場次的報名表宜採用不同的顏色予以區別與分類。這一部分的工作，市面上有許多報名作業軟體可有效解決這類問題。

多重受理報名地點

會議主辦單位爲了吸引分散在各地的活動參加人員，多半會廣設受理報名的窗口，委請協會的各國分會、全球分支機構、各國國家觀光機構、PCO，或是旅行業者協助受理。這種方式通常是給那些無法使用網際網路的人使用，而且需要各受理窗口與活動主辦單位秘書部門密切聯繫。

這種報名方式的好處包括：一次完成航班與住宿訂位、通訊方便，以及可使用當地貨幣付款等便利；然而，也可能發生溝通不良的情況，尤其是報名作業或是飯店訂房有變動時，通常無法即時更新。

自動化報名作業系統

如果收發電子郵件、會場地點與供應商之調查是會議專業人士最常使用的科技工具，那麼，報名管理作業系統就會是排名第二的工具。當會議管理這方面的電腦軟體與運用網路技術的選擇方式日益增多時，多數的會議管理應用方式已經逐漸採用這些具有多元效益的軟體工具。

然而，細部的作業內容仍然會隨著不同的會議型態而有所變化。多數使用者選擇建立自家使用的系統，以顧客爲導向的應用軟體也可以滿足這類需求，只是因爲科技快速及顯著的進步，因而使用者必須負擔系統維護與支援成本。

近年來，常於國內、外會議活動使用的應用系統有以下幾種：

1. 發揮創意，運用套裝應用軟體組，例如微軟辦公室作業系統或昇陽辦公室作業系統（Sun Star Office）。
2. 個人電腦單機版報名作業軟體。
3. 網路版報名作業系統，從最簡單的表格到設有安全防護的活動專屬網站。
4. 整合企業整體的應用程式。

通常必須結合前三種方法才能處理龐雜的細節。因此，使用者將相關技術應用於會議報名處理過程時，將會產生相當大的成本效益。一般而言，整合愈多報名相關業務，例如旅遊、住宿以及其他周邊商品，愈能節省成本。

電腦單機版報名作業軟體

在1980年代——會議科技技術萌芽時期——對於具備科技知識的會議規劃人員而言，最熱門的莫過於在個人電腦上所利用的電腦軟體程式，報名作業系統軟體更是引領這波風潮，使用者能夠將繁重的書面報名表單工作，予以自動化。因此，許多軟體工程師看準商機，紛紛發展此類應用程式，像是Peopleware、PC Nametag等，幾乎成爲會議管理領域的代名詞。時至今日，這些應用程式仍舊爲會議管理專業人士持續使用，而其他應用程式如Meeting Trak、Plansoft及Event Solutions也陸續問世，證明即使網路版的線上應用程式已萌芽，單機版作業系統仍是會議規劃人士需要的工具。其實電腦單機版應用軟體遠較網路版報名系統穩定，且安全性較高。因此，許多軟體銷售商現在索性提供與網路版相似的介面程式，期與複雜的網路版應用程式相抗衡。

電腦單機版報名作業軟體還有許多附加功能，包括會議追蹤、簡報圖表、識別證及入場券的製作、空白表格的設計、預算控管及設計招牌等，其他延伸的應用軟體還有安排會議場次時間、樓面設計與參加者背景評估等等。不過，所有的應用程式都有其缺點，最大的缺點是缺乏報名者與住宿資料即時更新的功能。

網路版報名作業軟體

線上報名應用程式如RegOnline，由於富有彈性與節省成本的優勢，因此，已逐漸取代單機版報名作業系統。這類作業系統通常毋須大費周章地訓練報名作業人員，同時提供網路報名者一個非常舒服又方便的作業環境。除此之外，網路版作業系統還有以下優點：

1. 報名者能夠以熟練又自在地方式使用網路工具。
2. 可採用遞升式報名費支付方式（tiered registration fees），以鼓勵參加者盡早報名。
3. 有較長的前置準備時間。最近採用網路版報名系統的活動主辦單位，也會讓報名者預先登記下一場活動。
4. 可利用翻譯軟體，讓外國人容易理解。
5. 每個活動都分別設計簡化的客製化過程。
6. 可利用個人化電子郵件行銷方式，減少文件製作與印刷費用。
7. 大量節省國際郵務成本。
8. 透過橫向行銷，讓參加會議人員將資料傳送給同事或朋友。
9. 爲減少報了名卻不出席的人數，可利用個人化線上通知函提醒報名者，取代重複寄發書面信函。
10. 協助參展商擴展觸角，發現潛在顧客。
11. 將蒐集到的資料整合成一套獨立又完整的資料庫，並能彈性運用，整理成各種需求資料。
12. 可提供會議規劃人員及報名者各式各樣的表單選擇，例如工作清單（task lists）、特殊需求、活動時間表、參加者名冊、會議場次的選擇與成果評估等等。

當會議專業人士了解線上報名作業系統的優點與技巧後，通常能夠將他們蒐集到的報名資料延伸至其他方面使用。爾後在舉辦類似活動時，能夠爲報名者提供更方便使用的作業系統並提高電腦應用效益。需要特別注意的是，在國外舉行會議時，無論是哪一個地點，只要有電力，就能使用單機版作業系統，網路版作業系統的情況則不同，會場必須要架設好穩定的網際網路連線系統。如果網路設備不穩定、速度緩慢，甚至有連線限制或是費率高得嚇人，那麼在現場透過網際網路連線至線上資料庫，將會是一件麻煩事。因此，請務必將此一課題納入你的會場勘查檢核表中。

與會人員的住宿安排

從20世紀後半期開始，北美地區興起一股會議熱，各式各樣的商業型會議與協會年會蓬勃發展，會議產業也出現一種新產物：會議飯店（convention hotel）。這類飯店於1970和1980年代達到巔峰，房間數大約從六百至一千間不等。附設數萬平方英呎會議廳空間的大型連鎖飯店如雨後春筍般一一設立。

然而，同一時期，亞洲、歐洲及拉丁美洲的主要大城市並沒有興起北美地區這種新建大型會議飯店的風潮。在這些地區新建飯店有諸多限制，而且建築成本高昂，還有許多不確定因素與不得破壞古老歷史文化氛圍的規定。只是不久後，當各組織協會前往海外舉辦會議時，這些國家的政府機構也開始意識到大型會議可能帶來的稅收，各連鎖大型飯店業者才紛紛運用他們的經濟影響力，自行新建或擴建既有設施。

時至今日，在許多較熱門的會議舉辦地點，會議飯店也面臨必須與觀光業者競爭的問題。不過，會議主辦單位卻可以在淡季時，有許多兼具充足空間與尖端科技設備的會場可供選擇辦理活動。

飯店訂房資源

除非參加會議者自行決定自己的住宿問題，否則，會議主辦單位必須幫忙協調參加者的住宿事宜。舉辦大型會議活動可能需要好幾間飯店共同提供住房，通常這類活動的主辦單位會委託當地會議管理機構或是觀光單位代為處理訂房事務。有些代辦機構會收取些微費用，有些則免費服務。然而，委託這類機構代為訂房並不代表會議承辦人員可以免除監督的責任。畢竟，決定實際住房數並調整訂房包區，以避免發生違約情事，是很重要的。此外，準確的抵達時間，也有助於決定不同場地的保證金額度。

不論你是自己直接與飯店客務部門協調訂房問題，抑或是委託專業訂房中心辦理，都不能忽視每位報名者對住房的需求。以下是傳統訂房作業採用的方法：

1. 主辦單位將住房需求納入報名表內。工作人員收到報名表後，彙整住宿資料或影印報名表，以網路線上傳送方式或採郵寄方式寄給飯店業者。同時，為了避免資金溢缺，可寄發分期兌現的支票給飯店業者，以作為訂房保證金，或是利用信用卡方式提供保證。
2. 在報名文件中附加飯店訂房表格。大部分的飯店業者還提供了回郵卡片或是大量印製的訂房表格給會議主辦單位使用，裡頭包含了付訂的資訊。報名者填寫完訂房表格，連同訂房保證金或是信用卡授權資料一起密封寄給飯店。飯店訂房處理人員收到訂房申請後，直接與每位訂房者確認無誤，再將住房周期表寄給會議主辦單位。這份訂房資料應該包含訂房包區、實際住房數、取消時間及其他相關資訊。只是，採用此一方式，報名者通常需要負擔郵資費用。
3. 若委託專業訂房中心處理訂房事宜，那麼會議規劃人員可能需要將住宿飯店的資訊加入報名表內，然後再將報名者提出的住宿需求通知訂房中心，或是使用訂房中心制式的訂房表格，由報名者填寫後連同訂金轉送給訂房中心。然後由訂房中心與飯店訂房人員聯繫，確認訂房無誤後，將住房定期報告（periodic reports）整理回報給活動主辦單位。

另外，主辦單位對每位參加者房間分配的安排，應該於住宿表格內提供清楚的說明。房間位置的安排也許是飯店業者的權限，但是，大多數主辦單位會與飯店業者協調，由他們自己決定如何安排每位房客的房間。

訂房包區的折損

會議產業協議會（Convention Industry Council）所建置之「公認慣例交流」（Accepted Practices Exchange, APEX）平台中的術語彙編（glossary），將「折損」（attrition）這個詞彙定義爲實際入住房間數與簽訂合約內規範的數量或同意方案（formulas）之間的差異數。通常，在確定賠償金（damages）之前，飯店業者能夠允許買方有小小的誤差數。

原本簽訂合約的房間數量，無法百分之百入住的原因，通常是因爲參加者臨時取消報名或是臨時無法出席所致。這類超額訂房的問題，往往是會議主辦單位相當大的預算負擔。針對這一點，飯店業者也鮮少於訂房合約內提供買方保護條款。因此，會議主辦單位通常會在飯店要求確認房數的最後一天，確認參加人數與住宿房數。然而，在與飯店確認房數後，主辦單位就得自行負擔訂房數的成本。因此，爲了避免空房數過多，大多數主辦單位會對較晚才臨時取消報名或屆時未出席而造成房間閒置的報名者，仍收取原已預定住房的房價費用。

網路訂房選擇

由於網際網路的普及化，以及資訊系統的開放式架構，訂房處理作業也愈加便利。愈來愈多各種類型處理複雜元素的應用軟體陸續問世後，會議專業人員也有更多選擇可幫助他們處理合約內的住宿資料清單（contracted room inventories）。

在會議訂房作業的服務規模以及即時連上住宿資料清單方面，其作業方式也不斷在改進。訂房作業所有相關元素，譬如科技化的趨勢，操作簡易的介面、快速、安全、靈活以及維護大量的輸入資料與格式，這些都是住宿管理系統的要項。

然而，要建立一條獨立完整的訂房資料管線，僅僅有方便、容易操作的平台是不夠的，仍然需要有更多使用者願意及接受線上作業系統，毫無疑慮的提供他們的個人資料、信用卡資訊才行。也因此，任何住宿訂房方式，不論線上系統多麼完備，仍然必須提供替代方式，讓房客能透過電話、傳眞或郵件處理等方式來訂房。

會議規劃人員還需注意的是，不是每個人手上都有一台個人數位助理（personal digital assistant, PDA），或是隨時隨地可使用電腦，也不是所有人都能自在無礙地使用新科技帶來的方便性，習慣經常在網路線上進行交易行爲。因此，會議專業人員需要找出一種能夠滿足他們目標市場核心需求的技術解決方案。在這方面，公司企業即有顯著的優勢。他們可以制定公司整體的政策，提供方案資金，在十八個月內展現出正向的投資報酬率（ROI）；反觀協會法人組織的管理，則受限於資金贊助者與會員的回應。

前幾年，有幾家大型網路線上訂房中心進行合併，或將他們的應用系統協定程式提供給線上報名網路公司使用。如此一來，會議專業人員即可以成爲這類整合住宿與會議報名系統的終端使用者，對線上使用者而言，毫無疑問也是一大福音，讓使用者得以更有效率地進行活動報名資料輸入作業，享受省時、省力、一次完成的交易服務。

有趣的是，不管這些線上作業多麼方便，會議住宿的評估準則一如往昔：地點、價格以及住宿場地的品牌認同。簡單來說，如果選擇的飯店無法滿足使用者的需求，那麼有再多便利的高科技技術也枉然。

線上訂房

網路線上旅遊巨擘如Travelocity與Expedia兩家旅遊服務公司正挾帶他們的優勢，意圖跨足會議活動市場。因此，也許有朝一日，會議參加者可以在線上登錄報名作業，並同時進行飯店訂房、班機訂位與機場接送等預約服務，一次完成。Travelocity認爲提供這類整合性套裝服務，可以節省旅客非常多的成本，帶給顧客相當快速又便利的服務。

然而，這麼理想的服務，可能還是得等到國際會議主辦單位眞正利用這些利多服務時才算數。但就如同旅遊行程般，眞正受益者恐怕只有個別的遊客，會議主辦單位的工作人員並未受惠。有一些與會議相關團體息息相關的服務要素，也鮮少出現在類似整合性的套裝商品中。畢竟會議活動主辦單位需要承擔的工作不僅僅只有飯店訂房與交通運輸而已，他們主要的任務仍然是會議活動的核心工作如協調、現場勘查、評估會議場地、分配房間、報名作業及其他包羅萬象的後勤作業等等。過程中有諸多環節需要直接面對面溝通，無法單靠電腦介面來完成。

線上訂房作業對某些活動參加者而言，絕對是一項有用的便利措施；然而，對會議專業人士而言，這項措施並不是能夠大量節省勞力成本的最佳解決方案。

會前準備工作

這個階段的工作，會隨著會議活動規模大小、複雜程度而有所不同。在這個時間點上，主辦單位準備全力以赴投身在此次活動中，除非有不可預期或災難事件發生，否則會議已勢在必行。這段會前時間也是會議工作人員最忙碌之時。活動開始前，會議活動的主管必須決定哪些工作人員要前往活動會場，並且事先替他們安排交通與食宿問題。

報名處理作業

在所有會議活動工作環節中，報名作業的處理效率是非常重要的一環，欠缺效率將影響參加者對會議主辦單位的觀感。試想，若主辦單位將參加者的識別證名字拼錯了，也許只不過是一件很微小的錯誤，但是卻會造成當事人的尷尬；另外，參加者在抵達會場之前，若遲遲未獲得主辦單位的確認通知，或者因爲報名資訊不完整而必須以電話聯絡說明，都會讓與會者對主辦單位留下負面的印象。

當主辦單位收到預先報名者的申請資料後，給予報名者一封即時回覆信函，是一項非常重要的工作。主辦單位可以使用簡單的電子郵件、信箋或是明信片予以回覆確認收件；如果可以的話，連同報名者參加的會議場次一併予以確認回覆；若能再進一步以主辦單位執行長或會議主席名義發出歡迎確認函，更能讓報名者感受到主辦單位執行會議工作的用心。

若主辦單位寄出的會議預告數量比預期參加人數還多的話，在寄給確定報名者的後續信件中必須加入許多會議資訊。這份郵件包裡，也許包括了優惠機票價格、航空公司訂位電話、會場地理資訊、飯店介紹、機場接待的安排、陸上交通工具與費率、以及最新的會議內容和社交活動資訊等等。同時，也可以將報名者已付款的發票隨同確認函寄給報名者，或是提醒報名者尚有尾款或不足額的部分尚未繳清。

採用書面報名表時，報名作業系統應該要設計妥當，以利於報名表內所有的資料可以快速地被記載且方便擷取。有些主辦單位以控制碼（control number）來編排報名表，有些以會員編號排序，有些則是按照姓名來分類。其中，以控制碼排序方式比較容易移轉至電腦作業系統處理，也比較方便記錄報名與付款情形，開立收據或發票，易於維護個人帳號，也利於登錄每位報名者資料的異動、取消乃至後續的退款作業。

報名作業系統最重要的副產品就是能夠產生不同排列組合的參加者名冊（attendance roster），提供活動主辦單位或是報名作業人員使用。只要輸入不同的條件或是設定不同的功能，即可產生不同的資訊。

自動化報名作業系統還有一項優點，就是能從同一套資料庫裡產生眾多不同的報告。其中一項報告是預先報名者名冊，可以預先或是現場複印分發給參加人員。這份資料是讓與會者知道有哪些人參加這場會議，因而促進了參加者之間的互動。因爲最後實際參加會議的人員可能會與先前報名的人數有出入，因此在會議活動期間，習慣上會製作補充資料。

識別證

識別證（badges）之於會議活動，就如同蘇格蘭褶裙之於蘇格蘭人一般。識別證就像是蘇格蘭的方格花紋獨特的圖案一樣，能夠讓某個團體有歸屬感。除了辨別參加者的身分、所屬單位、國籍之外，識別證也具有歡迎及自我介紹的功能，尤其當你看到一張熟悉的臉孔，卻突然忘記對方姓名時，這時候，識別證立即發揮它的功能，可以避免雙方彼此尷尬和不知所措的窘境發生。製作彩色識別證，並且在入口處由訓練有素的工作人員監督，可作爲某些場地或場次出入管制的好方法。

識別證的製作也會反映出會議活動辦理的品質。會議主題以彩色印刷呈現，識別證上的姓名用粗體字清楚地印刷或用電腦印製，裝在持久耐用的證件套裡，應該會比用黏貼式的標籤、簽字筆書寫的字體所製作出來的識別證更讓人留下好印象。除非，你請專業又有名望的書法大師書寫每張識別證上的文字，那麼它的價值便會顯得不同。

除了參加者的姓名、頭銜、任職單位、住處以外，識別證通常會用較大的粗體字顯示名字或暱稱，尤其北美地區的人士與澳洲人有此習慣。不過，儘管許多人不習慣以此親切的方式當做識別證稱呼，最近仍有愈來愈多英國人與一些歐洲人也逐漸改採此種作法。至於多數的歐洲人、拉丁美洲地區、中東地區及亞洲等地，這樣的作法可能不太適當。

識別證套以咬合夾式（clutch-back）爲宜，盡量不要使用別在衣服上會晃來晃去的別針式（pin-back）。尤其是女性參加者，最不喜歡別針式識別證，多數喜歡猶如項鍊般的繩掛式（lanyard）。至於格式方面，採用垂直狀或是水平狀皆有。

目前有許多電腦軟體可以設計有特色又吸引人的識別證，使用者可以自行利用噴墨印表機或雷射印表機印製。也有許多識別證製造商如PC Nametag可提供這方面服務，只收取些微的印製費用。另外，爲了區別工作人員、經理人、新聞媒體與其他人，以往多使用彩色緞帶予以區別，現在逐漸改由彩色的證件套來做識別。

隨著會議產業科技的快速發展，現今識別證的功能已經超越往日僅作爲身分識別的功能。由於微晶片、條碼、紅外線及無線通訊等科技技術的日益精進，新一代的產品「智慧識別證」（smart badges）已經成熟發展成對外溝通的裝置，其應用範圍依主辦單位的需求與預算而定。這些令人驚奇的科技產物，將在第十五章再予敘述。

會場協調勘察

在海外地區舉辦會議的工作不僅僅只有飯店訂房與旅遊服務，還包括許多需要面對面的溝通，例如，協調工作、會場實地勘察、評估會議場地空間、分配房間以及其他包羅萬象的後勤作業。這些工作，大部分都無法經由電腦介面來完成。

也由於在海外執行業務相當複雜，即使有電子郵件與快速取得資訊的管道，還是有愈來愈多人決定實地勘察會場。與當地的PCO或會場經理（destination manager）簽訂服務契約，並不代表你可以省略親臨現場視察的步驟。至於視察次數，則端視會議特性與現場可獲得的資源而定。

在實地勘察時，你需要處理並決定的細節如下：

1. 面試及雇用報名作業人員、安全警衛人員、會議助理人員及志願服務人員。
2. 如果先前未曾在當地開設銀行帳戶，那麼此次就在當地的商業銀行新設帳戶，並存入一些準備金。
3. 與視聽設備供應商以及其他科技設備服務商簽訂合作契約。
4. 確認網際網路服務的成本及效能。
5. 面試翻譯人員，與之簽訂雇用契約。一般可透過語言服務公司辦理。
6. 安排會議相關資料的印製工作，例如節目表、招牌、入場券與相關美編等等。
7. 調查及採購禮品、房間內的小禮物以及其他會議用品，包括電子整流器與至少一個相關的貨幣匯率換算器。
8. 面試及雇用一名展覽服務承包商，如果有合適者，即簽定合作契約，並安排貨運服務作業。
9. 與DMC確認接機方式、陸上交通工具、特別活動，以及會前與會後的旅遊活動。你也可以提出機場至飯店之間或是飯店至會場之間接駁服務的要求，並確認旅程時間及狀況。
10. 安排一趟走遍所有會議廳的視察之旅，確認這些設施是否適合活動內容，檢查音響效果，室內陳設、地毯、燈光及其他設備的佈置情形。
11. 與會場的工作人員會面，再次確認主帳戶（master account）的相關手續、活動訂單（event orders）、賓客實際住房數、房間分配情況、會客室、安全計畫、會議場地佈置情形、貨物的庫存、現場通訊狀況、餐飲服務等等。確認日期、時間，並明確指示工作人員出席會前小組會議。
12. 安排會後服務，會後活動及相關的作業程序。

13. 從準備階段到執行階段，在勘查期間，預先獲得的資訊、印象與心得，以及在這段時間所建立的人脈，都將對會議主辦單位及會議本身創造出極大的效益。

餐飲服務

許多國家，尤其是歐洲、拉丁美洲及中東地區，興建飯店只是爲了滿足當地居民與外來觀光遊客的需求。在這些地區，飯店的用途最主要就是作爲社交活動的場所，例如舉辦婚禮、接待會、晚宴及其他慶祝活動等等。會議廳也多半設計成用餐的環境，提供餐飲服務。這些國家境內的飯店，也頗爲自豪他們的會議廳有華麗裝飾的枝型吊燈、燭臺壁飾、大面的落地鏡與雕樑畫棟（視聽設備技術人員最頭痛的裝飾）。

彼得．黑依指出，上述類型的空間並不適宜作爲會議目的之使用（meeting-friendly），而比較適合舉辦宴會（banquet-driven）；相較於北美地區的空間特性，則多以房間導向（rooms-driven）爲主。「這點讓整軍備戰的美國會議規劃人員感覺歐洲飯店皆沉醉在美食文化中。」黑依說：「品質優，服務好，每個人都可以忘掉北美午餐時間一小時的規定（也忘掉速食餐吧！）。在蔚藍海岸（Cote D'Azur）邊，典型的二小時會議午餐，從開胃菜、魚或肉類主菜，到沙拉、甜點，最後還提供咖啡。」

除了美國以外，多數地區的飲食文化中，用餐時間不僅僅是從自助餐檯上快速夾了一些食物然後坐回自己的位置用餐而已。這個世界的多數地區，用餐時間是享受食物、放鬆心情、慵懶地與同桌共餐的夥伴交換幽默輕鬆話題的時刻——而不是商討公事的時間。若提到那些經常在國內會議中所安排的午餐會報（working lunch），你可能會發現在某些國家民族的人眼中透露出不悅的神情，多數國家的國民甚至會露出鄙夷的神色。爲清楚說明，讓我們就以午餐爲例來看看歐洲各地眾多不同文化中的某些例子吧！

奧地利人不介意在會議活動中享用一份輕食午餐（light lunch）。在薩爾茲堡舉辦的活動中，一套典型的午餐包括湯、沙拉、魚或肉類主菜、咖啡及甜點；但是，這幾道菜中若缺乏傳說中的奧地利特有甜點，像是遠近馳名

妥善規劃餐飲內容、用餐時間及不同文化的用餐習慣是活動規劃的重要環節。

的薩爾茲堡奶油布丁派（Salzburger nockerln），那這份餐點就不能算是完整的薩爾茲堡風味餐。奧地利人的近親──德國人對飲食的要求沒有像奧地利人那麼高，德國人只需要一份三道菜餚的餐點或是一份有甜點與水果的簡單自助餐即可飽餐一頓。當然，如果是在巴伐利亞舉辦活動，那麼菜單上絕對看得到啤酒這種飲料。

相較於中歐地區人的飲食文化，南歐義大利人則會期望享用一份豐盛、多道菜餚的午餐，從餐前酒、湯、千層麵、肉、沙拉到甜點，應有盡有。西班牙人及葡萄牙人的午餐，酒也是必備品；英國人對商業午餐就沒這麼排斥，有可能是因爲他們與美國人太常接觸而習慣美式速食商業午餐。通常三道菜餚式的午餐還頗爲眾人接受，自助式的取食方式也逐漸成爲主流。事實上，在英國舉辦的會議，有時候只供應自助式餐點，還讓人們站著用餐。其實典型的英國午餐，就像是雞尾酒會一樣，只是沒有提供雞尾酒罷了。

麗莎·格里馬爾迪（Lisa Grimaldi）在《會議與年會》（*Meetings & Conventions*）雜誌上發表一篇文章，內容是敘述世界各地文化的差異性。以下所引用的內容摘自北極星旅遊出版公司（Northstar Travel Media, LLC）的出版物，並由《會議與年會》雜誌授權轉載。

在亞洲地區，你洽詢飯店內的餐飲服務時，通常不是會議服務方面的經理人出來洽談，而是專門處理團體業務，可能會講英語的經理人。大部分的亞洲主廚不會講英語，因此，若你需要與主廚溝通，雇用口譯人員是有必要的。在東方國家，多數常舉辦會議或獎勵旅遊的飯店，會配置兩種廚房：亞洲式與西式，分別由兩位不同的大廚掌管。在提供亞洲飲食的廚房內，會看到工業級的大型炒菜鍋與養著活魚的魚缸。儘管如此，多數西方人還是傾向使用西式餐點，美國會議規劃人員幾乎都與西式餐點的主廚和廚房工作人員合作。餐點多以個人套餐為計價單位，事先支付活動用餐人數的30%-50%的費用作為保證金。在中國舉辦活動時，除非主辦單位提出要求，否則飯店幾乎都提供中式圓桌式的餐點——通常是十人一桌，沒有分配給個人的食物，除非是非常正式的場合，會有服務生協助分配桌上的食物給每位用餐者。會議規劃人員必須要確認他們的餐食是採用亞洲式或是西式服務，畢竟這兩種型式，從餐具的使用、桌子的擺設乃至服務的方式均明顯大不相同。

在拉丁美洲，規劃人員需要把關的是水、冰塊與當地農產品的衛生安全問題。當規劃人員選擇會場地點時，須確認該會場是否裝設濾水設備，以及濾水器是否能夠殺菌和消除影響身體健康的殺蟲劑。

當你預訂餐廳時，企劃人員通常接洽的是團體與會議服務銷售經理，而非承辦宴會的經理。因此，你要記住，預付金或只支付部分保證金並非必要。

對於忙到焦頭爛額的會議專業人員而言，要在不同的文化差異中，同時考量到充足的活動時間，有時甚至還規劃了展覽會時間，並取得平衡點，可以想像不是一件容易執行的差事。也許你可以在會前的現場勘察時，先請教宴會經理與行政主廚，不失爲避免問題發生的最佳方法。此外，你也可以向他們詢問是否有創意料理選擇，例如自助式午餐，比較不費時，同時，請記住，不要爲參加人員安排太多的節目。

另外還有一點也很重要，尤其是參加會議者來自不同文化背景時，你得特別注意有沒有人有飲食方面的禁忌，例如因爲健康因素或是宗教因素的飲食禁忌。

前面幾章，我們曾經建議讀者須具備度量衡換算的基本概念。當你訂購飲料時，你必須了解飲料的度量單位是公升或是毫升；規定水果及點心類食品進貨時要以公斤爲單位，每份餐點則是以公克計。你應該還不至於需要規定食物的溫度或是餐廳內的氣壓度數，那麼，你就不用花太多心思在溫度攝氏、華氏或其他標準之間的轉換問題上。

會議主辦單位爲了降低會議本質的嚴肅性，總是會設計一些餘興節目。在亞洲、拉丁美洲及歐洲地區，各種主題宴會相當多，而最受歡迎且能爲眾人接受的活動莫過於當地的文化民俗表演。因爲這些地區的勞工成本較低廉，表演費用通常不會很昂貴。在埃及的夏姆席克（Sharm el Sheik）舉行的一場管理專業研討會上，與會人員前往餐廳用晚餐時，驚訝地發現宴會廳變成了法老王陵寢的場景，他們走進一處市集中，駱駝、綿羊和山羊穿梭在穿著戲服的工作人員中間，服務生隨時遞送飲料及小點心給賓客。男性服務生穿著貝多因人（Bedouin）游牧民族的傳統服裝，女性服務生則穿戴回教婦女的服飾，四處遞送廚房供應的各種異國小點。

水能載舟亦能覆舟。會場當地風味餐與當地民俗表演也有可能會是整場餐飲、娛樂活動的敗筆。因此，在你勘察場地時，這個部分也是你必須列入檢覈並確認的項目之一，以避免日後發生問題。民俗文化表演通常有幾個組成要素，雖然具有眞實感，但其中有些環節可能會觸犯到非當地人的禁忌。例如，傳統的墨西哥民俗表演匯集墨西哥境內各地區的舞蹈舞步，以他們國內街頭音樂爲背景配樂，舞台上可能有一位墨西哥牛仔坐在馬背上玩套索把戲，旁邊有二隻爲了逗眾人笑的鬥雞，不時互戳對方或是拍著翅膀四處飛舞。眞實的鬥雞場內，雄鬥雞腿上多半有裝設銳利的刺刀，在短時間內其中一隻就會將另一隻鬥死。當然這樣的場景幾乎不可能出現在舞台表演秀上，但是，鬥雞的殘忍觀感，仍舊會轉移到類似的鬥雞歌舞秀中，儘管舞台秀沒有眞的血腥場面發生，仍足以引起許多北美觀眾心生不悅。而沒有什麼比原本興高采烈參加活動的心情，被突如其來令人不悅的畫面潑了一盆冷水更令人掃興的，除非現場有人激動到突然痛哭失聲，或者宣稱表演活動透露出的悲慘景象令人覺得極度作嘔，否則進行中的演出也很難臨時中止。

碰到上述這種問題，具有高度文化敏感度且充分了解參與者屬性的會議專家就會避免讓這種情形發生。以圓滑的外交手段要求當地供應商或主辦單位縮短節目時間，或者移除任何可能會被某些人誤解以及干擾他人的活動。

最後，如果你辦理的會議還包含展覽會，那麼，展覽會的協調與規劃作業也將是會議活動計畫內相當重要的環節。這個部分將在第十一章再詳細說明之。

重點回顧

- ▶ 即使可運用高科技的電腦作業系統簡化報名作業，但報名作業仍然是一件複雜的工作。主辦單位必須有正確的報名人數，確保報名作業順暢無誤。
- ▶ 擬定一張檢核表，確認報名表格欄位清楚、容易閱讀，以確保後續作業程序有效率地進行。
- ▶ 報名管理軟體可提供參加者線上報名，並讓報名處理作業人員可以快速、有效率地取得報名者相關資訊。
- ▶ 協調訂房作業方面，有許多資源可以利用，包括與飯店管理部門接洽，或是委託當地會議局處理。
- ▶ 運用網際網路處理訂房資料可以節省許多時間，但是，不是每個人都習慣使用這項技術，因此，還是必須提供替代選擇。
- ▶ 用心製作高品質的識別證。識別證能讓所有參展者、與會者及安全人員一眼就看到有用的資訊，其品質優劣反映了會議活動的質感。
- ▶ 千萬不可完全依賴網際網路或是PCO，會議主辦單位仍有責任與義務勘察每個活動場地，或是親自視察每間飯店並洽談相關事宜。
- ▶ 妥善規劃餐飲內容，尤其需要特別考慮會場當地用餐時間，以及不同文化背景與會人員的用餐習慣。
- ▶ 主題宴會可以爲會議增添文化內涵或異國風情，但是要注意娛樂活動有無可能會被誤解或侮辱了某種文化。

輔助素材

延伸閱讀書目

The Convention Industry Council Manual, 7th ed., Convention Industry Council, McLean, VA, 2004.

Professional Meeting Management, 4th ed., Professional Convention Management Association, Chicago, 2002.

Shock, Patti J., and John M. Stefanelli, *Hotel Catering, A Handbook for Sales and Operations,* John Wiley & Sons, New York, 1992.

Wigger, Eugene, *Themes, Dreams, and Schemes: Banquet Menu Ideas, Concepts, and Thematic Experiences,* John Wiley & Sons, New York, 1997.

網路

Convention Industry Council: www.convention-industry.org.

第十一章
在國外舉辦展覽會

展覽會是社會進步的節拍器。它們記錄著世界的進展。

— 前美國總統威廉・麥金利（William McKinley）

內容綱要

我們將在本章探討：

- 全球展覽會
- 如何找出合格的服務廠商和展覽會總承包商
- 國內展覽會與國際展覽會的異同處
- 海外展覽的準則
- 延長前置時間的重要性
- 以多種語言將訊息傳達給許多來自不同國家的目標群眾
- 協調海關和報關行
- 預先準備稅款和其他費用
- 現場活動與服務
- 以高科技電子辨識系統記錄出席者資料

隨著全世界的會議急速成長，展覽會也隨之增加，各國也已從區域經濟的集合體逐漸發展成世界市場。展覽會和貿易展的前身是古老的市集，當買家與製造商認可它們在全球各地做生意的重要性時，它們也就愈形重要。

在此產業中，若組織已跨出熟悉的本國市場，將他們的產品和服務擴展到全球市場，其動力將產生漣漪效應。博覽會和貿易展原本只是在國內市場各城市間移動，如今橫跨各大洲，躍進成爲國際商務。無論各大洲之間的距離有多遙遠，買賣雙方都認爲這類活動符合成本與時間效益。一些較大規模的展覽會可吸引全世界的參展商，參觀者數以萬計，如坎頓半年展（semiannual Canton Fair）、柏林貿易展（Berlin Trade Fair）和巴黎航空展（Paris Air Show）等。許多活動的門票在幾年前就已售罄，而且需要及早籌劃。

爲了滿足日益增加的需求，會議城市（convention cities）加緊腳步興建會議與展覽中心。宏偉的香港會議與展覽中心、台北國際會議中心、位於東京郊區的日本會議中心，以及最新、也是亞洲最大的會議中心——新加坡的

國際會議經常結合大型展覽，以吸引更多與會者參加。

新達（Suntec）會議與展覽中心，幾乎每天都舉辦全球性活動。德國的漢堡會議中心（Congress Centrum Hamburg）、荷蘭阿姆斯特丹的RAI會議中心（RAI Congress Centre）、柏林國際會議中心（ICC Berlin）和尼斯的雅典衛城會議中心（NICE Acropolis Centre）都是歐洲最大型的會議中心。世界各地還有其他綜合場地（complexes）可爲各種規模的會議和展覽會提供具尖端科技的設施和專業服務。

會議和展覽會

由於協會團體須遠赴海外參加會議，企業也將會展視爲與世界各地員工和顧客互動的策略性需求，因而有愈來愈多會議與展覽會聯合舉辦，使得會議舉辦頻率和出席率大幅增加。在舉辦場地有分公司或對等單位的機關團體會發現在國外舉辦展覽會相關的問題比較少。然而，任何有意主辦或參加國外展覽的團體，最好先對參加效益、類似活動和服務進行徹底分析。

尋找合格的助手

無論是在哪一個展覽會，稱職的展覽承包商所提供的服務將是活動成功與否的關鍵。這些服務對國內會展而言是很重要的，但是對國際展覽會而言亦不可或缺。國際展覽會承包商，例如由Cahners Expo Group承辦並提供服務的展覽會遍及亞洲、歐洲和美洲。這些跨國公司爲國外展覽會提供的服務比其國內類似活動更爲寬廣，除了基本的場地布置和貨運之外，還提供全面的管理。他們的服務可能包括行銷協助、口譯、筆譯、海關協助以及外幣交易等。外幣交易這項服務特別有用，因爲服務費用通常是以當地貨幣付款。大多數展覽會承包商還可充當財務代理機構，收款並將收入存到銀行，付款、繳稅，並且負責所有金融交易。

相似卻不盡相同

雖然主要的會議中心都能滿足國際會展的需求，但是考慮在國外舉辦展覽會的主辦單位必須了解國內外展覽會的異同處。不曾在當地舉辦活動的展覽會經理人應該向有經驗的同業諮詢。首先就是先徹底研究國外展覽會場地，特別要注意勞工法、當地海關以及攤位設計、建造與營運的相關法規。

有幾個典型的相異處：北美洲所偏好的管線和簾幔展覽型式（pipe-and-drape shows）在全球其他地區並不常見；他們通常喜歡硬面和標準尺寸的攤位。在美國普遍可見的飯店迎賓套房（hotel hospitality suites）在其他地方也很少見。大部分娛樂活動都規劃在展覽會館內，所以必要的特別會議區要合併在攤位設計中或規劃在鄰近區域。事先必須檢查水電供應是否正常。有些城市不允許將管線設置於地毯下，遇到這種情況，不論攤位是在國內先搭建好才運送過來，或是當場建置，都必須搭配攤位設計架設平台。

一般習慣當場搭建展覽會場，特別是在規劃時間充裕的情況下（有些規劃時間可長達數個月）。歐洲展覽會館平面圖看起來比較像營建商的店面，標示了桌鋸、壓力鑽孔機、鋸木屑，甚至氣壓式噴漆器——建造會場的

一切必需品應用盡有。有時因爲攤位的需求量大，不得不將大廳縮小，甚至將展覽會場調整爲多樓層設計。挑高地板也很常見，如此一來，電纜線路可以從底部經過。國外的攤位不只是展示商品或圖片的地方，通常還包含會議座位、加大的庫存空間以及茶點。現場支援服務主要的資源不是展覽會承包商，而是展覽會館承包商／營建商。

參加歐洲和其他國外會展的參展商還會發現攤位分類方式不同。北美會展的攤位隨機分配在展覽會館各處，歐洲則傾向於依照產品或服務的相似度歸類。因此，舉例來說，在旅遊展時，可能會發現飯店、航空公司、行李、租車等等分屬不同群組。此外，攤位外觀也不相同。不同於一般常見的長方形或正方形（參見圖11-1）。包括深度較深的攤位正面的寬度較窄，深度較淺的攤位正面的寬度較長等型式。根據空間配置，一個十二平方公尺的攤位可能有六公尺寬，卻只有二公尺深。甚至也有可能是L形，因爲剛好在通道交叉處。

在國外舉辦展覽會的準則

考慮到這些相異處和境外作業的複雜度，展覽會主辦單位和參展商也意識到另有一套不同的適用規則。以下是一些實用的建議：

1. 拉長前置時間，二年都還算合理範圍。
2. 增加宣傳預算，因爲翻譯和多國語言版本印刷使成本提高，郵資也隨之增加。
3. 容許更長的郵寄與回覆時間。
4. 調查在國外翻譯和印刷的可行性。
5. 執行預算必須比國內會展增加100%-200%，並且需要在預算表上增列意外狀況項目。
6. 向會議局確認同質性的活動、當地的節日以及其他可能干擾的因素。
7. 制定條款，包括收款、付款、整理稅務以及繳納當地稅款等。
8. 選擇具有海外貨運經驗的貨物運輸業者。

9. 確定在法律上如何區分需要轉運的展覽資料和廣告宣傳資料以及留在當地的紀念品，並且須知適用哪些稅賦？獎金和獎品是否要被課稅？
10. 請報關行針對攤位設備、視聽與辦公設備提出建議。是否需要保稅（保證金）或無關稅國際通行證？
11. 如果有帶表演者同行，應事先詢問有關豁免申請或工作許可之事宜，並且衡量是否在當地聘僱比較好？必須遵守哪些工會規定？
12. 大多數歐洲國家和部分亞洲國家在購物、交通運輸、餐飲與服務等各方面會課徵加值稅（請參見第五章）。先確認會被課徵多少百分比的加值稅，其中多少可以退稅？

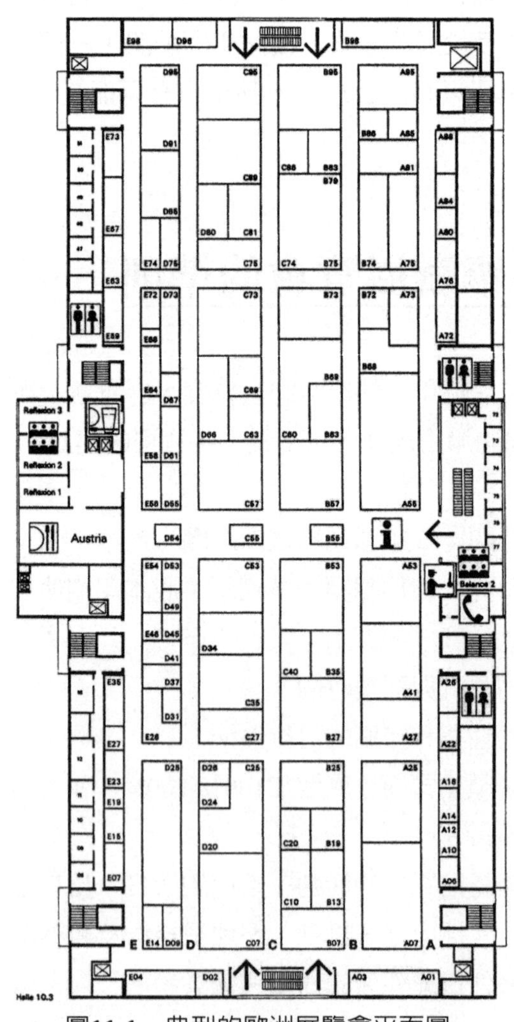

圖11-1　典型的歐洲展覽會平面圖

規劃考量

選定地點之後，某些決策必須根據活動本質制定。如果是封閉型展覽會，只限報名參加會議的人士參加，程序就會比較簡單。如果是開放給一般大眾的會展，與年會或專業研討會一起舉辦，規劃步驟就比較複雜。有一些考慮因素列舉如下：

1. 協調展覽時間與會議時程表，這一點常是衝突來源。參展商需要主辦單位確保有充裕的時間和一定的參觀人數讓他們的花費值得。然而，議程委員會當然不願意交出會議時程表。會議專家了解展覽會與簡報（presentations）和研習會（workshops）一樣，是具有教育意義的，通常會從中斡旋，達成雙方可接受的平衡點。
2. 會議和展覽會是否在同一地點或在鄰近地區舉辦？如果不是，可接受多長的接駁時間？需要接駁車嗎？成本多高？回程時間多久？
3. 展覽館可以容納所有預期參展商的攤位嗎？是否需要第二展覽館？計算所需總空間的安全標準是將攤位所需的淨平方公尺加總再乘兩倍。
4. 如果使用到第二展覽館，必須搭配哪種交通形態才能確保平衡和適當流量？不能在主展覽館設置攤位的參展商是否可減少攤位租金？
5. 確認主辦國對於會議出席者和那些從事商務工作的人士，包括參展商在內，是否會加以區別，他們是否需要辦理商務簽證？
6. 你要如何開發可能來展覽會參展的潛在客戶名單（參見表11-1）？你又該如何執行封閉型展覽會的銷售層面？

表11-1　展覽會潛在客戶名單

1. 過去曾參加過你所舉辦的展覽會或相關產業展覽會的參展商
2. 你的企業聯盟／你的產業供應商會員（協會聯盟會員）
3. 你的會員或參展商諮詢委員會會員建議的組織
4. 收到你的郵寄廣告後，對此感興趣並有正面回應的公司
5. 在產業出版刊物上刊登廣告的公司
6. 你的供貨廠商

展覽會企劃書

當展覽會的空間、時間、費率等等細節皆確定時，就會請參展商簽訂攤位空間的合約。主辦單位會郵寄一系列資料以推廣展覽會，包括展覽會企劃書（exhibit prospectus），並在最後將完整資料套件寄送給有興趣的參展商。接下來是執行合約內容，並在初期宣傳活動幾個月之後分配展場空間。參展商的企劃書和套件包含的項目大致列舉如下：

1. 日期、地點和會展性質等資訊；預估出席率和市場人口統計資料。
2. 如果主辦單位提出限制條件，參展商須具備的資格條件爲何？
3. 涵蓋公共報導、廣告期程，以及增進參與率之措施的行銷計畫。
4. 列出展覽時間和標示攤位尺寸的平面圖，攤位編號、水電使用、障礙物和其他變數。
5. 可使用的水電、地板載重、天花板高度、門的尺寸、貨運電梯、碼頭港口，以及條板箱搬運、倉儲和退貨等資訊。
6. 貨運和送貨資訊，包括貨物運送公司的名稱、事先印製的標籤，並分配貨運編號（PRO numbers）給參展商。
7. 載明攤位空間費用、保證金、折扣、付款時間表、可以取消合約及退款的條件。
8. 展覽服務承包商提供關於人力、招牌、攤位裝潢、租金、清潔和布置服務等的資訊、價目表和訂單表格。
9. 安裝、搭建和清除的時間。大多數合約會規定可以開始清除的日期和時間。
10. 參展商工作人員和出席者的註冊程序。
11. 場地本身的限制規定、市政當局管理特別合約、工會規則以及安全法規，例如攤位建材和展示物件禁止使用有毒或易燃材料。
12. 展覽攤位的詳細說明，項目包括由會議主辦單位提供的地毯、簾幔以及燈光照明等。
13. 招牌限制、現場示範和／或表演的擴音限制等規定。

大型的國際展覽會可以吸引來自全球各地的參展者，但籌備時間也較長。

14. 參展商與民眾在會場出入口的維安程序、識別證的控管和包裹拆卸規定等。
15. 保險項目範圍，包括債務限制、保證金規定和拒保條件，以及給參展商填寫的表格——這些資料將登錄在展覽會的廠商名錄中。另外，還包括廠商名錄的廣告費率。
16. 特別服務的資訊和訂單表格，例如呼叫器和電話、攝影、電腦、錄影和視聽器材租用、花卉和植栽以及臨時支援，例如現場示範人員和模特兒。

貨運和海關

國際貨運受到各種管制，包括多重進口程序、複雜的文件，有些產品還需要特別許可。展覽會器材轉運最常使用的文件就是商業傳票（commercial invoice）。商業傳票包括運送項目清單及其內容描述、價值（value），如果有序號也必須載明。價值是開立臨時的進口保稅字據（temporary import bond）所需，稱之爲無關稅國際通行證（carnet），用以確保該項器材在活動結束時再運送出境。

因爲如此複雜，建議舉辦國外展覽會時，無論如何要聘請一家聲譽良好的報關行服務，報關行會協助準備文件，告知包裝方式和貨運限制，而且通常會協助確認所有貨運可及時到達展覽會場。

如同前文指出，在大多數國家，攤位都是在現場搭建。如此一來，可以節省部分貨運空間和成本。然而，節省下來的費用會被現場增加的時間、人力和材料成本所抵銷。

預先考慮現場狀況

參與這類活動的參展商爲了避免出狀況，通常會預做準備。他們發現最好在會展開幕前三、四天先抵達現場，如此方可確認貨物是否如期送達，狀況是否良好，並且可以監督卸貨開箱。他們強調必須與展覽會管理機構商議，檢視訂購的設備和服務，並監督攤位建造的進度和正確與否。如果已經聘請口譯人員，則讓參展商先與他們面談，以確定他們了解該組織的背景、產品、服務和政策等進一步的資訊。同時這也是逛會場的好時機，可以看看其他參展商提供的產品，與朋友和同事交流，並尋找潛在的結盟對象。

美國人參展或出席國外展覽會時，通常會對這些展覽會與國內相異之處感到訝異。首先，展覽時間通常比較長。會展期間持續五、六天，每天展覽時間八小時以上並不罕見。參展商需要增加人手，他們的工作人員才能稍有喘息。編列預算時，這點必須加以考量。

在歐洲和亞洲，參展商工作人員的衣著通常比較正式。除非參展商的商品是休閒勝地、運動服飾或是休閒活動，否則很少看見工作人員穿著便裝。符合潮流的穿法是，男士穿著襯衫、長褲，打領帶，女士則是短衫、裙子和領巾，另外，也要搭配適合的鞋子。運動夾克也頗常見，高階主管則比較適合商業套裝。模特兒則例外。在歐洲和拉丁美洲大部分的地區，女模特兒的服裝和她們在拉斯維加斯穿的差不多。

因爲國外展覽會多元文化的性質，因此格外注重語言的要求。展覽會的大會手冊和指示標誌都必須以三、四種語言印製。除了多國語言服務，也要請保全人員配戴旗狀胸針（flag pins），以示他們的語言程度。公告通常會以二、三種語言宣布，展覽會館也會派遣多國語言電話接線生擔任總機人員。

國外展覽會的保全比美國展覽會要求更高。有審查設備的檢查站很普遍，有些國家除了內部保全人員之外，還有輪班的警察或武裝部隊到場。大多數集會場所在展覽期間也會有緊急醫療人員值班。這些服務的費用可能會加計在展覽費或另列項目計算。

高科技穿戴上身

智慧卡（Smart Cards）快速取代傳統識別證，運用條碼或更先進技術嵌入晶片，以儲存與會者的各種重要資料。智慧識別證可以包含人口統計資料、購買興趣、聯絡資料以及公司或產品資訊。以現場讀卡機讀取智慧識別證之後，卡片裡的資料就會透過電子郵件或網頁自動傳送。感謝函或產品資訊也可以用電子化方式傳送給出席者。

智慧卡技術也可以用來維持高水準的保全工作。全像式影像和嵌入式晶片可以儲存許多資料，當發射無線電訊號時，可追蹤個人行蹤或將資料傳送到PDA和手提電腦。

2003年問世的新產品nTag兼具身分識別裝置和通訊媒介的功能。藉由使用紅外線技術和液晶螢幕，與傳統識別證尺寸相同的nTag就可以記錄、顯示並傳輸配戴者的資料。如同智慧卡一般，nTag可以接收會展主辦單位的資料、活動變更、活動訊息等等。還可以顯示配戴者所發送的資料。nTag內建無線電，使其可以作爲會議講習的通報器或反饋裝置。

有些組織將年度展覽會當成會議的一部分，根據過去的紀錄來預估展覽銷售額，並期望活動擴大時，銷售額可以隨之增加。初次舉辦活動的主辦單位就沒這麼方便，他們必須根據產業特性和潛在參展商對展覽會行銷價值的認同來預測參與狀況。這種情況之下，若攤位銷售不如預期，就應該取消計畫。例外情況是，如果展覽會的教育價值對於會議有加分效果，則可以忽略經濟上的損益。會展經理人知道行李超重的成本很高，會爲參訪者提供貨運印刷品包裹回鄉的服務，而這項服務通常是由出口參展商贊助提供。

展覽會可以成爲任何會議有價值的附屬物，不論是由會議主辦單位籌辦或是鄰近區域之活動的附屬活動（satellite event）。因爲出席者將展覽會視爲擴大他們全球經驗的附加效益，而彌補了額外增加的時間與金錢成本。

重點回顧

- 展覽會由城鎮常見的古老市集發展而來。這類活動已經變得非常龐大，許多甚至是國際規模。會議附帶展覽會或是二者聯合舉辦的次數成長相當快。
- 在其他國家舉辦展覽會有其獨一無二的特色，和國內會展也大不相同。因此，比較明智的作法是向合格的資源尋求協助與建議。
- 因爲距離和複雜度，前置時間和預算必須增加。最好是聘請報關行負責貨運並告知稅賦及法律相關事宜。
- 如果展覽會和會議一起舉辦，在展覽時間和會議時程表之間取得平衡是非常重要的。應該對與會者和參展商説明清楚以避免衝突。相關資料應連同展覽作業細項列在企劃書裡發給參展商。
- 在展覽會場，建議參展者提早抵達展覽場地，以監督許多與建造和作業相關的後勤細節。可想而知，會展日數、每日展覽時間、衣著和語言等，都會跟自己國家的情況大不相同。
- 今日展覽會的特色就是運用前所未有的高科技。其中一項發展稱之爲智慧識別證，可以進行雙向資料交換，並讓參展商可與參觀者互通信息。

輔助素材

延伸閱讀書目

Convention Industry Manual, 7th ed., Convention Industry Council, McLean, VA, 2004.

Morrow, S. L. (1997) *The Art of the Show: An Introduction to the Study of Exposition Management,* IAEM Foundation, Dallas, 2002.

網路

International Association for Exhibition Management: www.iaem.org.

Trade Show Exhibitors Association: www.tsae.org.

U.S. Department of Commerce Country Desks: www.commerce.gov.

第十二章
會議現場工作

從事飯店業最令人感到興奮的時刻，莫過於當宏偉的會議廳大門緩緩開啓，一場別開生面的活動展現在眼前，會場內布置的風格、燈光、主題道具、背景音樂、音響效果、室內溫度、餐桌擺設與場地布置等等所創造出的氛圍，讓賓客留下既深刻又美好的印象，久久不能忘懷。

— 帕迪．夏克（Patti Shock）

內容綱要

我們將在本章探討：

- 如何與集會、年會和展覽會的支援人員合作
- 組織與協調會前的各項準備工作
- 協調前置作業與每日的例行工作，例如飯店接待作業、現場登記報名作業與資訊中心等
- 統籌與指導工作小組會議的訣竅
- 協調與執行活動後勤作業
- 設立媒體中心，並開始執行任務
- 在不影響正式議程的情況下，安排同行賓客的活動
- 入場券、識別證以及其他入場許可證件的製作
- 演講人、工作人員及與會人員的住宿問題
- 預先防範、減少及解決現場可能會發生的問題
- 安排會議廳內的布置
- 志工人員帶領與會者前往各場次的會議廳或會場的任務
- 協助演講人準備演講工作：準備室，向演講人做簡報，預演
- 監督與管理飯店的收支帳目
- 會後活動與會後工作

近三十年來，會議飯店與會議中心快速崛起，自北美洲地區開始延燒，蔓延至歐洲、拉丁美洲與亞太地區，不僅在諸多大型會議中心之所在城市如倫敦、香港、羅馬、里約熱內盧、新加坡及雪梨舉辦，許多新興地區也是一片欣欣向榮。在過去，四千平方公尺大的會議活動空間，就會議設施空間規劃而言，已足夠興建會議飯店；然而，現在二、三倍以上的會議空間，早就不足爲奇了。

因此，就會議產業供應服務鏈的從業人士而言，迎頭趕上這些特定目的會議設施的興建風潮，已成爲訓練有素、有才幹的支援人員和經理人新的重

點工作。因此，當你在慕尼黑或墨西哥市看到有人遞出一張名片，上面印著「會議與宴席服務經理」（Director of Convention Services and Catering）的字樣時，請不要大驚小怪！

與支援服務人員合作

在歐洲、北美洲、拉丁美洲及亞洲部分地區，會議產業已針對會議活動各項相當重要的課題，發展出一套明確的作業模式與專業技術，以利圓滿地完成會議活動。這些專業執行人員多由飯店或會議中心雇用，有人稱爲會議經理（conference manager），有人稱呼會議協調者（convention coordinator），大多數人則以會議服務經理（convention services manager, CSM）稱之。這些訓練有素的會議專業人員，能夠讓你剛到一間陌生的飯店時，因與他們的互動而有賓至如歸的感覺。爲了方便說明，不管這類專業人員的實際頭銜爲何，以下本文都將以會議服務經理稱之。

事實上，即使在已開發國家，這些經過訓練且具備會議服務技術的專業人員仍然少之又少。與北美地區比較起來，其他國家境內的飯店，也鮮少雇用會議服務經理，即使有一些大型的會議型飯店會指派員工從事會議服務這方面的協調工作，初始時，也多半將此類型的協調與支援工作指派給業務部門。因此，會議服務協調者的角色普遍以業務或餐飲宴席部門的員工負責居多，即使是海外其他大型會場所在地的飯店或會議設施，至今也多半如此分派業務。然而，一些爲了促進會議的舉行而興建的新飯店或新會議中心，工作人員的層級也比較高。因此，我們可以總結出一個結論，當世界各地舉辦會議或展覽會的需求愈熾熱，會議專業人士的地位將隨著需求增加而水漲船高。事實上，在更多更專業化的會議場所出現後，現今的會議服務經理已成爲管理團隊中不可或缺的一員。這類特殊部門主管的主要責任，就是貫徹執行會議活動的各項工作，設法掌握相關知識，並具備達到客戶要求之服務水準的能力，才有資格被稱呼爲會議專業人士。

當你在國外舉辦會議時，務必要確認會場的工作人員中，哪一位具有權限且經過專業訓練，能夠提供你要求的服務。你的目標應該是與有足夠能力與專業技術的人員合作，而這個人也必須能夠充分了解你的需求，並對你要求的工作負起責任。

另外，有鑒於語言能力和文化差異往往影響房客與飯店員工雙方的溝通，因此，以下列出幾點注意事項，不但可以協助你建立良好的關係，並可以讓你在活動過程中省去許多麻煩：

1. 避免複雜、冗長的說明，溝通方式應盡量明確、具體、簡單。
2. 除了幾個主要的會場所在地以外，多數會場設施不會提供精密的高科技會議所需設備。因此，務必確認會場內有無可用的視聽器材以及有無經過訓練的技術人員。
3. 總的來說，亞洲地區的飯店與會議中心的員工，都非常具有服務熱忱。但是，「面子」、文化及宗教仍然是他們生活上相當重要的部分。因此，務必要特別留意當地的商業禮節。
4. 確認世界各地假期、民俗節慶、國際體育賽事、宗教慶典等活動的時間，以確保這些特殊的節慶活動不會干擾你的計畫（請參考表13-3，第234頁）。

會議前的準備工作

當你第一次在國外舉辦國際性會議時，會前的工作小組會議將遠比在國內舉辦會議時來得重要。有些會議專業人士會選擇在現場溝通協調前置作業時召開工作小組會議，有些則在活動開始前一週左右的時間召集工作人員進行討論。

這些會前工作小組會議需要討論或確認的事項，除了按照慣例需處理的後勤作業以外，還有一些需要特別注意的事項，茲詳列如下：

1. 語言。判斷工作人員英文流利的程度，尤其是幾個重要關鍵的工作人員，例如會議服務代表、宴會廳領班、設備工程師、總機人員、安全警衛、場地布置人員、櫃台接待人員以及出納人員，這些人都應該具備流利的英文能力。如果你未聘請當地PCO在現場協助，那麼最好雇用一名可靠的翻譯人員。在當地聘雇一名英語流利的翻譯人員充分協助現場工作，可能比較經濟實惠。至於現場臨時雇用的報到作業人員，最好具備不同的語文背景，能夠服務來自四面八方不同語系的活動參加人員。

2. **活動訂單**。這些重要文件的內容、功能與分送方式，可能與北美地區不同，各個國家也不盡相同。因此，為了避免飯店人員拿到令人困惑的資料，最好使用當地常用的格式，同時也可避免因翻譯錯誤而產生的誤解。
3. **特殊的空間設施需求**。很少人會關心殘障人士的問題。美國殘障法案（Americans with Disabilities Act, ADA）也無法擴及美國以外地區。因此，除了新的大型連鎖國際飯店可能會顧慮到殘障人士特殊的需求而增設無障礙設施外，鮮少國家會塑造無障礙環境予殘障人士使用。因此，會議專業人士租借會場用地時，需要了解會場建築設施的無障礙環境能否滿足殘障人士的需求，或者是能夠為殘障朋友提供哪些便利措施。
4. **貨物裝卸及運送作業**。確認貨物如何寄達活動現場以及現場儲放的位置，若現場無儲放空間，需要另外找個儲存倉庫，那麼，也應該了解從倉庫運送至現場如何計價（這部分的價格通常沒有一定的標準）；另外貨物標籤黏貼方式也需要問清楚，如果有雇用報關行，則必須告知他們貨運部門經理或會議服務經理的名字。
5. **通訊錄**。向會場設施管理人員要求一份各部門的聯絡人名單、他們的工作時間、電話號碼或無線電通訊資料，並將這些資料提供給企劃人員。
6. **現場貨幣兌換服務**。大部分國家的飯店都有提供幾種主要貨幣的兌換服務，不過，在飯店兌換的匯率通常比較差。因此，你可以調查會場附近是否有銀行或自動櫃員機，並將這類資訊告知與會人員。
7. **詢問現場撥打電話的費率**（本地電話與國際電話），使用傳眞、網際網路及影印服務等基本費率與額外費用。這些費率或許可協商。
8. **調查是否有其他團體**在同一時段舉行會議，並請飯店建議其他預定的時間，以避免發生衝突。
9. 調查會議舉行期間，是否有其他建設或整修工程在進行。

前置作業與每日例行工作

飯店接待作業

爲了避免與會人員在同一時間蒞臨會場，導致現場人滿爲患，使得報到作業產生延誤的情形，有經驗的會議專業人員通常會在報到櫃檯事先安排額外的工作人員，或者是規劃一處團體預約報到的櫃檯。其他避免過度擁擠或加快作業速度的策略則是由報到者直接在下榻的飯店網站登記飯店入住時間，同時辦理會議活動報到作業。而不管這類登記作業是以現場報到或是網上預先登記，只要參加人員一到達現場，就要將飯店房卡立即給報到者，如此即能立刻確認住房情形。有些飯店爲了減少這類登記作業大排長龍的情況，會設計自助報到攤位給報到人自行登記住房、自動取得房間鑰匙，活動結束退房時，也利用這套自助系統辦理退房作業。

活動報到作業

在召開會前工作小組會議時或會前預訪期間，預先規劃到達會場前的報到作業與預先設想整套報到作業模式，可以加速建置會議現場報到作業需用的事務性設備。當硬體設施全都設置完成後，就得將工作內容告訴負責報名作業的工作人員，並請他們演練一次，以下是報到工作需要注意的細節：

1. 確認報到者的身分、組別、費用及付款方式。
2. 發給會議資料與座次表。
3. 報告與文件。
4. 收費程序。
5. 可接受的貨幣種類。

有些主辦單位會規劃一處「諮詢處」（“trouble desk”），專門處理報到作業中的各式疑難雜症，以便報到櫃檯順利受理每位參加者的報到作業，另外，安排一位工作人員專門負責接待高層主管，並爲他們解決問題。

主辦單位可以考量將接待櫃台交由當地DMC或觀光旅遊局處人員處理，這些人對於當地的旅遊景點較熟悉，可以馬上提供即時的資訊、地圖及相關的旅遊導覽手冊給需要的參加人員，同時也可以立即代爲預約餐飲服務、旅遊活動及交通運輸的訂位服務，並提供個人或商務服務的諮詢建議。

通訊中心

一個位於會場中心位置的通訊中心（message center），是整個會場通訊系統中非常重要的一部分，它能爲會議工作人員及所有的與會者提供服務，讓與會者員與他們家人、同事和辦公室保持聯繫。

在通訊中心裡頭應提供各種通訊系統，配置至少一名工作人員處理會場內的所有資訊，然後將接收到的各類資訊按照字母排列，刊登在電子布告欄、電視螢幕或工作站。這些訊息的來源有些是由電話總機轉接的留話，有些是個人的留言。每項訊息刊登時，都應該以醒目的表現方式顯示在現場活動人員眼前，以吸引訊息相關人的注意。當然爲了讓訊息接收者容易辨別，訊息的排列方式應以字母順序顯示。

如果主辦單位沒有建置訊息系統，也可以直接向當地供應商租用電視螢幕或資訊公布欄等顯示設備。其他訊息顯示方式，從設置在頭頂上方簡易的投影機顯示器，到精密的電腦訊息讀取系統與個人資料小幫手等皆有。而不管是哪一套系統，每項訊息還是需要訊息接收者打電話向通訊中心確認，或是自行上網查詢，或是直接到通訊中心洽詢訊息的細節。此外，通訊中心必須建立快速尋人的通訊方式，像是緊急電話，以及立即找出受話人的位置或者緊急廣播受話人的流程。先前在第十一章曾經介紹最新一代的科技產物——智慧識別證，它就具有快速通知識別證配戴者的功能。

在通訊中心內，必須有足夠的空間放置需用的設備。電話機應該選擇有燈光顯示來電的話機，如此一來，在有其他聲響干擾時，工作人員也可判斷有來電。主辦單位應該在話機旁邊準備事先印製好的訊息用紙，以提供格式一致的訊息，可以用制式化的便條紙或是特別印製主辦單位識別圖案或會議主題的訊息用紙。電話簿或是通訊名錄以及電腦磁片也應該擺在電話旁邊，另外還得準備一些信封，以便將訊息密封在信封裡再交給訊息接收者。

會議活動的後勤作業

當會議活動開始進行後，會議專業人員必須持續關注已經事先規劃妥當的各項後勤作業細節，而且還需要確認再確認，並自始至終監督所有的活動流程。這當中包含會議期間每天的例行性工作，圍繞在與會者、工作人員、會場管理人員以及供應商之間的種種後勤作業細節。因此，儘管這些工作全都有指派負責的工作人員在處理，爲了確保這些作業順利完成，主辦單位必須準備一張檢核表，內容如下：

1. 在晨間或晚間的工作小組會議中，檢視每天的活動時程表，並將翌日行程做成簡報，告知工作人員。
2. 與會議服務經理共同查核收支帳目，並檢視剛結束或隔日將進行的重要活動。
3. 了解報到作業情形與飯店房間入住情況。
4. 檢查會議廳內座位的布置情形。
5. 前往會議廳會見該場次的主講人。
6. 觀察與會人員互動的氣氛。
7. 隨時與翻譯人員保持聯繫。
8. 察看餐廳、酒吧以及其他提供給與會人員使用的服務設施。
9. 將新聞稿或發言內容事先準備妥當，以應付突如其來的媒體訪問。
10. 爲了讓會議活動獲得適切的報導，應與新聞媒體人員維持良性的互動。
11. 盡可能找機會小憩一會，切忌發生暴飲暴食等不當行爲。

即時處理現場問題

「沒有一件事情眞的如表面看起來這般輕鬆容易。每一件事處理的時間總是比原本預期的還要長。任何一件事如果可能出錯，就一定會發生狀況，而且通常是在最糟糕的時刻發生！」每位經驗老到的會議規劃人員都深知莫非定律（Murphy's Law）的原理，好像莫非先生過去一定曾當過會議企劃人員，因爲他的定律恰恰適合用在本產業！舉辦一場會議活動，需要這麼多的計畫整合在一起，而且在一段時間內有這麼多人員與變數聚集在同一個地方，無論事前的規劃多麼地嚴密，期盼活動不出差錯簡直是不可能的任務。不過，一名會議專業人員會爲最壞的情況做準備，並至少爲不可預期的狀況預做防範，以避免屆時驚慌失措，並妥善解決各種突發性問題。

缺乏溝通與誤解通常是發生錯誤與問題最常見的原因。在安排場地或攤商服務時，必須仰賴即時、暢通的溝通管道，才能獲得令人滿意的成果。就獲取重要資訊而言，會議專業人員常常要聽命於主辦單位及其管理階層；反過來說，他們得確保管理階層與參加人員全都了解及時、正確資訊的重要性。畢竟，讓一名資訊貧乏的工作人員「猜測」任何事情，無異是往災難之路邁進。

有鑑於此，會議專業人員應預先設想現場可能會發生的問題，並事先擬定意外事件因應對策。一般可能會發生的問題包括下列各項：

1. 演講人遲到或者根本沒有出現。
2. 會議或宴會布置方式有誤或尙未準備妥當。
3. 會議資料在運送途中遺失。
4. 飯店、航空公司、陸上運輸公司、餐廳等員工罷工。
5. 飯店適巧在整修或重建中。
6. 發生緊急醫療事件。
7. 運輸工具的服務班表改變或臨時取消。
8. 餐飲服務的速度太慢或是食物料理品質不佳。
9. 飯店登記入住、退房的作業動作太緩慢，造成擁擠狀況，甚至讓與會人員錯失回程班機。

10. 重要的會議工作人員臨時無法工作。
11. 惡劣氣候或暴風雨來襲。
12. 群眾暴動事件或是罷工事件。

以上這些緊急事件，將在第十四章再深入探討。

至於上述這些現場衝突、錯估與問題的發生，若能預做準備，將有助於及時化解危機。你可以利用舞台布置要點問問自己「如果……，該怎麼辦？」這類的假設性問題，先行思考應變策略：

1. 如果視聽器材或飯店的電器設施突然故障，或是停電時，該怎麼辦？
2. 合約規範的服務，如果發生延誤提供或是根本未提供時，該怎麼辦？
3. 如果有參加者突然表現出非常粗暴無禮的行爲，該怎麼辦？
4. 如果貴賓察覺自己未受到合理接待時，該怎麼辦？
5. 合約租借期間，如果會議廳空間無法使用，該怎麼辦？
6. 如果會議廳內過於吵雜或過於擁擠，該怎麼辦？

身爲會議專業人員，必須思考上述這類偶發事件產生的問題才能因應得宜。如果問題眞的發生了，務必虛心接受會場管理人員的建議，畢竟這些員工也是會議領域的專家，他們有許多相關的經驗，可以提出他們的看法與處理方式。如果問題仍然無法圓滿地解決，那麼，你只好呈報上級支援。以下再提供一些實用的小秘訣供參考：

1. 豎起你的耳朵，傾聽各種小道消息。所有的謠言，不管是關於工作人員、與會人員、會場員工，都不應該輕忽，甚至需要好好分析這些謠言的起因，進而研擬應變對策，並期盼這些對策不會眞的派上用場。
2. 了解當地法令、風俗習慣與民俗節慶的資訊。無論在海外與國內，了解愈多，驚慌失措的情形就會愈少。
3. 調查工會組織，了解他們在各種服務領域的影響力以及是否有合約談判未決的情況發生。
4. 事先取得視聽設備及其使用說明書，並針對會議實際使用方式，預先操作測試（尤其是錄影機與光碟機）。

若無可避免的錯誤發生時，請將發生的原因及解決方式記錄下來。爾後規劃下次會議活動時，這些紀錄將會是你防範問題再度發生最寶貴的利器之一。重蹈覆轍將是唯一會讓你懊惱的錯誤。

媒體關係

大多數會議主辦單位都了解良好的公關非常重要，因此，通常都會指派訓練有素的資深員工負責與新聞媒體工作者聯繫，或者直接委託專業的媒體顧問負責。如果是在國外舉辦的會議活動，最好的方式是委託當地頗負盛名的公關公司負責處理。在某些地點，如果你舉辦的會議活動聲名遠播，當地的會議局甚至會指派專業的媒體人員協助你。當地的新聞媒體與商業媒體的報導是會議活動非常重要的宣傳工具，這些報導不僅可突顯會議活動、主辦單位及相關議題，還能爲往後舉辦的會議活動預先鋪設一條康莊大道。因此，邀請媒體工作人員參加會議活動，簡化他們的報到與住宿作業，只是吸引媒體人員目光的第一步；整個活動期間，需要有特別的關注與服務，才能引起媒體代表的興趣與支持，並確保活動可以達到應有的曝光率。

如果新聞媒體工作委託專業的媒體顧問負責，主辦單位通常會指派資深且有新聞媒體專業知識背景或經驗的人員擔任媒體聯絡人。這個人並非公關主管，而是負責媒體事務後勤支援的會議人員。因此，這名新聞聯絡人必須相當熟悉會議的組織結構、會議活動的主題，並且對媒體作業方式有一定程度的了解。有些活動主辦單位並沒有專事媒體公共關係的員工，這類的職務或公關人員可能要與商業媒體及當地調派的編輯主動聯繫。因此必須事先規劃新聞媒體的聯繫工作，指派發言人，確認合適的新聞媒體代表均接到通知與邀請，並獲得正式認可。

主辦單位的媒體聯絡人在接觸當地新聞媒體之前，應事先訪查當地的報紙、商業刊物、電視媒體與廣播電台等媒體。先了解當地編輯與新聞媒體主管在假日，尤其是週末，所寫的報導型態，然後提供一份有新聞價值的會議活動時間表給這些新聞媒體，其中包括具有新聞話題性的記者會。若主辦單位專業地將會議與參加人員的報導重點及背景整理得當，那麼新聞媒體將會給予善意的回應。如此一來，將可刺激媒體工作者的興趣，尤其是當地媒體工作者將會想要了解這個會議活動能夠帶給參加人員和他們的讀者哪些影響。

與會議和主辦單位相關的新聞發布資料及新聞稿（press kits with releases）應該準備妥當，以備隨時可以使用。如果新聞套件（the press packets）完整且編輯精美，即使沒有媒體出席，也有做成焦點新聞和填充版面的資料。這份新聞套件的內容應該具備以下幾個要項：

1. 使用印有主辦單位識別圖案或會議主題的檔案夾。
2. 參加人員的背景資料。
3. 以聳動的主題、具有新聞價值的活動或人物作爲報導內容。
4. 提供會議活動資訊、議程表以及知名的演講人或貴賓等資訊，並摘要描述演講主題的內容或大綱，特別是主講人的摘要。
5. 會議主辦單位的歷史沿革、背景與相關統計資料。
6. 主辦單位高級主管與演講人的照片和背景介紹。

主辦單位要確認新聞套件內的資料有閱讀價值，內容能吸引忙碌的媒體採訪記者或編輯們的注意，不會陷入繁瑣的細節中。

在會議期間，媒體代表的職責包括提供所有新聞媒體所需資訊，安排高階主管、展覽商以及貴賓接受訪問，並回答相關問題，範圍從會議議程內容乃至休息室的位置皆含括其中。因此，這位代表必須熟悉當地的語言，而且應該有權限管理媒體的相關工作，並且要能獨立作業。

媒體中心

在接洽媒體派出的代表時，務必要讓他們知道主辦單位設置了一個人力與設備充足的新聞媒體中心，如此將可提供更多的誘因讓媒體報導該活動。設備完善的媒體中心若能提供必需的設備及通訊器材，將可使得特派記者的工作事半功倍，它就像是所有公告與預定事項的交換所。這個新聞媒體中心基本上仍是由主辦單位的新聞聯絡人負責管理，有些機構會再指派行政人員

予以協助報到作業與資訊中心的服務。新聞媒體中心一向備受讚賞的額外福利是裡頭總是備有咖啡或茶水、小點心及其他無酒精飲料，偶而也會提供三明治或水果給特派記者，讓這些爲了報導現場即時新聞而錯過用餐時間的記者們，能稍微塡個肚子。一般而言，新聞媒體中心通常會準備下列物品：

1. 足夠的電線插座，以滿足電子器材的需要。
2. 光線要充足，最好有對外開窗的窗戶。
3. 足夠使用的桌子、椅子。
4. 多線電話系統，最好有多條外線電話線路與資料埠。
5. 高速傳輸的網路系統。
6. 電腦設備，需有文書處理軟體與網路印表機。
7. 影印機與足夠的影印紙。
8. 紙張與其他事務性用品。
9. 營造舒適宜人的環境，準備茶點、公告欄、掛鐘與衣物架。
10. 基本資料：主辦單位的背景資料、年度報告、產業統計資訊、組織架構與簡介、歷史沿革、照片、會議演講人的演講內容摘要等，會議聯絡人的姓名及電話號碼要在所有的文宣資料中出現。
11. 如果活動內容包含展覽會，則要製作展覽商產品文宣。

主辦單位應該另闢一個空間作爲記者會場地。如果媒體新聞中心夠大，可以直接在內部隔出一個區域作爲新聞採訪的場所，裡頭應放置舒適的傢俱設備，布置成一間會談室，牆面可懸掛大型的會議主題海報，作爲新聞照片的背景圖案。當安排預約訪談時，應先設定採訪主題與採訪時間等基本原則，並事先了解新聞媒體工作人員採訪的動機或目的，以及誰將主導整個採訪作業，以便預先準備回應內容及受訪者。

依照慣例，新聞中心應該在會議活動開幕前即設置好，並開始執行任務。會議活動辦理期間，每天都得隨著活動時間正常運作；休息時間則由警衛人員看守，即使是有身分證明的媒體代表欲進入，警衛人員也要接到指令後才能放行。

工作小組會議

爲了讓會議活動運作、進行得很順利，特別是在海外地區舉辦會議活動時，定期的工作小組會議能夠使工作人員獲得最即時的資訊，包含變更會議內容、解決問題，以及傳達最新的資訊。即使會議活動的各個層面都已在會前會議時檢核過，每天召開的工作小組會議卻能夠提供一個平台，可以讓工作人員持續溝通與釋疑。有些會議專業人員會將工作小組會議訂在晚間，以便檢討當日的工作情形。有些主辦單位則傾向於每天早晨開早餐會報，讓員工先獲得充分休息後再開會。不管工作小組會議是在何時舉行，重點是，鼓勵工作人員盡情地提出他們的問題與疑慮，但要避免衝突產生。畢竟，這類工作小組會議不是鬥爭大會，而是要激勵所有工作人員發揮團隊合作與相互支援的精神，共同完成會議活動。

這類會議召開的地點應該選擇在不受外部干擾的場所，要有充分的時間檢討當天各個環節，並提出問題。會中也必須檢視會議活動指令以及其他會議文件內容，並允許彈性變更時間，以便讓會議進行順利。

入場券與識別證的控管

如果會議場次或宴會需憑入場券始能進場，那麼，主辦單位就得製作按照號碼順序編排的入場券。這些入場券，最好是針對各個不同的活動以不同的顏色呈現，以便後續的計算統計作業。入場券上要印製會議場次的時間與地點，如此才不會讓使用者混淆，也簡化後續的記錄作業，同時也讓那些手邊沒有會議議程表的參加人員有所遵循。付款適用幣別亦須事先指定。

爲了後續的會計與財務作業之便，如果可以的話，將入場券的票價印在票面上，並預先印製收據（爲了參加者的稅賦或支出報帳等目的），以便參加者購買入場券時，能快速地填寫收據給對方。如果重要的宴會費用已經包含在報名費裡，則應事先提供兌換券，由預計參加的人員憑兌換券兌換入場券。雖然多了一道手續，不過精確統計實際用餐人數，將可省下一筆費用。

計算已售出和未售出的票券、贈票及下落不明的票券，也能夠提供會議記錄之用。這些對於會後會計作帳作業非常有用。

識別證

先前曾經介紹高科技、多功能的會議識別證，可以應用在多種特殊功能上。只是，大部分的會議目前仍採用傳統的印刷紙製識別證。

識別證的設計樣式五花八門，但是仍然不脫三種主要的型式：自黏式（self-adhesive）、塑膠封套式（plastic-encased）以及護貝式（laminated）。自黏式識別證通常適用於爲期一天的小型會議活動，這種型式的識別證無法耐久，且較不美觀；塑膠封套式或護貝式的識別證功能比較多而且持久，栓扣的裝置（fastening devices）也有多種型式，最常使用的是背面用夾子扣住，再用繩子串起來，讓使用者掛在脖子上的識別證帶（clip fasteners and lanyards）。

預先印製一些空白的識別證，僅先印製會議名稱或主題，而將參加者姓名與頭銜的位置預留空白，是會議主辦單位普遍採行的作法。識別證內容的文字愈少愈好，以免造成視覺壓迫；字體應採用粗體字且所有識別證必須一致。在現場負責印製識別證作業的人員需要特別注意不同文化背景參加者的識別證稱謂，這個部分請參考本書第七章的介紹。傳統以緞帶顏色來區分不同身分或地位的作法，逐漸被識別證鑲邊的顏色所取代，不過，還是有許多會議主辦單位喜歡用緞帶的顏色來作爲參加者與工作人員之間的身份識別。

目前市面上有很多電腦繪圖軟體、週邊設備及服務可以用來印製各式各樣五花八門的識別證，提供會議主辦單位預先印製字體清晰的美觀識別證，簡化會議現場即時製作識別證的作業時間，也能夠提供主辦單位許多具有創意的選擇。

經驗豐富的報名作業管理人員，通常都會在報到處多準備一些空白識別證及識別證套，以備有參加者遺失識別證時，或是識別證內容錯誤，或是有臨時到場的與會者、來賓、工作人員，即可立即更換或製作新的識別證。不過，工作人員還是要提醒與會人員，識別證是他們參加會議活動的許可證，在會議活動期間應一直配戴著，直到活動結束爲止。

查核帳目

每天定時查核會議活動的主帳目，可避免會後才發現令人意外的數字。主辦單位應該要求相關單位每天製作報表，保留收支憑證的影本或備份，以供查核。如此也能促使飯店業者更加注意費用的收取，提供主辦單位應付款項的證明文件。每場會議也需要確認收支費用，以及記錄任何有爭議、延誤或遺失的項目。由於主辦單位常常收到不包含在收支帳目中的帳單費用，因此定時與櫃檯人員做確認將有助於釐清這些帳目不一致的情形。有些會議經理會在每晚就寢前，聯繫夜間稽核人員，了解最近一次檢討會議中發現的記帳問題。

活動方案管理

活動方案管理（program management）的工作項目包含會議活動中所有大大小小的正式議程、集會、展覽會（如果有的話）乃至社交性活動等前置作業以及相關設施準備工作，是整個會議活動中最重要的部分，其管理與執行的良窳，直接影響與會人員對會議活動或主辦單位的評價與觀感。

會議廳座位的布置

如果你想評估一位會議專家的資格能力，可以從三個面向來觀察：一是預估活動參加人數的準確性，二爲與會者抵達後的住宿安排，三是面臨預測人數與實際人數間發生落差時的應變能力。適當的規劃與管控有助於減少意外的情況發生，但是，眞正的會議專家仍然會預期可能發生的變化，並將這些變數納入他的計畫中。舉例來說，當活動場地採取劇院式的座位安排方式時，習慣上，主辦單位會將後方的座位與靠近走道的座位盡量騰空，以便萬一參加人數眾多，座位數不敷使用時，可以將這些地方改成站位（關於這一點，還得了解當地的消防法令是否允許）。在課堂式的會議廳舉辦活動時，一旦聽眾人數過多，座位數不敷使用時，可以劇院式的排列方式再增加幾排座位，如此也可促使早入場者盡量選擇前面的位置。

雖然讀者可能已經很熟悉諸多不同的會議廳座位排列型式，不過，我們還是在此整理了幾種常用座位排列方式的優缺點（圖12-1顯示了各種常見的會議廳座位的排列方式）。

劇院式（theater style）
這種排列方式可容納最多座位數，而且可以快速地排列或重組，坐在座位上的人，焦點都只能往前或朝向演講人的方位觀看。但因爲是行列式的排法，所以人與人之間比較難互動，也沒有桌子可以寫筆記，比較不適宜長時間的會議。 （請注意：除非有人特別指導，否則這類排列方式，工作人員很容易將椅子並排靠在一起，如果考慮到視線問題，每排位置自前至後最好不要以一直線的方式排列，而以交錯式的方式錯開每排的位置；另外，如果空間允許的話，每張椅子中間最好預留四吋左右的空隙，以免過於擁擠。）
課堂式（classroom or schoolroom）
當會議長時間進行時，此種排列方式可以讓在座者覺得較舒服。與劇院式相同的是，這類排列方式的視覺焦點也都是往前看，或是朝向演講人的方位；而比劇院式好一點的地方在於，這類排法的視線比較沒有障礙，也有桌子可以寫筆記或放置會議資料或使用茶點，在座者間的互動機會也較劇院式高，只是可能需要調整一下座椅。傳統的學校課堂式多使用長條桌，也可將桌子的型式稍微改良一下，改以拱形或半圓形的桌子，將可使同桌人員更方便互動。
會議式（conference）
此種排列方式有U字型、T字型、中空式及其他的變化型式。這類排列方式非常適合作小組討論，特色是在座者能面對面，有助於彼此間的互動。注意力還是會放在演講人身上或講台的方向，而且演講者與聽眾的互動也更加密切，也方便使用投影機或白板之類的器材。
圓桌式（rounds）
圓桌約直徑兩米左右，爲餐桌的標準尺寸，現今也常用來當做教育型的會議桌使用。圓桌可以促進在座者之間密切的互動，也能讓聽眾記錄筆記及使用餐點，非常適合做個案研究型態的小組討論會；圓桌式的擺法，最大的缺點是無法讓所有在座者的視覺焦點集中在一處，有些人的位置較無法與演講人有良好的接觸，而且難以使用視覺性的教材，除非將位置改成「弦月型」，聽眾坐在半圓形的那一側，以面對演講人或螢幕。不過即使是弦月型的擺法，仍然需要較大的空間。儘管如此，此種擺設方式，仍是近來公司會議或是以互動爲目的的會議最流行且最受歡迎的排列方式之一。

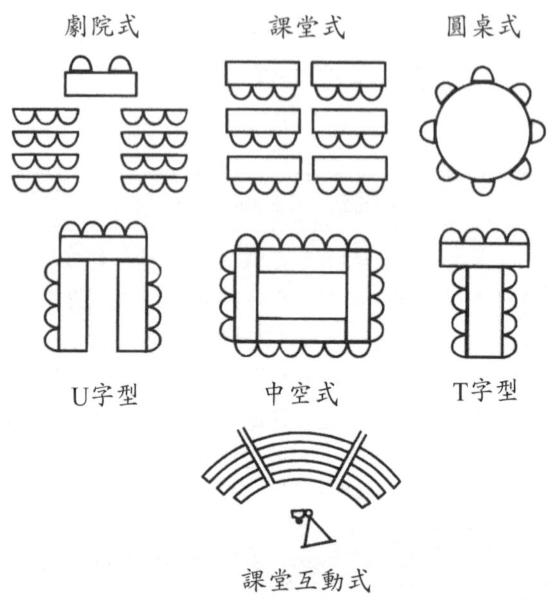

圖12-1　典型的會議廳座位排列方式

演講人是會議的關鍵人物，事前的安排與演練是使會議順利進行的重點工作。

每場次的會議廳座位排列方式，通常視會議性質的需求而定，謹慎小心的主辦單位，通常會在開始布置座位時，派人到會場監督。否則也必須在會議開始前派一名工作人員到現場稍做調整。此時，必須加強檢核的項目有：

會議廳入口與出口

1. 入口處應張貼會議場次名稱的大字報或招牌。
2. 若有需要，可於入口處設置擺放印刷品的桌子。
3. 入口處的大門應該要保持開啓的狀態，以利人員進出。
4. 安全門應該有清楚的標示，不能上鎖，且不能有任何障礙物。
5. 若天氣極度惡劣，參加人員多由戶外進場時，應準備衣帽間或衣帽架。

觀眾席

1. 按照規劃表排列桌椅，每張椅子中間應該留置適當的空隙，每排之間的距離不宜過寬或過窄，應有足夠的走道供人行走。
2. 投影機的投射路徑應調整適當，高度不宜超過2H，最後一排不要超過8H（H=image height，影像高度）。
3. 燈光及溫度應控制在令人感覺舒適的狀態。因爲體溫會增加室內的溫度，因此會議廳內的空調溫度應調至比室外溫度低一些。
4. 飲水器或是瓶裝水與杯子應準備妥當。
5. 電話及廣播系統應關閉（會場入口處可以播放一些輕音樂，但是會議開始前幾分鐘即應停止播放）。
6. 投影機應準備妥當，檢查線路及焦距是否正常，投影顯現的影像大小應處於最佳高度及視覺角度。
7. 如果投影機的位置不在螢幕後方，也不是從天花板上垂下，而是從觀眾席往講台方向投射，務必要確認觀眾的行走動線不會干擾投影機投射的路徑。另外，所有與投影機連線外露的電線都應包覆好，黏附在適當的位置，以免有人不慎被絆倒。
8. 如果有需要，請備妥足夠的會議資料。
9. 應準備觀眾席上的麥克風（或無線麥克風），確認功能正常且是開機狀態，並調整至適當的音量大小。

展演區

1. 講台位置須依照設計圖設置，天花板或舞台燈應集中在講台位置，台上也應準備茶水與杯子供講者使用。
2. 投影螢幕的位置應與講台錯開，如此演講人始能看著螢幕發表演說；前排位置上方的燈光應關掉，以免燈光擴散至螢幕上，造成影像不清晰的情況發生。
3. 固定在講台上的麥克風和領夾式的麥克風高度應適中，並檢查功能是否正常。如果是使用有線的領夾式麥克風，線長應足夠，以便演講人能活動自如。
4. 如果有準備放置筆記型電腦的桌子，要確認電源插座與連接投影機的狀況是否正常。
5. 靠近講台旁，可以放置邊桌，鋪上桌巾，給專題討論小組成員或演講人使用。如果是採專題討論小組方式，要檢查桌上的麥克風功能是否正常（麥克風最好最多兩個人共用一支）。
6. 放講稿的講台（或平台）要布置妥當，高度與大小應合宜，鋪上桌巾，如果有需要的話，也須準備階梯。
7. 會場的旗幟、橫幅廣告與其他舞台裝飾品，應根據國際禮儀或慣例，擺設於適當的位置。
8. 如果使用背投式投影機，這類型的投影螢幕通常會涵蓋整個舞台區。因此，要注意講台的位置不要影響到投影機投射的路徑。
9. 投影機應準備妥當，焦距應調整至正常，使投射到螢幕的影像角度及大小達到最適化。另外也須備妥其他的視聽輔助設備，如：掛圖、白板、板擦、雷射筆、白板筆等。

協助演講人的作業

本書第六章已經介紹過指派演講人的相關作業細節，在演講人上台前，會議規劃人員需確認演講人是否都已經聽過簡報，最好能事先彩排演練一番，並提供任何有助於他們完美演出的支援。此外，還有一點也很重要，那就是要請演講人提前到達會場，並介紹同步翻譯人員與其認識（如果有的話）。最後，要確認演講人在演講開始前已經在現場。

接待工作與住宿安排

在會議開始前，應事先建立各演講人的行程表，確認他們到達會場的時間。若有身分地位重要的演講者，則須派人前往機場接機，負責接待演講者的人通常也是方案內容委員會的成員之一；有些主辦單位則是委託負責接待工作的人員或是會議局的接待員前往接機。對某些社會名流、政府高層官員以及須動用高規格維安的特殊人士，普遍需要以國際禮儀與高度安全護衛的標準予以接待。一般通用的準則是，視來賓的身分，請相同層級的官員予以接待。偶爾，政府官員也會在接待委員會（reception committee）名單之列，警方護衛人員或社會名望之士也有可能包含在內。

演講人與飯店職員之間有時會發生客房服務帳目不清的糾紛。因此，不管飯店就房客投宿的規定爲何，主辦單位都應該有明確的指示告知飯店，以避免演講人在飯店住宿期間發生困窘的情況。

在演講人住房等級方面，並不是每位演講人都必須住套房，但是主辦單位應該爲他們升等套房。房型須符合他們的社會地位或身分。所以基本上，大多數的演講人應該都是列在享有貴賓待遇的套房住宿名單之列。同時，飯店內的接待櫃台職員、電話總機接線生、值班經理也都應該知道這些重要人物下榻在他們飯店。有某些特殊人物投宿時，甚至連安全人員都應該知道這個訊息。有時候，飯店總經理會親自到場迎接這些重要的貴客，親切有禮地接待，加速或簡化他們登記住房的手續，自動提供他們升等更高級的套房，再贈送一籃迎賓水果或其他令人感到窩心的小禮物，後續的服務也要同樣讓賓客感受到禮遇。

會議活動期間，通常所有的迎賓活動與社交場合都會邀請演講人參加，他們的位置也多安排與主辦單位的管理階層一起，一方面是考量演講人的身分地位，另一方面也是藉此機會，讓演講人能了解主辦單位的宗旨、目標以及他們的特殊需求。此外，接待會或其他非正式的集會場合，也可以增加演講人與參加人員互動的機會，讓演講人藉機了解聽眾對他們即將發表之演講內容的看法與問題。有些演講人會利用這類機會，深入了解聽眾對某些特定人物的看法，以建立認同感，並與聽眾之間建立起更密切的關係。

演講人的休息室

一般而言，會議廳旁多半會設一間演講人休息室，讓演講人可以在此預做準備或排練，並了解視聽器材的操作方式，以及在會前或中場休息時間稍作休息。如果有指派工作人員或志願服務人員在休息室內服務演講人，這些工作人員也必須知悉議程的進行，而且能夠隨時聯絡視聽器材供應商，以便萬一演講人臨時需要使用視聽器材時，他們可以立即協助處理。這間休息室內需要準備投影機、液晶投影機與螢幕，如果有需要，還得準備其他視聽器材。茶點則可有可無，不過多數主辦單位都會提供瓶裝水、無酒精飲料、咖啡或茶等。另外，也可準備針線包、蒸氣熨斗、燙衣板與大面的穿衣鏡等用品，以備演講人在出場前的最後一刻整理服裝儀容。

向演講人做簡報

無論給演講人的資料套件有多詳盡，大多數會議專業人員仍認為向演講人做簡報是一件非常重要的工作，特別是有多位演講人和會議主持人時。簡報會應於演講前一天舉行，有些會議服務經理人認為於演講會當天早餐會報進行最好（有些擔任會議主席的主管，會在演講會前一晚邀請演講人共進晚餐。）

在簡報會議中，會議主持人需要將會議的主題與目的概述一次，並將所有流程討論一遍。同步翻譯、特別的宣布、介紹、會議進行模式以及視聽器材的使用都應詳細說明。如果會議廳有指派事務主任（room captains）統籌指揮調度所有前置作業時，也必須介紹該名事務主任給各演講人認識。主辦單位應促請主持人與該名事務主任再次確認會議廳內的設備是否皆已準備妥當，若還沒準備好，應及早完成。

會議廳事務主任與分組會議主席

爲了讓會議順利進行，大多數會議主辦單位都會指派一位統籌人員負責介紹演講人與控制議程進行的時間。一般而言，這位會議廳事務主任就是扮演會議廳內後勤支援的角色，而分組會議主席則是會議主體的一部分，若是專題小組討論會性質的會議，這名分組會議主席也可擔任會議主持人，負責引導聽眾與表演者進行會議議程，控制演說者的時間，以及在幾位簡報者中間作串場。偶爾，當討論太熱烈時，分組會議主席也要變成一名仲裁者或糾察隊長，控制過度的發言，使會議議程順利進行，並讓與會人員的言行舉止合於規範。

當分組會議主席擔任會議主持人的角色時，他也要負責確保觀眾能聽懂演講人發表的演說內容，若有不清楚的情況，必須請演講人再詳盡解釋。分組會議主持人必須引導專題討論的方向，察看觀眾席並指定提問，同時也需要注意聽眾的發言是否清楚、簡明而且切題。分組會議主席也必須控制時間，主持人可能面臨的一項艱難工作就是碰到演說冗長的演講人，主持人必須適時地提醒或暗示演講人演說結束的時間，以確保會議準時開始，也能準時結束。

爲分組會議主席或會議廳事務主任做工作內容簡報時，可能需要包含下列各項要點：

1. 介紹會議名稱與演講大綱或內容摘要。
2. 介紹演講人的背景。
3. 解說聽眾手上拿到的書面資料、講義與其他說明資料。
4. 與會者名冊，如果有的話。
5. 口譯人員的姓名。
6. 如果參加人員有限制，則必須憑識別證或入場券來管控。
7. 會議廳布置方式、舞台位置、視聽器材或其他設備的準備情形。
8. 與演講人溝通的提示暗號圖示。
9. 演講時間控制方式或燈光照射的方式。
10. 其他一般性的工作項目、計時與公告說明。

預演

重要的演說，特別是涉及複雜的研究成果時，最好要在會議廳中實地演練。如果現場有表演人員的實況演出、特殊效果，以及播放錄製好的影片，如多媒體或複合視像（multi-image）時，可能需要一次以上的技術操作，甚至穿著正式的服裝進行彩排。如果會議進行期間需要使用電腦設備，尤其目前多數會議場合均需使用電腦，主辦單位也必須事先測試電腦資料埠連線的頻寬容量，並鼓勵演講人預先演練這方面的內容。

另外，爲了確保會場能提供舞台布置、前置作業與預演的時間，最好事先向會場管理者預約保留會議廳的使用權，並將時間登記在活動訂單內。會議專業人員與會議服務經理爲了充分利用空間，可以將不需要使用或多餘的空間先挪爲其他用途，以節省成本。

演講人的彩排工作，可能是應演講人個人的需要，也可能是主辦單位基於整場會議活動完美演出的考量。有些演講人會希望來一場實地的逐字演說，有些人可能會要求演講指導員（speech coach）的服務，有些則只是排練大綱，或者如果需要使用視覺輔助設備的話，爲了讓技術人員方便操作，可「快速提示」（jump cue）演講人的大綱，並確認正確的順序。如果時間的控制非常重要，那麼，最好搭配視聽設備、簡報資料，串場對白，全都要實地演練一次。

賓客的活動節目

在國外舉辦國際性會議時，參加人員攜帶他們的配偶、子女、親屬或其他人一同參加活動的可能性遠較在國內舉辦會議時高出許多，原因不外乎是藉此機會共同分享前往海外國家，體驗不同文化的旅遊經驗。因此，會議主辦單位通常會針對這些同行的親朋好友，特別爲他們安排活動節目，而這個部分多半會委託DMC（目的地管理顧問公司）負責處理。

對會議專業人士而言，這部分增加的工作，需要有特別創意的節目構

想，以使這些賓客的海外旅遊留下最多收穫，同時也將這個特別節目納入正式議程內，以提高活動吸引力。除了規劃創新的賓客活動、控制預算、簽訂服務契約、提供後勤支援服務等等之外，在規劃餐會時，還有一個不確定因素，即提供確切人數和預估座位容納量。大部分的企業或協會都能夠感受到讓參加人員攜伴參加正式會議可帶來助益，因此，在估算會議廳座位數時，多數規劃者會預留足夠的空位給這些賓客；但一般而言，協會通常會限制參加人員攜伴參加，除非是綜合座談會，而且同行者也須繳交全額的報名費用。

在會議活動進行期間，會議主辦單位另外關心的重點之一是如何取得賓客活動節目與會議議程之間的平衡。有些主辦單位將賓客節目設計得太有吸引力，而使得參加人員捨棄正式的會議活動，轉而參加賓客活動，這樣就有損原先舉辦會議的目的了。因此，主辦單位必須了解攜伴參加會議的與會者多半也會想要參加觀光之旅和休閒活動。因此，一項完美的會議活動規劃，必須在休閒活動與會議正式議程之間取得平衡。畢竟，如果主辦單位付了高額費用聘請演講人來演說，結果演講廳內只有半數座位的人在聽講，其他的與會者已經跟同行的人衝去乘坐河上快艇，在會議活動中，大概沒有什麼狀況會比這樣的結果更令會議專業人員苦惱的了。

一個優秀的DMC，能夠在規劃及管理賓客活動方面，提供主辦單位相當大的幫助。他們非常熟悉當地的風景名勝與旅遊資源，可以減輕主辦單位監督及執行此類活動的負擔，讓主辦單位可以將心力投注在正式議程中。

會後工作

當所有的與會人員都還未完全離開會場，或是展覽會的攤子還未完全撤除之前，主辦單位的責任就還沒有結束。會議活動結束後，仍然會有許多後勤作業與細節必須處理，其中許多環節必須在會議結束前就得安排妥當，有些甚至在會議開始前就要著手規劃：

1. 諮詢DMC，並檢查團體或工作人員離場的狀況。執行撤場計畫並確認沒有人還留在現場（除非這是事先安排好的）。
2. 通知報關行或是回程貨運業者準備運送貨品。
3. 如果有相關規定的話，申請退還加值稅。
4. 檢核收支帳目，解決問題爭議點，安排結帳費用。
5. 與PCO（專業會議籌組者）、DMC及其他供應商結算費用或確認帳目。
6. 蒐集參加者的評估意見，以備後續檢討及製表分析。
7. 比較會議預期的目標與實際執行成果的落差，評核工作人員的表現。
8. 召開會後工作小組會議，檢討會議期間面臨的問題及評估活動的成果效益。
9. 撰寫表揚或感謝信函，讚許會議活動期間優異的行爲表現，並頒發獎金。

最後，如果有可能的話，在會後工作全部完成後，可計劃在會場所在地停留一陣子。很多負責承辦國際性會議活動的會議專業人員，包括本書的作者群在內，都無法也無心情好好地享受一下當地的異國風情。這實在是一件頗爲令人遺憾的事，畢竟，辛苦工作之後，也需要好好休息一下，既然已經遠道來此，若沒有順便享受這個地方的風光名勝，下次再來也不知何年何月，況且全球性會議活動規劃工作的刺激因素與樂趣，就是讓你有機會在從來沒有到過的地方或是在你夢想已久的城市發揮你的專業才能。因此，如果可能的話，儘可能在所有辛苦的工作結束後，花個一、兩天，在會場所在地盡情遊玩，同時也爲你的下一場活動注入新的活力。

重點回顧

- ▶ 會前工作小組會議應在活動開始前一週左右召開，會中應確認會議進行期間的各項工作，包括翻譯、貨幣兌換等重要工作皆能正常運作，不會遭遇困難。
- ▶ 為了使報到作業快速進行，同時也減少可能會發生的問題，可以採用網路線上報到與現場報到雙軌並行的方式，報到現場並增設服務台與通訊中心，協助參加人員辦理報到。
- ▶ 使用檢核表，每天與工作人員簡報活動概況，以確保活動進行順利。
- ▶ 若能吸引新聞媒體的關注，將帶給主辦單位極大的利益，因此應該設置新聞媒體中心，並備妥新聞稿及採訪所需的設備。
- ▶ 適當的事前規劃才能讓人們對活動產生正面評價，務必確認會議廳已根據會議性質及預估參加的人數布置妥當。

名詞解釋

- **Meeting Room Inspection** 檢查會議廳

  檢查每間會議廳的標示牌、入口與出口、觀眾席與展演區布置情形。

- **Handling Speakers** 演講人的接待事宜

  為了使演講人有最佳的演出，要待演講人為上賓，妥善安排他們的交通工具與住宿房間。主辦單位須安排簡報會，介紹會議內容，安排預演，還有提供私人休息室讓他們做準備及休息用。

- **Guest** 賓客

  如果有安排同行賓客的活動節目，這個活動務必要有創意，可令人留下深刻美好的印象。另外，要運用創新的行銷手法，宣傳演講人與活動的精采內容，以及參加此會議活動的好處。

- **Postmeeting Responsibilities** 會後工作

  安排回程貨運，結清活動各項帳目，撰寫感謝函及發放獎金。當然，一定要找機會，在這個國家安排一趟旅遊行程。

輔助素材

延伸閱讀書目

Morrow, S. L., *The Art of the Show,* Education Foundation, International Association for Exhibition Management, Dallas, TX, 1997.

Moxley, Jan, *The AC Manual,* Zone Interactive Communications, Boulder, CO, 1991.

Shock, Patti J., and John M. Stefanelli, *Hotel Catering: A Handbook for Sales and Operations,* John Wiley & Sons, New York, 1992.

網路

Arranger: A Comfort Calculator (seating calculator), MPI Bookstore: www.mpiweb.org.

International Association for Exhibition Management: www.tradeshowstore.com.

第十三章 海外行程的準備事宜

生活在這個世界上，最重要的不是我們身在何處，而是我們正朝哪個方向前進。

——霍姆斯（O.W. Holmes）

內容綱要

我們將在本章探討：

- 舉辦國際性會議或展覽會時，如何選擇指定的航空公司
- 如何與航空公司洽談費率與服務事宜
- 如何與出入境管理局及海關等機構協調相關事宜
- 如何申請合乎規定的護照與簽證
- 如何決定需要施打的傳染病防疫疫苗
- 如何爲與會者投保旅遊意外保險
- 會議現場説明會應涵蓋哪些注意事項

前往國外參加國際性會議活動，除了少數例外，多半會選擇以飛機作爲交通工具。譬如會場地點在日內瓦，鄰近該城市的歐洲人評估短程距離的方便性，有可能選擇搭乘火車或自行開車前往會場。不過，主辦單位主要還是以空中交通來規劃國際團體行程。鮮少有主辦單位抱著「讓與會者自己想辦法到達會場」的隨便態度，即使是國內會議亦相同。現在，多數公司的會議行程多取決於每家公司自行決定的旅遊政策，前往參加會議的行程也不例外。如果公司內部設有旅遊經理人或是將行程外包給旅行社，同時也已經跟航空公司簽訂合約的話，企業的會議規劃人員就可以參與空中交通的決策與協商。

然而，協會和其他組織爲了吸引各方人士參加其所主辦的會議活動，通常會不斷要求會議專家廣泛地蒐集飛航資料或與航空公司議價，以尋找既方便又經濟的廉價機票。因此，協會的會議規劃人員若要設法替與會者節省旅遊成本的話，往往會選擇指定的航空公司（official airline）。在網路訂位普及化之前，就特定活動而協商的團體票價通常是採用最低費率的方案。如今，有些航空公司已經不再提供這類湊團票似的團體票價，有些則是直接在網路上刊登最低票價。儘管如此，結合較低票價與額外服務的組合，仍然是團體契約較具成本效益的其中一項選擇，使許多會議主辦單位仍舊持續選擇指定的航空業者。

選擇適合的航空公司

旅行計畫的第一步就是要知道所有會議參加人員出發的地點。這些資訊可以參考過去會議活動的經驗，也可以從機構團體的地理分佈來考慮。如果是企業的會議活動，主辦單位事先就能知道參加人員的名單，如此即可很容易地擬定主要出發地點的分佈情況。

接下來的工作是挑選一家指定的航空公司。篩選條件包含服務品質、飛行安全紀錄、班機多寡、班表時間與載客量等，其中，飛行安全紀錄爲重點考量要素；票價也是決定因素之一，只是，國際線票價能協商的空間通常遠小於國內線票價。而規劃人員也必須了解，相較於國內線班機，國際線班機的經營與協商比優惠票價來得更重要。不過，這並不表示折扣票價不重要。事實上，許多受到政府補助的國外航空公司給顧客的票價折扣空間較大。但是，最終的分析是，國外的航空業者與國內線一樣，其收益是取決於乘客的哩程數。

議價與洽談服務內容

儘管航空公司對票價有諸多規定限制，不過，如果你願意事先支付訂金，還是有許多某種程度的議價空間，尤其是活動前置作業期還很長或是匯率波動頗高時，議價就變得很重要。另外，取消班機或變更搭乘日期的手續費也是可與航空公司協商的項目之一。有許多航空公司有販售不可退款的機票，或者收取變更搭乘日期的手續費，使得想要變更班機時間或取消訂位的乘客感覺非常不便，而且所費不貲。根據作者的經驗，變更一天班機時間以順利接上國際線班機所需要的手續費成本，至少是搭乘接駁班機的二倍以上。因此，現今主辦會議活動的規劃人員與旅遊經理人已經學會評估提早訂位以獲得較低票價與出發前再變更行程所需額外支付的費用之間，其成本效益究竟孰輕孰重。

除了提供會議參加人員前往會場的運輸服務之外，航空公司也是會場位址評估選擇、議程支援以及整體宣傳很有用的資源。

此外，為了事先安排陸上交通工具與飯店房間，主辦單位應該定期更新乘客名單。一般而言，國營的航空公司普遍有較高的意願宣傳他們自己國家境內的會場位置。就規劃策略而言，此舉意謂著會議活動主辦單位決定會場地點之前，即可與該國洽談航空運輸的服務事宜。因此，主辦單位肯定必須事先了解哪些事務是可與當地政府進行協商，哪些環節做點讓步反而能得到比機票降價更多的利益。因此，當你在規劃國際性會議活動時，如果能善用航空公司的各項資源，你將會發現他們能夠提供許多非常有價值的服務，包括下列幾項：

1. 協助乘客與貨物通關。
2. 提供團體事先劃位，如應會議主辦單位的需求，事先將某個座艙或某個區塊的座位劃給該主辦單位團體的乘客。
3. 在長程航線中途停留的城市，提供住宿的補貼費用或特別折扣，例如給予轉乘航站附近飯店日間休息的折扣或過夜的優惠房價。
4. 在機場協助與會者開立機票與航班變更事宜。

在與航空公司協商的方式中，有一種作法是條件交換（quid pro quo）。例如航空公司願意提供會議主辦單位特別的服務或給予優惠價格，會議主辦單位則指定該航空公司為特約合作對象。如果交通費用是由公司統一支付，那麼基本上，大多數（甚至全部）的參加人員都會搭乘該航空公司的飛機；但如果是由參加人員自行負責的話，那麼你可以向參加人員宣傳航空公司優惠機票的網站和電話號碼，或是指名旅行社專辦團體旅遊的部門，以顯示主辦單位的信用度。

最後，你也可以設法尋找會議產業領域中，熟悉航空運輸領域的專家，就有關與航空公司協商的議題，請教他們的專業意見，並隨時與世界各國、各地區的會議專家或獎勵旅遊專家們保持聯繫。同時，與航空公司談判的策略，並不是站在對方的立場來思考，而是基於雙方願意共同達成的目標基礎下，尋求合作雙贏的機會。畢竟，在提供乘客舒適且安全的運輸服務前提下，圓滿地完成會議活動，這一點航空公司絕對會跟你的立場一致。

在會議或展覽會活動之前與活動期間，製作一份與會者的旅客名單（manifest），將有助於地勤人員規劃你期望的陸上交通工具。表13-1即為旅客名單範例。

海關與入出境

對一位經驗不足的會展規劃人員而言，要他們跨出自己的國境，前往另一個陌生國度境內時，心裡一定會充滿恐懼感。政府的法令條款、簽證規定、海關文件與相關稅賦全都有可能嚇壞毫無經驗的會展規劃人員。事實上，只要走一趟會展所在地的觀光旅遊機構、領事館或會議服務局，就可獲得這些繁雜的資料。這些機構普遍都能提供既明確又詳盡的資訊，有時候甚至能夠幫你排除一些障礙。儘管每個國家的法令規定不盡相同，但是仍然有些基本的法則可以參考。你絕對要記住的金科玉律就是，任何與政府相關的事務，絕對不要留在最後一刻才準備。

護照與簽證

在參加人員前往參加會議活動之前，務必要提醒他們申辦護照，如果已經有護照在手，也得請他們注意護照有效限期是否合乎規定，因為有些國家只發簽證給護照有效期間在六個月以上者。現今護照申請作業已進步到可以用網路申請，核發速度也加快許多，儘管申請者可能需要支付一些費用，不過，對許多人來說，節省護照申請的時間成本遠比需支付的額外費用重要。

有許多專門辦理簽證的機構可以提供相當多的協助。畢竟每個國家申請簽證的規定都不太一樣，也經常改變規定。此外，有些國家會要求必須擁有特定的他國簽證，有些則無此規定。特別要注意的是，不是所有從美國出發的參加人員一定全持有美國護照，應事先詢問團體內是否有人持有他國護照，那些人可能就得適用其他不同的簽證規定。

此外，即使某些國家可以給予觀光客或會議活動參加代表免簽證的優惠，卻可能要求領有酬勞的會議活動工作人員或演講人申辦工作簽證。因

表13-1　旅客名單範例

〔會議名稱〕〔地點〕　　入境／出境旅客名單　　______頁，共______頁

姓	名	入境日期	入境班機	入境時間	出境日期	出境班機	出境時間	備註

此，務必事先向旅遊顧問或國家觀光機構確認這些簽證申辦的規定，並隨時注意有無最新的變化。另外，因相關規定涉及航空公司的利益，因此航空業者也是獲得簽證申請規定最新資訊的來源之一。航空公司若允許乘客未備妥適當的證件即離開美國，一旦乘客被目的地國家拒絕入境，航空公司將會被目的地國家處以罰鍰。因此，若航空公司不希望支付罰金，也不願免費搭載未獲入境的乘客回程，勢必需要對這些簽證規定的資訊詳加留意，以便乘客劃位時，及時發現問題並拒絕該名乘客劃位登機。

一旦護照及簽證皆申辦完成後，務必請持有人將已蓋好章的簽證黏貼在護照內頁。在國外遺失護照或簽證，申請重新辦理的過程對當事人或提供協助的會議工作人員而言，都是非常難熬、耗時且令人沮喪的歷程。雖然美國駐外領事館扮演的角色就如同美國國務院延伸至海外的辦公室，提供的功能與國內每個政府辦公室一樣，然與一般人想法不同的是（或者可能是一般人一廂情願的想法），美國大使館與駐外領事館人員並非提供全天候的服務，也不太會熱心協助在當地遺失證件而徬徨無助的當事人。因此，如果你很不幸地在星期五晚間丟掉護照或簽證，而隔天就要飛回家了，那麼，你就應該更改回程的班機時間，因爲你得等到下週一早上的上班時間再到領事館，才有機會向這些駐外單位申報證件遺失並重新申請。同時，你還得注意申請補發護照的工作時間可能只在每天上午及下午的某個時段，一旦錯過該時段，可能得再等一天，更增加緊張無奈的感受。

駐外領事館也無法保證讓你當天立即取得補發的護照，除非你提出證明文件，證明你的回程班機時間將在二十四小時內起飛，而且備妥所需資料。下列幾點要項，可協助你加快領照的過程，建議你將這些要點加入「護照簽證遺失緊急處理手冊」中，並事先將這些資訊傳達給每位參加人員了解：

1. 萬一護照不幸被偷或遺失時，務必第一時間向當地警察單位報案，然後再向當地的美國駐外領事館等相關單位通報。很多人以爲自己護照被偷或遺失時，應該立即尋求自己國家駐當地的外交領事館或辦事處之協助。事實上，這並非應該採行的第一步作法，只是大多數無知或發生不幸的民眾多半不了解，反而優先求見駐外領事館或辦事處人員，結果只是耗費多時苦等這些駐外官員，最後還是得回去向警察機關報案。

2. 帶一份事先印好的護照影本前往駐外辦事處。這張護照內頁影本要有姓名、照片、護照發照日及有效期限，它是唯一可以證明你確實擁有護照的最佳文件，而且可以當場爲你自己驗明正身。
3. 帶另一張有個人相片的身分證件和（或）信用卡，信用卡上務必有你的親筆簽名，以便證明你的身分。如果很不幸的，你所有的證件全部遺失或被偷，身上已經沒有任何文件或照片可以證明你的身分，那你就得找到一位認識你且可以證明你身分的證人，一同前往駐外辦事處向那些駐外官員證明你的身分。
4. 帶二張護照規定格式的個人相片，一張塡寫申請表之用，另外一張需黏貼在補發的護照上。大部分民眾可能會記得要帶一張護照影本，卻不一定會多帶照片。因此，前往國外時，最好記得多帶二張護照用的照片，以免在異地還要浪費時間尋找照相館拍照。
5. 將申請表塡寫完整，這些表格可以直接向駐外辦事處索取，也可以自行上外交部的網站下載。
6. 攜帶足夠的現金，以應付申辦過程需要的費用。通常支付補發護照的費用只能用現金或旅行支票，不接受信用卡及個人支票，你最好事先向你的旅遊顧問、當地旅遊接待人員詢問相關資訊，或者直接上美國外交部官方網站查詢或是向護照／簽證代辦機構洽詢。
7. 攜帶航空公司或旅行社確認回程航班的書面證明文件。如果回程班機是在當天或四十八小時內離境者，這些訊息可能有助於駐外辦事處的官員優先著手進行你的申請案。

能夠事先設想補發重要文件的預備步驟，絕對是正確的作法，但是最好還是備而不用。爲了降低護照遺失或被竊的風險，會議主辦單位應該在參加人員海外旅遊行前注意事項內，特別強調要保管好旅遊文件（尤其是護照）的重要性。此外，若旅行者能記住自己的護照號碼的話，補發護照作業將會更迅速，不過駐外辦事處官員還是會詢問申請人一些基本問題，諸如出生地、公民身分、出生日、護照號碼、發照日及有效期限等。

護照影本最重要的就是前二頁，亦即有護照持有人的相片以及上述資料的頁面。影印份數最好是二份，一份自己留存，但是不要與護照正本放在一起，另一份則在報名時交給會議主辦單位保管。如此一來，護照持有人有自

己的護照影本備份，會議主辦單位也有所有參加人員的護照影本資料，一旦眞的發生護照被偷或遺失的事件，即便當事人找不到自己的護照影本，會議主辦單位也能適時提供當事人的護照影本予以協助。最後還是要提醒所有與會人員，多帶二張護照用的相片，以備不時之需。

美國人迎接國際旅客的方式

美國境內也常舉辦大型的國際性會議活動，有來自世界各地的代表人員參加；惟自九一一恐怖攻擊事件發生後，美國境內舉辦國際會議的主辦單位普遍感受到一股異於以往的新氛圍：來自世界各地至美國參加會議活動的國外人士，顯然都受到更嚴格的出入境法令的影響。因此，會議主辦單位需要提供更明確的安檢資訊給與會人員，而最有效的媒介就是會議活動的網站。

會議主辦單位必須告訴想報名活動的與會者，最近入境美國的國外旅客會受到更嚴格的安全檢查，申請簽證的時間也須提早至六個月以前。美國國務院表示，欲申請美國入境簽證者，最好能夠提出美國境內發出的邀請函。只是這類邀請函不宜以你們組織協會任一位同仁的名義發出，畢竟你們都不了解眞正申請簽證者是何方神聖。在這種情形之下，邀請函的型式最好採用開放式或對任何相關機構團體發出一般性的邀請函。此外，儘管邀請函可能是美國駐外單位核發簽證與否的條件，你還是得小心謹愼，最好在邀請函中必須說明清楚，主辦單位並未資助與會者的旅費，也不負責這些人在美國境內的行爲。因此，邀請函最好只列出會議活動的日期及地點，簡略說明活動的目標，強調其教育訓練的目的。

主辦單位應事先提醒會議活動參加人員，由於現在機場的安全檢查較嚴格，他們可能會延遲到達會場。這些嚴格的安檢措施包括對訪客更詳細的審問、拍照存證、按指模與全身掃描。做這樣的說明是基於善意的事實陳述，而不是要嚇唬讀者。因爲自從九一一恐怖攻擊事件之後，美國人對外來旅客申請觀光簽證，普遍抱持比較不友善的態度。如此政治氛圍，對會議產業而言，無異將導致極大的衝擊，讓各個主辦單位不得不更小心翼翼地遊走在鋼索上，一方面盡可能地吸引眾多海外參加人員前來美國參加會議，另一方面也得避免自己的組織協會陷入政治性風暴。

傳染病的防疫措施

除了護照與簽證問題之外，有些國家會要求入境的外國訪客必須具有某些疾病的防疫能力，或者至少有他們要求的幾種疾病的免疫能力。有些地區是眾所皆知高傳染性疾病如瘧疾、阿米巴性痢疾或其他傳染性疾病的疫區，民眾前往這些地區，得事先施打預防針，或是提出最近曾經接種疫苗的免疫證明。會議主辦單位務必特別注意參加人員是否皆符合地主國當地的衛生醫療規定，否則一旦有人被發現對某種高度傳染性疾病無抵抗能力時，當地的衛生醫療機構有權力拘留這些人，或者強迫施打預防針或是逕行隔離。想了解世界各地的防疫資訊，你可以向疾病管制中心或世界衛生組織等專業機構洽詢，也可以請教會展當地的觀光機構，了解各個國家要求施打預防針的傳染性疾病有哪些。表13-2列出衛生醫療機構建議旅客到國外旅行時，應注意的幾種常見傳染性疾病。其實，每位計劃前往國外的旅客，都應該在行前洽詢醫師，就即將動身的旅遊計畫，事先了解應採取哪些適當的預防措施。

設備與物資的運送

當你一開始在籌劃國際性會議活動時，將會議活動需用的物資設備運往會場所在地，也是你想要尋求專業人士協助的重要課題之一。尤其若有舉辦

表13-2　常見的傳染性疾病與疫苗

1. 白喉（Diphtheria）與破傷風（Tetanus）混合疫苗（DT）
2. A型肝炎（Hepatitis A）
3. B型肝炎（Hepatitis B，屬於特定地區與特定活動）
4. 瘧疾（Malaria，屬於特定地區與特定活動）
5. 痲疹（Measles）、腮腺炎（Mumps）、德國痲疹（Rubella）混合疫苗（MMR）
6. 傷寒（Typhoid，屬於特定地區與特定活動）
7. 黃熱病（Yellow fever，屬於特定地區）

展覽會，更需要運送大批貨物至會議現場。整個貨物運送過程需要由貨物運輸業者將貨物自上貨地點運送至會場，當貨物到達目的地時，報關行可協助貨物的通關作業，甚至可能需要再加派貨運公司將物資從海關檢查站運送至你指定的飯店、會議中心或其他地點。

幸運的是，各家業者往往通力合作，所以你只需要找到一家符合你需求的貨運公司，該公司通常會有配合的報關行與貨運公司。總之，委託這些已具有整合服務的國際貨運業者，將可使貨物運送作業更有效率。

大多數精明能幹的全球會展規劃人員都知道國際貨物運輸與入境通關檢查作業的法令規定非常複雜，需要具備的書面文件非常繁瑣，若非有經驗的報關行協助，實難處理妥當。只要有一張清單上有點小小的錯誤，你的貨物即有可能被留置數天甚至數個禮拜。專業的國際運輸與報關行能安排整個貨物運輸的過程，準備各個環節所需要的書面文件，讓你的貨物由出發地運到會議所在地，之後再運回國，其所收取的費用，遠比你屆時碰到突發狀況而需額外付出的成本費用來得划算。然而，儘管有專業人員爲你安排所有的文書作業，諸如無關稅國際通行證、保稅證明及貨物清冊（manifests）等，但身爲託運人的會議主辦單位，還是應該遵循下列幾項要點，以確保貨物順利運送至目的地：

1. 準備詳盡的貨物清單，以貨櫃編號分類，每件貨物的編排序號務必要正確無誤。
2. 每件箱子都應該貼封條及編號，並造成冊。
3. 有些國家的關稅係以重量計價，因此，最好事先將每件貨物的重量製表列冊。
4. 準備每件物品的貨運單，並將其價值標明其上；包裝貨物時，宜將活動後需託運回國的貨品與在會場使用不再運回的物品，如產品文宣、贈品、獎牌與其他事務用品等，予以分開包裝。
5. 貨櫃應該保持隨時可以開啓（但不是可以輕易開啓）及重貼封條。
6. 避免貨物運抵目的地的時間爲當地的節慶、假日或假期前幾天（有關世界各地主要節慶及假日，請參考表13-3）。
7. 委託的貨運運輸業者，最好在當地有合作的報關行，且熟悉當地海關的法令規定，若有熟識相關官員會更好。

表13-3　不同地區、宗教與文化的主要節慶與活動

亞洲
- 中國農曆新年
- 佛祖誕辰紀念日
- 中秋節

歐洲
- 英國皇家賽馬會（Ascot）
- 法國革命紀念日（Bastille Day）
- 德國杜塞道夫國際鞋展（Dusseldorf Shoe Fair）
- 英國范保羅航空展（Farborough Air Show）
- 德國法蘭克福汽車展覽會（Frankfurt Auto Show）
- 瑞士日內瓦汽車精品展（Geneva Car Salon）
- 義大利米蘭時裝展（Milan Fashion Show）
- 法國巴黎航空展（Paris Air Show）
- 北歐聖靈降臨節（Whit Monday）
- 英國溫布頓國際網球公開賽（Wimbledon）
- 歐洲世界盃足球賽（World Football Cup）

拉丁美洲
- 巴西嘉年華會（Carnival in Brazil）
- 墨西哥聖週（Semana Santa）
- 智利聖地牙哥航空展（Santiago de Chile Air Show）
- 拉丁美洲世界盃足球賽（World Football Cup）

中東、北非及印度地區
- 回教人士的節曆，諸如：
  12月－祖勒・罕哲（Dhul）
  10月－祖勒・蓋爾德（Dhul oa'da）
  5、6月－朱馬達（Jumada-ul awwal I and II）
  9月－萊麥丹，又名齋戒月（Ramadan）
  2月－賽法爾（safar）
  8月－舍爾邦（Shaaban）
  10月－閃瓦勒（Shawwal）
  3、4月－賴比爾（Rabi-ul awwa I and II）

猶太人節日
- 光明節（Chanukkah）
- 踰越節（Passover）
- 猶太新年（Rosh Hashanah）
- 贖罪日（Yom Kippur）

基督教節日
- 聖誕節（Christmas）
- 復活節（Easter）
- 諸聖節（All Saints Day）

行前注意事項

於參加人員離開家門上飛機前，提醒他們國外旅行的注意事項，是身為國際會展專家應盡的主要責任之一。特別是第一次出國者，尤其需要告訴他們如何準備旅遊計畫與到達目的地國家時可能會面臨的各種狀況。即使是經驗豐富的旅行者也免不了會忽視一些在國外陌生環境可能會發生令人困窘或引起不便的小小插曲，更遑論毫無出國經驗的初次旅行者。這些人在海外實地親身體驗到的各種經歷與感受，與你行前事先提供給他們參考的注意事項有絕大關係。因此，謹慎處理參加人員對海外會議旅遊的期望，灌輸國外事物有可能與國內大為不同的觀念，這些都是在國外舉辦一場成功會議的基礎要件。

在事先提供的報名資料或確認報名回函中，即可將會展地主國的簡介資料一併附送給各個參加人員。你可以向地主國的會議服務局或觀光局等單位索取詳盡的地主國觀光導覽手冊，手冊內應該會有會展所在地的城市地圖、地主國的國家介紹與當地各種特殊的活動慶典等資訊，諸如文化風俗、歷史沿革、政府組織架構、氣候、觀光景點、購物地點、匯率換算標準、風俗習慣、當地電器使用的電壓與其他提供旅行者舒適及安全的各項資訊。

每個會展地點都有其獨特的屬性與法令規定，任何一次海外旅遊也有其某種程度的特色，參考下列幾項要點，將可使你的團體在海外旅遊行程中獲益良多：

1. **護照及簽證的規定**（請參考前面幾節的內容）：向參加人員說明簽證規定，提供當地駐外領事館或辦事處地址，告知簽證服務的方式、費用與作業時間，建議參加人員確認護照有效日期合乎規定，同時提醒他們多帶二張護照用的相片與護照內頁影印本。
2. **飯店資訊**：提供飯店簡介資料，其中應包含飯店地址、電話、傳真號碼、電子郵件信箱、網站位址及地理位置圖，同時將直撥電話的國碼、區域號碼、基本費率與額外收費方式等資訊一併告知參加人員，以方便他們撥打電話給家人或公司。

3. **文化資訊**：提供當地文化資訊，敘述不同文化的差異性、當地風俗習慣、禁忌、服裝規定、用餐與社交禮儀、節慶活動、假期與特色風味餐，同時可將當地常用的生活用語、慣用語、寒喧用語等彙編成一本小冊子發給參加人員參考備用。
4. **匯率資訊**：建議旅行者兌換一筆小面額的當地貨幣，以便於觀光遊覽或搭乘交通工具之用。旅行支票通常有較高的匯率。此外，也提供飯店附近可兌換當地貨幣的銀行或外匯兌換處之資訊，包括銀行或兌換處的名稱、地址、營業時間與位置；如果飯店附近有自動提款機可提領現鈔，也一併提供相關位置。
5. **保險**：建議參加人員針對特殊項目投保保險，或是針對自己個人的財物投保物品險；租用車子時，需投保意外險。另外，也可以提供醫療險投保公司予參加人員參考。
6. **醫療資訊**：確認必須或可選擇性施打的傳染病預防接種疫苗。如果參加人員有服藥情形，建議其事先向醫生要求開立足夠的處方藥物，並記得攜帶眼鏡。要求較年長的參加人員提供常用藥物清單，詢問是否有人在身體上需要協助的地方或特別的需要，有無食物過敏或禁忌的情形，或者需要其他特別的照顧等。
7. **陸上交通**：提供機場至會場或市區接駁工具的資訊、免費乘車券、轉乘優惠券、計程車費率以及大眾運輸系統等相關資訊。另外，也應包含手提行李的安排、重量限制、行李標籤、通關文件及其他團體快速通關的手續。
8. **服裝**：根據當地氣候與風俗習慣，提供男性與女性參加人員於社交場合、會議現場和休閒活動穿著上的建議。要特別注意的是，若是會場地點在回教國家境內，女性須遵守嚴格的服裝規定，以免觸犯當地的禁忌。一般來說，不管該國主要的宗教信仰爲何，當女性露出手臂、腿部或頭部進入祭祀的場所時，都會被視爲是不敬的行爲。同樣地，儘管現今夏天觀光季節時常看到眾多男性穿著短褲、無袖背心上衣，腳上踩著涼鞋，但這付裝扮要進入寺廟中終究不妥。其實，讓與會者和工作人員穿著舒適又合宜的服裝也是主辦單位的職責所在。
9. **當地政府的政策**：蒐集當地觀光旅遊方面的法令規定細節內容，諸如每人可攜帶多少外幣進入地主國，攜帶酒類、寵物、藥物或槍枝的限

制，以及其他受管制的物品有哪些，當然也不要忘了稅賦的資訊，尤其是在一些國家，旅客可以在離境時要求退稅。

10.**汽車資訊**：如果參加人員想要租車，主辦單位也要告知在當地開車的規則以及高速公路的法令規定，並將汽車出租公司的資料、計價方式與保險規定等資訊提供給需要的人員。

有些會議規劃人員預期可能會有參加人員完全沒有至國外旅遊的經驗，因此在行前說明事項內，會再補充下列建議給與會者參考：

1. 機場平面圖。
2. 行李內應攜帶：手電筒、雨傘、變壓器與鬧鐘。
3. 離家前應做的事：安排信件收件的地址、暫時停止訂閱報紙與其他因離家多日需要聯繫的事項。
4. 旅客返程入境的海關作業規定。

在參加人員上機出發前，提供這些基本常識和當地特有的資訊讓他們有心理準備，將有助於避免他們在不熟悉的地方發生困窘、不便和可能的危險，並確保他們參加這場國際會議能獲益良多。

通關作業

世界各國都會藉由關稅來抑制外來的貨品與物資進入他們的國境。在會議產業領域中，因爲經常需要運入消耗物資、設備和日常用品，或是再轉運到其他國家或原寄發地，因而有許多例外性的法令規定。但是旅客個人行李、禮品或個人使用的物品等又有其他管制規定。基本上，這些貨物品項會隨著種類、用途以及國家而有不同的規範。不過，以下的要點在大多數的國家均適用。

如果你的與會者是集體行動，猶如團體旅遊般，那麼你可以安排他們的行李集體卸下與集體入關。你只要將需要集體下機的行李，以醒目的行李牌標示妥當，並請航空公司將你掛上專屬吊牌的行李集中放置；接著，特許進入旅客到站管制大廳的DMC得以進入該區協助通關事宜，也可避免一些語言溝通的障礙。在進行通關作業之前，務必要確認每位參加人員都了解當地海關對攜入貨幣與管制品如酒類與香菸的限制規定，尤其是麻醉品，幾乎是世界各國一致禁止攜帶的物品，有些國家查獲旅客攜帶毒品等類物品時，甚至以死刑論罪。

除了上述違禁品之外，海關人員通常不會很嚴格地檢查個人行李，合理數量的禮品也均可納入個人行李中。

另一個要注意的面向是回程的通關。主辦單位應取得政府相關規定的最新資訊，並告知所有參加人員下列事項：

1. 可攜帶入境的免稅禮品數量。
2. 入境時，哪些物品需要個別申報。
3. 哪些物品有數量的限制，哪些物品不得一起攜入。
4. 超過免稅值的物品，如何課徵稅金。
5. 需要繳付稅款給海關時，可以使用哪些貨幣或支付方式。

旅遊安全

每個出外旅遊者，能夠承擔的風險程度均不同。在外活動，除了恐怖攻擊的威脅之外，還須防範偷竊或行兇搶劫等情事發生。具有高風險的旅行者，多半會進行特殊的自衛訓練；而低風險的旅行者，則採取一般的預防措施即可。下列幾點外出旅遊自我保護的措施，也是身爲會議規劃人員，需要提醒每個參加人員注意的項目：

1. 檢查你的錢包，拿出用不到的物件，例如多餘的信用卡、軍職識別證或是名片，尤其是位高權重者，更要避免身分證明文件遺失後遭人冒用。
2. 避免使用昂貴的行李箱，也不要吊掛醒目的行李牌，避免讓不法之徒察覺你是社會地位非常高或很富有的旅行者。

3. 穿著宜低調，應盡量與會場所在地當地人的服裝相仿。將西裝或套裝放在行李箱內，在旅途中穿著舒適、輕便的服裝，較不引人注目，尤其應避免穿著設計師品牌的服裝，以及印有著名卡通人物、文字訊息或是口號等圖樣。
4. 絕對不要戴昂貴的珠寶在身上，如果你在國外某些場合需要佩帶首飾，也務必將身上的珠寶隱藏好，或者將這些貴重物品與其他重要文件存放在飯店的保險箱裡，需用的場合再拿出來使用。
5. 要記住一點，搭乘飛機乘坐頭等艙的乘客，普遍被視爲非常富有之人，因此通常也是被綁架或挾持的頭號目標。
6. 班機時間宜盡量避開交通尖峰時間；在機場時，如果可能，盡量避開擁擠群眾之列。因此，時間允許的話，宜提早到達機場，事先取得登機證，並確認行李確實進入貨物輸送帶。
7. 隨身行李以輕便爲原則，否則可能會使你行動不便。
8. 不要走進雞尾酒吧內，同時也應避免飲酒過量。畢竟，出門在外，你需要保持清醒與警覺性。

現場說明會

如同團體旅遊行程，旅客第一天到達目的地國家時，主辦單位往往就會舉辦一場說明會，介紹當地的環境，或者辦一場歡迎會，並發送資料，但有些人可能在辦理現場報到或飯店入住時就已拿到相同的資料。基本上，說明會介紹的主題包括下列各項：

1. 一般的環境介紹：運用當地的地圖，介紹飯店的位置、附近的觀光景點、市中心、銀行、商店等相對位置。同時也提供便捷的大眾運輸系統、計程車費率等資訊，還有各項服務的小費額度。
2. 歷史文化：說明當地的社交禮儀與商業習慣，正式和不拘小節的言談模式，還有與名流顯貴人士或賓客互動的禮儀。
3. 衣著：說明會議場合、宴會或休閒活動的適當穿著。還有明確指出以當地標準而言，低品味的穿著方式。

4. **服務**：介紹飯店附近的國際商業中心、服務業、銀行、貨幣匯兌處所及美國運通公司的辦事處位置。
5. **購物**：說明當地購物的議價方式，殺價技巧以及商品一經售出概不退換的規定。推薦優質的商家，解釋營業稅退稅手續以及以信用卡購物的注意事項。
6. **維安**：在可能發生危險的地區，提醒外來訪客應多小心謹慎，盡量低調行事，同時提供緊急救難資訊，指派一位工作人員專責處理安全事件的聯絡工作。
7. **其他緊急事件處理**：提供當地駐外領事館的地址、電話以及聯絡資訊，告知訪客一旦被逮捕或拘禁時，駐外領事館的法令政策與作業程序。如果可能的話，在會議活動的注意事項中一併提供地主國政府的官員姓名也會有幫助。
8. **當地生活用語手冊**：將地主國的生活用語、有助益的表達方式與社交禮儀彙編成口袋書或卡片，供與會者參考使用。

在參加人員出發前，提供這些常識以及該國特有的資訊給他們預先做準備，將有助於他們適應陌生國度的不同文化與不同風俗習慣，以免發生困窘或不便的情形、降低可能發生的風險，同時也確保他們參加本次國際會議能夠受惠。

重點回顧

- 當你規劃國際性會議活動，需要選擇合作的航空公司時，應該要考慮該公司的服務品質、飛行安全紀錄、票價成本、班次多寡及其他協助服務，諸如保留團體座位或通關事宜。
- 向會展當地的觀光機構洽詢護照及簽證的最新規定，事先告知參加人員將這些資料備妥與保管妥當的重要性。
- 當你需要運送貨物至海外時，務必委託專業的國際運輸貨運業者及報關行協助貨物運輸與通關作業，以避免運送過程發生延誤或遭當地海關人員刁難。
- 在參加人員出發前，務必提醒他們再次檢查護照及簽證是否合乎規定，並告訴他們會展當地的匯率、醫療以及相關保險等事宜，同時也應提醒他們適宜的穿著與需要的交通工具。最重要的一點，記得提醒每位參加人員將自己的財物保管好，在會場當地應避免像個觀光客般引人注目。

輔助素材

延伸閱讀書目

Axtell, Roger E., *Do's and Taboos of Hosting International Visitors,* John Wiley & Sons, New York, 1990.

網路

Centers for Disease Control: www.cdc.gov/travel.

Global passport and visa services: www.global-passport.com.

U.S. customs: www.ustreas.gov.

US passport information: www.travel.state.gov/passport_services.

U.S. State Department Travel Warnings: www.travel.state.gov.

第十四章
安全與維安工作

會議與活動的莫非定律

如果事事都穩當，那就一定會出錯。

如果你試圖要取悅每個人，一定會有人不買帳。

如果你把事情解釋得很清楚，卻沒有人聽得懂，那麼自然會有人將它解釋清楚。

—— 安全保護專業合格人員理查．渥斯（Richard P. Werth, CPP）

内容綱要

我們將在本章探討：

- 規劃一場會議、年會或展覽會時，如何知道你所要保護的對象
- 國際會議之風險評估與分析
- 國際會議之風險管理
- 如何購買國際性的健康保險及其重要性
- 如何規劃與掌控醫療緊急事件措施
- 如何擬定基本的安全程序
- 保留重要文件副本的重要性，例如護照
- 如何規劃與掌控意外的天氣變化
- 如何預設與處理罷工與停工
- 如何購買合適的活動保險

有些人主張在活動企劃人員的職責當中，確保與會者的安全與維安工作是最重要的事。遺憾的是，避免去想到不愉快的事件是人之常情，活動規劃人員往往未注意或未準備好要掌握緊急狀況，最後爲時已晚。不用說，要在危急情況發生之前想出解決之道，不能等到事件已經發生才慌亂應對。全面的風險評估以及意外狀況的規劃，並準備明確的緊急措施與危機處理計畫，必須成爲每一位企劃人員的標準作業程序。

2001年9月11日的大事件，使得安全、危機處理以及意外事件的規劃對於世界各地的活動產業專業人員而言，已成爲專業考量的要務。我們很多人都直接受到九一一事件的影響。雖然人們不會將活動規劃想成是一個特別危險的活動，但是就像許多在九一一當天正在工作的人們一樣，當世貿中心崩塌時，我們的同業伙伴們也葬身其中。在一場企業會議中的規劃人員和與會者以及「世界之窗」（Windows on the World）的餐飲服務人員全都遭遇不幸。在萬豪世貿中心酒店（World Trade Center Marriott）被崩塌的雙子星大樓湮沒之前，有一位英勇的會議規劃人員和酒店員工安全地疏散三百三十位美國商業經濟學人協會的會員。由於所有進出美國的空中交通都陷入停頓，

因而全世界成千上萬參加會議與活動的人員都只能坐困愁城。從未注意過「不可抗力因素」（force majeure）這個詞的會議規劃人員在一夕之間領悟到閱讀與了解所簽署合約重要性。

無庸置疑地，九一一事件以及事後造成深遠的影響，企劃人員和供應商更警覺到我們這個行業遇到未能預見以及無法控制的活動時，相當容易受到影響與傷害。不幸的是，喚醒我們全體的警鐘並未在那恐怖的一天告停。九一一事件之後，2002年恐怖炸彈攻擊峇里島上一間擠滿遊客的迪斯可舞廳，2003年SARS傳染病的毀滅性影響，還有2004年一連串的事件，包括在馬德里繁忙的中央火車站發生另一起毀滅性的炸彈攻擊，佛羅里達州全區在六週內受到四場颶風的襲擊，以及在整個印度洋地區吞噬掉幾十萬人性命的大海嘯，喪生的人裡頭許多都是觀光客，這些災變都使得全球活動產業再度受到撼動。在2005年，整個倫敦大眾運輸系統因爲恐怖炸彈攻擊而停擺，還有美國的紐奧良市完全被伴隨著卡翠娜颶風而來的大洪水給淹沒。作者在此致上深切的期盼，希望本書出版之前不會再有任何災難事件發生。

不用說，要讓一場活動停擺不見得一定要是一場大災難。各種較常見的威脅以及危險就能隨時對活動造成負面影響。醫療緊急事件、與天氣相關的危機，街頭犯罪、罷工、抗議，以及各式各樣其他的意外事件都可能威脅到與會者的福祉，因此必須事先防範。請記住，預先設想一個威脅或危險是預防它發生的第一步，或者至少可以將負面影響減至最低。舉例來說，雖然要預防颶風發生是不可能的事，但是在颶風季節避免到容易發生颶風的地點即可免去威脅。如果地點別無選擇，風險又是已知的，那麼與取消活動相較之下，充分的應變措施以及保險將有助於減少可能的損失。在最糟的情況下，緊急應變措施將有助於保護與會者的生命安全。

保護的對象

與會者和工作人員的安全與維安工作應該列爲第一要務。除了人身安全之外，維護活動中的產物、智慧財產以及金融投資都是重要的項目。這些事務都和活動的成功、你的職業聲望，甚至是你公司或機構的商譽可能息息相關，因此應該採取得宜的措施來保護所有這些有形與無形的資產。

企劃人員的責任，其重要性不可低估。合格的安全保護專業人員理查．渥斯（Richard P. "Rick" Werth）是「活動與會議安全系統」（Event & Meeting Security Systems）的前總裁，他利用表14-1所列示的工作單來解釋從一開始就提供適當的保險與安全的重要性。往往，這些基本的風險管理要素都被忽略，不是被當做事後追加的項目，就是考量到費用昂貴而無法納入活動預算中。對於將決策放在可計量投入上的資深經理人而言，顯示全部有風險的「基本要求」（bottom line）有助於正確評估情勢。除了活動後勤補給的實際成本外，所有的「人力資本」（human capital）的價值也必須要加以考慮。公司或主辦單位要設址、招募新人以及訓練員工來取代那些在災難中不幸罹難的人員要花費多少錢？如果高階經理級與會者的技術與經驗突然必須被撤換，會丟掉多少生意？如果是在量化的架構下來看，增加必要的資金以提供充分的風險管理，其成本效益是顯而易見的。無論是特殊保險、安全或是這兩者，增加的成本通常不會超出總預算的1%或2%——這是非常值得的前瞻性投資。

風險評估與分析

全球的活動企劃人員都了解，只要是到海外就會有風險。當你和你的與會者在另一個國家，其文化、語言與風俗習慣都迥異於國內，許多你認爲理所當然的事全都變得不是那麼一回事。在一般情況下，這點可能就足以讓人驚慌失措了，更不用說當遇到緊急情況，你卻無法得到任何你所熟悉的支援系統時會有多無助。你知道在羅馬如果要打電話叫救護車要撥什麼號碼嗎？你知道在里約熱內盧要如何從街上的公用電話亭打電話給你下榻的飯店嗎？你知道在新加坡要送一名與會者進到醫院急診室需要那些東西嗎？

彼得．塔羅醫師（Dr. Peter Tarlow）在他所寫的教科書《活動風險管理與安全》（*Event Risk Management and Safety*）中提到：「談到風險管理，不僅是要問正確的問題，找出正確答案也一樣重要。」在海外活動的案例中，當你對許許多多的事物都不熟悉時，將所有正確的答案整理成一份清單確有其必要。我們怎麼知道該問哪些問題？尤其是當我們將要在一個完全陌生的環境中工作時。

表14-1 計算一名活動企劃人員的職責值美金多少錢

你的職責價值多少錢？

爲你的下一個活動回答以下的問題：

1. 每位主管級／貴賓與會者值美金多少錢？ $ ________
2. 每位員工／與會者值美金多少錢？ $ ________
3. 每位顧客／賓客值美金多少錢？ $ ________
4. 產權資訊／財產值美金多少錢？ $ ________
5. 會展活動的總金融投資？ $ ________
（亦即，飯店、空中／陸上交通運輸、活動、餐點、禮物、服務、生產設備／系統等等。）
6. 成功的活動對於企劃人員的總體價值？ $ ________

總和 $ ________

現在，比較每位與會者的成本：
總活動價值／成本 $ ________ 除以與會者人數＝每人 $ ________
總活動安全成本 $ ________ 除以與會者人數＝每人 $ ________

你是否盡責地做了有效的保護呢？

© www.eventsecurity.com

我們建議一開始就列出一張「怎麼辦？」的清單，詳列每一個你想得到會使你的活動中斷或停擺的事物：你絕對不會希望發生這些可怕的事，也絕對不會想要被迫處理這些事。如果有人不幸喪生怎麼辦？如果發生意外或是有人生重病怎麼辦？如果發生火災怎麼辦？如果斷電怎麼辦？如果會議資料全部都沒有送達怎麼辦？如果主講者沒來怎麼辦？如果因爲空中交通的飛航管制員罷工，而導致沒有一個與會者出席怎麼辦？如果有一名與會者被襲擊怎麼辦？如果與會者因為對某人施暴而被逮捕怎麼辦？

一旦你製作好清單，你可能會覺得不知所措，因爲可能的災害實在太多了。我們要如何預防萬一呢？答案是沒有人能夠預測或是預防每一個可能的危險發生，當然你也不例外。但是，你可以利用你的「怎麼辦？」清單將重點放在會對活動及參加人員產生最大危險的事件上。將活動和與會者的背景、活動的時間地點、當地情勢、會議內容還有任何可能發生的情況全都納入考慮。

法學博士泰拉・西利亞（Tyra Hilliard）是合格的會議專業人員，也是拉斯維加斯內華達大學的觀光與會議管理系副教授，他建議提出下列問題來評估一個特殊活動的特定潛在風險：

1. 有任何關於活動舉辦時機的考量嗎？是日期還是季節？
2. 有任何關於活動舉辦地點的考量嗎？例如，特定的目的地或是場地。
3. 有任何關於活動參加人員的考量嗎？例如，年齡、生理限制和政治觀點。
4. 有任何關於活動內容的考量嗎？像是爭議性的內容以及可能有危險的活動。
5. 哪些部分有造成損失的風險？
6. 哪些部分特別容易造成損失？
7. 誰會遭受損失？
8. 結果會如何？

經驗豐富的企劃人員與安全專業人員整理出一些重要的安全與風險考量事項，茲列於表14-2。這張表跟你自己的清單相似嗎？有些考量適用所有的活動，無論是國內或是國際會議。死亡、疾病、意外以及火災隨時隨地都有可能會發生，必須放在每一位企劃人員清單的前幾項。其他的考量，像是天氣、勞資爭議以及政治局勢不穩定，也許是某個地點或是當前的情勢所須特別注意的。

現在你知道要問什麼問題了，那麼你要到哪裡去找答案呢？各式各樣的資源都有，有些可能是你正在合作的人員，像是飯店或是會議場地的當地代

表14-2　活動安全風險與考量

1. 街頭犯罪
2. 健康／醫療
3. 場地安全與維安工作
4. 具所有權的資產
5. 天氣
6. 高層主管的保護
7. 恐怖攻擊
8. 語言溝通
9. 文化與宗教
10. 風土民情與法律
11. 罷工
12. 政治
13. 傳統曆法
14. 交通規則

表、DMC或是觀光當局。美國國務院以及地主國的大使國或領事館，以及地方、全國和國際新聞服務，都有助於你隨時掌握目的地的政治發展。疾病管制中心（Centers for Disease Control, CDC）、旅遊醫療網站以及保險公司均會提供及時的健康資訊以及預防注射的建議。

最後還有一件重要的事就是，別低估了你的專業人員網絡的重要性。你可以找到經驗豐富的同業人員，他們像你一樣長年在世界各地規劃會議與活動。也許你認識其中幾位。許多都是國際會議專業人員協會（Meeting Professionals International, MPI）或是專業年會管理協會（PCMA）的會員，他們會參與專業人員教育訓練會議，以及由這些協會主辦的國內外網絡活動。如果你還不是這些協會的會員，單就擴大你的全球資源網絡而言，你應該要考慮加入。MPI與PCMA均設有學生會員與實習專業人員會員制度。

風險管理

一名好的風險管理者會看見兩個變數：一是可能發生造成分裂的活動，二是其結果的嚴重性。如果一個活動非常可能發生而且會有嚴重的後果，那麼它就比一個不太可能發生而且不會造成嚴重後果的活動要來得相對危險。

舉例來說，如果客戶要你在八月時於加勒比海舉辦一場會議，那麼颶風搗亂這場活動的可能性就會比在二月時舉辦會議或是在其他地理區舉辦會議要高出許多。有鑑於颶風襲擊的機率相當高，而且帶來的結果可能很慘重，這就是一個你必須完全避免的風險。如果無可避免地，你必須在八月時於加勒比海舉行會議，那麼你就必須要盡你最大的努力來管理這個風險。

風險管理的基石之一就是保險；另外一個則是意外事件的規劃。你應該購買適合的會議取消／中斷保險（cancellation/interruption insurance）來保護你投資在會議上的金錢，並且準備一個突發事件的計畫，譬如假使在最後一刻必須要更改場地的話，也要確保會議能持續進行。最後還有一件重要的事就是，你應該要跟當地的人士合作，準備緊急措施計畫，包括當颶風威脅來勢洶洶，與會人員與工作人員又已經在現場了，你們該如何撤離。

針對海外會展活動中所有可能會發生的危險，提供意外事件的準備以及緊急措施計畫的詳細說明不在本章的範圍之內。不過，有一些重要的考量類別值得一提，像是醫療緊急事件、安全與維安、氣象變化、自然災害以及勞資糾紛。

醫療緊急事件

與健康相關的議題是在海外需要特別注意最常見的情況。無論是出差或旅遊，許多人在旅行時都容易忽略身邊的環境，甚至如果他們是某個組織團體的成員，警覺心就更低了。一旦他們脫離了熟悉的周遭事物以及日常職務，他們也很容易放任自己處於非常鬆懈與不負責任的行徑中。結果，意外、運動傷害、暴飲暴食、飲酒過量、食物過敏、勞累以及因飲食、行爲改變和水土不服引起的疾病就更可能發生了。

幸運的是，藉由充分的行前資料與教育訓練以及現場監督管理會議活動與社交活動，許多這類的健康風險都可以預防或是降至最小。在例行的風險評估中，一位經驗豐富的企劃人員懂得判斷是否有任何特殊的健康議題跟目的地或會議場地有關，以及是否有任何特殊的健康要求或是建議正在實施。

威脅生命的醫療緊急事件，像是心臟病、中風以及過敏性休克也可能發生，而因為意外或暴力犯罪造成的重傷也同樣可能發生。以較大型的活動而言，有成千上百的與會者來到現場，因而事件發生的機率也會增加。舉辦大型活動時，應聘雇現場輔助醫事技術人員或是隨時待命的馬上辦中心，如果活動地點在偏遠地區，那麼建議要在現場設立醫療小組。

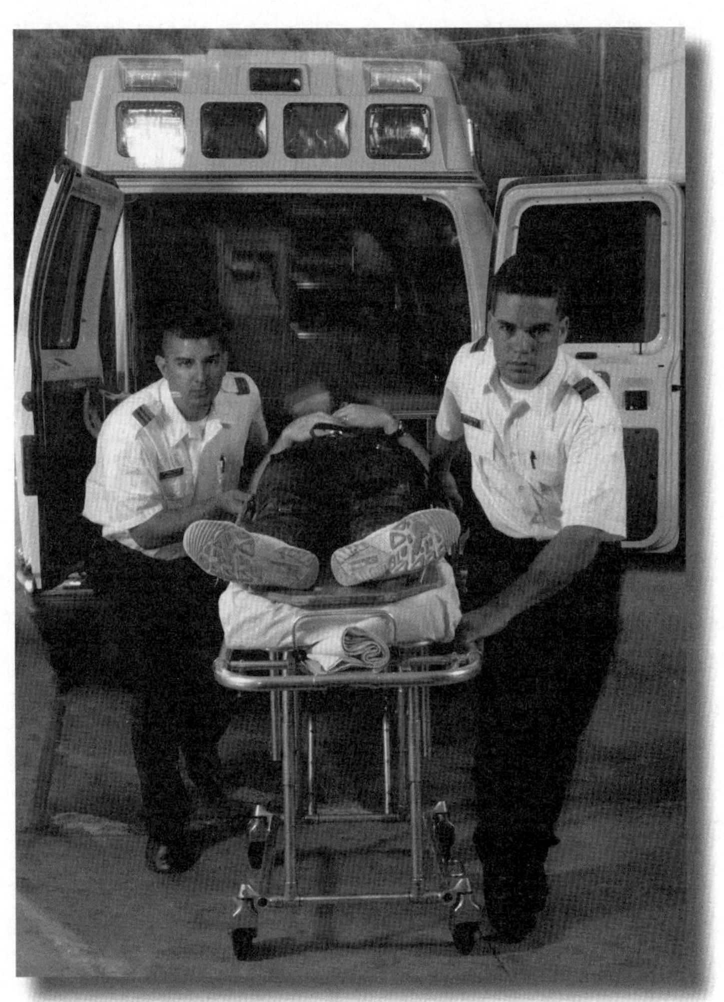

舉辦大型國際會議時，現場應備有醫療小組隨時待命。

然而，活動規模並非規劃海外健康相關突發事件的決定性因素。即使是一個小團體，也需要特別注意細節，因爲獲得醫療照護以及搜尋不熟悉的醫療照護服務系統有可能讓人感到困難重重，尤其是語言不通時。這時候，如果你有當地的資源，譬如，會議局、DMC和／或場地代表，就能派上用場。這些同業人員不僅提供必要資訊用以評估與會議場地有關的特定健康風險，同時也提供急救醫療和牙科設備、人員及協議。

除了在出發前提供參加人員健康相關的資訊外，企劃人員事先獲得關於每位參加人員的個人健康考量或醫療需求的資訊也很重要。在美國，隱私權法規定不得要求任何人向第三方洩露個人病史；然而，在醫療緊急事件中被詢問有用的相關訊息卻是無可厚非，但是要確定，你有權選擇回答與否，而且所有的回答都會嚴加保密。知道會有哪些特殊狀況或是該預備哪些醫療服務對急救醫療人員而言極爲有用，因此無論如何都要詢問這些資訊。至少，你應該要知道某人是否對任何食物、物質、動植物或是蚊蟲叮咬過敏，如此才能採取充分的預防措施。

主辦單位也應該要求與會人員攜帶一張清單，列出所有他們正在服用的處方及非處方用藥，最好是通稱的藥名，因爲商標名稱在不同國家可能不盡相同。大多數的藥局都能提供電腦列印的資料。這類資料也許能夠在緊急情況中保住當事人的生命，最起碼，若是參加人員的藥物遺失、被竊以及必須更換時，這些都會是有用的資訊。

同樣重要的是，每一位參加人員，包括工作人員在內，在出發前都應該要留下一位未同行之連絡人的姓名、和參加人員的關係、日間和夜間的電話號碼以及電子郵件信箱。若參加人員失去意識，此時可以連絡到某個能夠提供重要醫藥資訊的人或是有管道獲取這類資訊，在某些狀況下可能是生死的關鍵。在最糟糕的情況下，如果有人生重病、受重傷或是死亡，能夠通知這個指定連絡人就變得特別重要。

基本的安全預防措施

火災、竊盜、犯罪攻擊和天然災害都是各地的旅行者常見的威脅，應該認眞來看待。從來沒有在海外工作過的企劃人員應該要知道許多的安全預防措施以及各地的建築法規，這些法規在美國境內受法律規範，但是在其他國家卻未必如此。在世界上許多地區，警報與自動灑水系統、標示清楚且燈光明亮的逃生口以及逃生路線、防盜鎖、防火建材、防風或防震建築、潛在危險地區中嚴格的建築法規等，既未標準化也未強制規定。

因此，從風險管理的觀點來看，全面的場地檢查不只是建議事項，更是強制執行的要項。除了在前幾章所提到的會前場地勘查的各種理由外，確保參加人員的安全與維安工作更是最重要的事。注意現場任何的危險以預防或是減少其影響，並保護與會者不受到任何形式的傷害是企劃人員的專業職責。若發生任何意外或不幸的事件，這種未雨綢繆的作法也有助於保護企劃人員以及主辦單位免於遭受法律訴訟。如果主辦單位能夠證明他們已採取應有的防範措施，發現可預見的危險並移除之或是警告與會者提高警覺，那麼他們的責任就會減輕。

安全與維安工作的現場勘查應包括：巡視團體集會或停留的各個場地，特別要注意火災逃生口、逃生路線、防火設備、警報系統、安全人員的配置，公共區域的照明設備。安全部門的首長所做的簡報應該要檢視現有的急救措施程序並討論每一位企劃人員的疑慮。「如果有人心臟病發作，我們要打電話給誰？你會怎麼做？我們應該做什麼？」「如果會議進行中發生火災，會是什麼情況？如果是半夜發生火災，會是什麼情況？有警報器嗎？警報器是什麼樣的聲音？人們在房間裡聽得見警報器響嗎？在疏散行動中，我們可以在哪裡引導這些參加者到戶外集合，如此才能確定沒有遺漏任何人？」「如果所有的電力中斷該怎麼辦？有沒有備用發電機？緊急電力多久後會供應？緊急電力可以維持多久？」「誰可以提供協助？他們會說英語嗎？」

就如同第十二章所略述的，在出發前將安全指南寄給與會人員是基本安全預防措施的第一步。在現場，除了提供會議室和展覽區的保護外，如果參加人員自己外出行動，你其實不太有辦法保護與會人員使他們不受犯罪襲擊。但是你能夠，也應該建議他們採取一些常識性的預防措施來保護他們自己，舉例如下：

1. 飯店房間號碼不外洩。
2. 開門前先查明送來的郵件，若有任何可疑情事，可以打電話給櫃台。
3. 利用飯店的保險箱，將貴重物品和護照放進去。當你離開飯店時，只攜帶護照影本，並將第二份影本鎖在行李箱中。

4. 穿著與言行盡量低調，避免引人注目。
5. 別帶昂貴的珠寶出門，身上帶的現金愈少愈好，信用卡帶一、二張即可。
6. 將信用卡影本收在你上鎖的行李箱中，跟護照影本放一起。
7. 在發展中國家或地區，避免使用大眾交通運輸工具，並考慮利用飯店專車或私家車服務。以這些交通工具取代計程車，尤其是在你不會說當地語言的情況下。

特殊的安全議題

隨著恐怖攻擊以及其他形式的暴力和混亂局面而來的是，飯店以及其他的活動場地都增加了受過訓練的專業安全人員的人數，他們之中有許多人是執法人員或是維安單位的主管。你跟飯店安全部經理熟識的程度應該要和業務部經理以及會議服務部經理一樣熟。因爲這個人會跟你一起檢視意外事件預防措施，讓你的工作人員、貴賓、與會者以及場地更有安全保障。

當你在安排須動用高規格維安的與會人士時，譬如重要主管、國家元首、高階政府官員或是有爭議的演講者，或者如果地點或是主辦單位過去的記錄有問題的話，我們建議你要先做安全評估。

你可能會想要聘雇一位安全顧問或是私人的保全公司來執行城市或場地的評估，並調閱工作人員的就職記錄，因爲他們會與參加人士接觸並跟當地領事館的地區安全官員（Regional Security Officer, RSO）以及當地的執法機構協調合作。

專業的安全人員也會組成一個威脅評估小組，成員包括會議企劃人員，或是會展活動企劃團隊中指定的成員，以及當地支援的人員。他們會跟護衛人員訂定合約，指定管制區，強制執行以識別證入場，還有，基於正當理由，可以用電子儀器掃查場址有無監聽裝置或爆裂物。其他高規格維安會議的預防措施還包括登記者與工作人員的初步篩選；使用有照片的識別證；同時聘請穿制服與便服的警衛；以人工或電子儀器檢查包裹、皮夾和手提包；新聞封鎖。

至於其他專業服務，可以請教相關人士，特別是請教安排過類似團隊的同業人員，他們曾在相同的目的地利用過當地所提供的服務。你所想要和需要的是有經驗、有文化理解能力（cultural savvy）、專業人脈，以及在你將要舉辦會議的目的地國家與安全人員有私人關係的人。這點在拉丁美洲、亞洲、中東以及非洲特別重要，在這些地區，文化敏感度以及長期經營的關係都是關鍵。在許多國家，從他國攜帶槍枝是違法的行爲，所以如果這類保護行動被視爲必要措施，你的美國安全人員將必須從當地的政府當局取得特別許可證，或是仰賴當地可靠的人脈，提供這類額外的保護。

天氣變化與天然災害

如同前面在危險評估一節所討論的，雖然要控制天氣是不可能的事，但是有些氣象變化，像是颶風，卻是可以預測的，只要選擇另一活動場地即可避免。其他像是龍捲風、山洪爆發以及暴風雪，卻都是無法預測，因此需要審愼規劃突發事件的處理。

天然災害像是惡劣的天候、颶風、龍捲風以及海嘯，即使發生在世界的其他地方，都可能中斷活動的進行。在邁阿密發生的颶風或在倫敦發生的暴風雪都有可能延誤與會代表們前往馬尼拉參加會議的行程。會議專家必須同步掌握多數代表出發地以及會議所在地的天氣狀況，並按照情況做規劃。

罷工與抗議

發生在活動期間的勞資糾紛可能會造成嚴重的混亂場面，需要彈性協調和一些機智來解決。在工會盛行的國家，像是法國、義大利以及德國，罷工、怠工以及定期縮減重要服務幾乎已經變成慣例。從大眾運輸到航管再到收垃圾，都是在發出通知數日後就停工，而造成會議時程以及場外活動的大混亂。爲因應此類中斷會議的事件，緊急應變的規劃工作需要當地支援人員的知識與合作，尤其是DMC、飯店和或會議場地管理公司。邀請他們共同商討現階段的政治、經濟情勢，勞工議題、可能的動亂，以及如何將破壞程度減至最少。你就會了解在必要的情況下，會展可能必須做更動、活動要取消、展覽要減少、宴會也要重新安排。在這些情況下，你和你的團隊尤其需要耐心和能力隨機應變。即便要接受某些失控的事情非常困難，你在這樣的環境下還是要盡力而爲。

突發事件的規劃（contingency planning）是會議企劃人員固有的職責。目的是要確保未能預期的緊急事件不會演變成破壞性的危機。有些會議的要素被視爲是例行公事或是其在家鄉是有利因素者，可能在你選擇的會議地點卻是有爭議的。如果有些會議要素受爭議，你就能預期示威抗議並早做準備，以確保他們不會阻斷活動的進行。

一般來說，示威者會對主辦單位、身分特殊的演講者或達官顯要，或是一群參加者表達反對的聲音。他們的聲音不能被忽略，以免平和的抗爭演變成火爆的衝突。消極的措施是需要安全與執法單位主管的合作以及消息封鎖。積極的措施則是可能必須提供給抗議者一個發洩不滿的討論會，在一個受控制的會議中與主辦單位的長官對話，或是可能提供一個區域讓他們展示表達他們行動目標的印刷品。假若你知道你可能要面對這種情況，那麼當你將心力投注在與會者的福利時，一定要多方爭取協助，除了特別安全人員之外，還要請有經驗的公共關係專家來處理對外溝通的問題，跟示威抗議者以及當地的政府當局協商。

保險

本章所提及的各種可能的破壞因素或危機，包括天然災害以及恐怖攻擊，都可以用保險來降低相關的負債和財務損失。活動取消及中斷的保險費一般約占活動總預算的1%-2%，無論是海外活動和美國境內均適用。特別是對於擁有大筆預算的大型會議而言，取消和中斷的保險費本益比都是正數。

除了每位與會者個人的健康保險外，在特定期間爲特定旅程購買團體旅遊險是值得的投資。這項額外的保險費包含了醫療緊急撤離，這在標準保單中並未包含，而且以最低保費即可購得。

無論來源、天氣、其他的自然力量，或是惡徒的攻擊，如果災難發生了，請記得你和你的團體將會與每一個受影響的人競爭可獲得的資源與協

助。這點即使是在你自己所在的鄰近地區都會是一項難題；因此，到了海外，事前的準備更是特別重要。如果做好意外事件規劃，再加上適當的儲備人員，安排妥當的程序，那麼即便身處在混亂當中，你都能站在一個更有利的位置上，去協助你的與會者。

重點回顧

- 預期可能的威脅或危險是防患未然或將負面影響降至最低的第一步。
- 與會者及工作人員的安全與維安工作應該被放在第一順位。
- 若無法將適當的風險管理納入規劃項目中，將會造成重大的財務影響以及嚴重的安全與維安結果。
- 風險管理包括一長串所有可能中斷會議的事件，按照每個事件發生的機率按高低順序排列，並分析每個破壞性活動結果的嚴重性。
- 在海外，需要特別治療的健康相關議題是最常見的情況。
- 從風險管理的角度來看，徹底的場地檢查是必須的。這不只是保護出席者不受潛在危險所擾，也是保護企劃人員與主辦單位在意外或不幸的事件中免於受到法律訴訟。
- 意外事件的規劃在擬定時應該要針對很有可能發生的天氣相關變數、天然災害、罷工、示威做好因應措施。
- 在安排需要大陣仗、高規格維安的出席人士時，我們建議聘雇專業安全顧問或公司提供這類服務。
- 保險也用來可降低最可能的負債和財務損失。

輔助素材

延伸閱讀書目

Berlonghi, Alexander, *The Special Event Risk Management Manual,* Berlonghi, Dana Point, CA, 1990.

Tarlow, Peter, *Event Risk Management and Safety,* John Wiley & Sons, New York, 2002.

網路

American Society for Industrial Security: www.asisonline.org.

American Society of Safety Engineers: www.asse.org.

National Fire Protection Association (NFPA): www.nfpa.org.

MEDEX (international medical insurance): www.medexassist.com.

Insurex Expo-Sure (U.K.-based company that ensures events outside the United States): www.expo-sure.com.

第十五章
會展科技技術

電腦絕對無法完全取代人類，一定會有人抱怨這項缺失。

——第一台萬能商用電腦創造者普羅斯柏・艾克特（Prosper Eckert）

內容綱要

我們將在本章探討：

- 會議專業人員全球通訊的需求
- 其他國家境內通訊方式的選擇除了電話通訊以外，有無其他替代方式
- 應用軟體與網站在會議管理上的功能
- 國內、外會議科技最新發展情形
- 會議與活動場合，視聽技術扮演的角色
- 世界各地錄影帶標準格式有何不同，及其對視聽設備應用軟體帶來之影響
- 文化對會展活動之視聽媒體製作的影響

科技技術對會議產業有何意義？答案是，科技技術是傳遞資訊的媒介，能夠促成及強化會議活動，並常常要與其他媒體工具競爭。科技技術對會議專業人員又具有何種意義？在今日多元又複雜的世界裡，科技技術幫助會議專業人員提升規劃效率，執行力更加可靠確實、更具機動性，資訊傳遞更具效能，全球化溝通更便利。對會議活動的與會者而言，科技技術讓與會者出席活動之時，也能同時執行業務；另一方面，與會者不必離開家裡或工作處所也能參加會議。

國際通訊方式

會議專業人員和與會者一樣，對通訊均有深切的需求，且通常都是遠距離的通訊。現今的通訊技術已使各個地區彼此傳送訊息與資料較以往更為便利，即使是世界最偏遠的角落，也比以前更容易收到來自他方的訊息。今日的文字簡訊、衛星轉播、網路即時訊息、行動電話、電子郵件、資料傳輸等

工具，已成爲各方人士與他人通訊方式的一部分，其扮演的功能有如二十世紀人們使用的電話機、電報機與打字機。

以典型的兩個月期間爲例，今日從事國際會展活動的會議專業人員可能會在日本京都停留一星期舉辦一場大型國際會議，接著必須到菲律賓馬尼拉視察下一場會展活動的地點，然後飛到美國拉斯維加斯參加一場商展，再到加拿大多倫多出席一場銷售會議，最後到墨西哥巴亞爾塔（Puerto Vallarta）擔任一場專題討論會主講人。同樣地，會議活動與會者在參加國際會展活動期間，均須與客戶、家人、朋友或其他夥伴聯繫。對他們以及提供他們設施、運輸工具及服務的工作人員而言，最新發展的通訊科技技術，不僅是科技進步的里程碑，還是他們展現行動效率最重要的工具。

克爾特（Kurt）是跨國公司會議經理人，他有許多與客戶保持聯繫的方法，例如搭乘飛機時，他會直接從飛機上打電話給客戶，利用隨身攜帶的小幫手黑莓機下載最新訊息，或是透過傳眞、電子郵件接收至少三種語言版本的行銷企劃案同意證明文件。

露西安娜（Luciana）是名專業的會議籌組者，她經常使用筆記型電腦製作會議計畫書。當她前往摩納哥檢查會前工作進度時，會隨時利用筆記型電腦接收各方人士寫給她的信件，必要時，也會利用衛星電話傳遞資料給在米蘭的同事，並同時接收客戶傳給她的訊息。

打電話回家

生活在現今社會的人們，都得感謝全球行動電話網絡的普及化，讓他們在大多數已開發國家境內旅行時，幾乎都可以隨時保持與各方通訊無阻的狀態，若再加裝些特殊的裝置，不僅可以從電話筒聽到對方的聲音，還能即時與對方互傳資料。在英國，個人通訊網（personal communication network, PCN）在1990年代問世，使用者只要申請一組個人專用號碼，即可藉由極輕巧、口袋般大小的電話機撥打電話。

大部分飯店都會規劃會客室（guest-room）給商務旅客使用，裡頭多半有公共電話機，預留標準規格的電話線RJ-11插孔，使用者只需自行連接數據機或攜帶型傳眞機，即可立即上網或傳眞接收資料，有些飯店甚至提供更高速、低噪訊比的訊號網路傳輸線CAT-5給房客使用。另外，如湯瑪士·庫克運通公司（Thomas Cook Express）提供的航空貨運服務，客戶只要直接撥打普通按鍵式電話即可預約服務。

爲了趕上行動通訊的潮流，北美地區國際航空運輸系統行之多年的標準配備——機上電話（sky phone）也成爲歐洲與亞洲國際航班機艙內的通訊設施。有許多航空公司已加裝乘客座位電話（seat phones），而網路電話語音系統（SkyTel）業已擴充功能，使其涵蓋接收傳呼簡訊（pager）與語音留言（voice messaging）的服務。

例如英國航空公司提供國際線班機旅客租用傳呼機或行動電話的服務；北歐航空公司（SAS）更進一步提供商務艙乘客可以免費使用文書作業系統（word-processing）；其他有些航空公司則是在飛機內增設資料連接埠，改進空中對地面的通訊品質等。

不過，讀者可不要以爲這些神奇的電子玩意都是航空公司免費提供的設備。事實上，在這些新玩具尚未問世之前，曾經在國外旅行的人都應該有經驗：在飯店內撥打電話到市區或長途電話的費用相當昂貴。在美國，1990年代初期備用接線系統（alternative operator system, AOS）電話服務的出現，因一些旅客未察覺電話費率的高低，支付過多的通訊費用，爲飯店或餐廳帶來相當好的收入來源。有些國家，由其政府直接經營管理的電話系統，多半隸屬於郵政單位，對電話使用者課徵相當高的稅率。

隨著顧客對飯店電話通訊服務的不滿意度日漸升高，許多國際連鎖飯店已經逐步改變高費率電話使用的服務方式。史道福飯店集團（Stouffer Hotels and Resorts）率先免收以信用卡撥打免付費電話或傳眞的手續費，也調降其他電話使用的費率。有些使用AOS電話系統的飯店，則紛紛回頭採用傳統的電話系統。

面對高電話費率的詬病，率先改善的創新之舉是美國電話電報公司（AT&T）所推出的電話加值服務（Teleplan Plus）。這項新型態的服務方式，主要是讓歐洲飯店的房客可直接利用美國電話電報公司的系統打電話回美國或加拿大。加入這套系統的飯店會員，必須同意對房客降低電話使用費率，美國電話電報公司則以協助行銷飯店服務爲由予以回饋。同時，飯店業者也必須同意提供多種撥打電話方式的選擇，並向房客宣傳使用這套電話系統的優點。

其他撥打電話到北美地區的流行通訊方式還有美國長途電話直播服務（USADirect Service），使用者只要使用美國電話電報公司的電話卡，即可直接接通該公司的國際電話接線生，打電話到美國也可利用減價時段來減少通訊費率。接線生電話號碼（access number）有時候會有變化，隨著世界各地電話供給數量的增加，接線生電話號碼也會隨著電話區域的增加而增加，讀者可自行閱覽這個網址www.usa.att.cpm/traveler/index.jsp，查詢最新的各區域接線電話號碼表。

類似電話費率減價的風潮也擴及到國際連鎖飯店集團，例如適佳飯店（Ciga）、希爾頓飯店（Hilton International）、洲際酒店（InterContinental）、史坦博格酒店（Steigenberger）等等，皆逐漸展現其對來自其他國家房客或商務旅客服務需求的敏感度。除了撥打市區電話免收取額外費用之外，許多飯店對逐漸增多的國際旅客，提供免費傳眞與發送電報的服務，也會允許房客的親朋好友以其母語留言。

隨著以客爲尊，以顧客需求爲導向的行銷趨勢蔚爲風潮，已有愈來愈多飯店業者、航空公司與租車公司，體認到商務旅遊市場的顧客需要快速、高機動性又具成本效益的國際通訊工具，因而紛紛提供高科技低費率的通訊服務，以滿足客戶的需求。

電腦應用軟體

科技產品多半不是固定不變的商品，其會隨著技術知識的日新月異而精進。因此，會議產業人員也應隨著這些產品技術的進步，適時適應科技的動態變化而有所改變。

在討論及介紹電腦應用軟體之前，得先向讀者聲明一點，即當會議產業科技技術持續保持動態發展與改變時，會議專業人員使用的應用工具也需要隨時更新，以趕上科技時代的腳步。關於這一點，在會議管理領域內，似乎沒有其他重要事項比這點更需要特別關注了。舉例來說，當本書正在撰寫的階段，可能有許多應用軟體正在更新內容，等到本書出版後，讀者可能會發現書中介紹的內容資料過時已久，甚至有可能是一年以前的資料。這樣的情況並不令人意外，畢竟，本書介紹的各種應用軟體，有可能為了趕上流行趨勢，再精進其軟體的功能。相對於如此動態的科技發展，資料管理的功能則顯得較為一成不變。而一套全方位的會議管理軟體應該能夠連結所有會議相關的管理元素，自動化更新許多管理性與邏輯性功能。因此，為了感謝會議管理軟體提供最好的功能予國際會議專業人員使用，接下來，就讓我們按照時間順序，一步步介紹應用軟體的不同功能。

使用電腦應用軟體的第一步是設計會議活動的工作時程表（timetable），會議管理軟體應該有此功能，使會議專業人員很容易地製作一張圖表，以時間序列為橫軸，將各階段重點工作依起始時間及預定完成時間之順序，依序標繪在時間序列上，使各階段工作人員能夠從圖表中立即獲得各項工作的優先順序與作業時間，進而掌控整體作業期程。

當會議活動的各項變數已然確定，工作時程表也已建立，接下來交付給電腦的工作就是會場位置的選擇（site selection）。世界各地舉辦會展的地點幾乎都可以利用電腦上網取得，有些資訊也已經製作成一般的光碟片（CD）或影音光碟片（DVD），使用者可以直接透過電腦進行一場實地巡禮，觀察會客室與娛樂設施的舒適、便利性，評估會議廳與展覽廳的空間大小。有些軟體還可進一步提供使用者圖繪理想的座位安排方式、舞台布景、投影機投射角度以及展覽場的平面圖。

典型的軟體應用功能

會議專業人員運用電腦軟體的工作內容，以註冊作業及財務管理作業居首。因此，以個人電腦或網路為基礎的註冊應用軟體，應該至少包含下列幾項基本功能：

1. 彈性化的活動與會議註冊作業程式。
2. 飯店住宿與行程安排的追蹤程式。
3. 演講者與展覽商的安排程式。
4. 報名確認回函與信封標籤的格式。

5. 高品質的識別證與標牌排版功能。
6. 與會者名冊、會議活動場次數量統計表及其他相關報告。
7. 預算及財務收支控管程式。

有了這些內容，被稱爲會議計畫（meeting plan），或被稱爲籌備指南（staging guide）的文件開始成形。雖然許多規劃者喜好較傳統的紙本印刷版本，不過，上述諸多功能——檢核表、功能表格、預算報告、名冊、各種信件及合約書等的產出，均爲電腦的工作。現今流行的電子科技產品如掌上型電腦或筆記型電腦，也可具備這些功能，同時還可增加語音、傳眞及電子郵件的通訊服務。

接著，包括正式會議議程、教育課程或社交活動的議程資料也要由電腦產出。會議應用軟體應該都要有上述功能，將不同的活動要素加以安排——特別是同時間進行的會議，並將其他如會議廳的桌椅布置、演講者的分派方式及所需視聽器材等有關的實體與後勤要素也包含在內。

當與會者報名資料逐漸寄達後，這些資料需要陸續輸入註冊資料庫（registration data bank），會議主辦單位即可自資料庫中加工製作出與會者的資料彙整表，以進一步進行出席情況的分析，並可依與會者的屬性資料（會議代表、配偶、演講者、展覽單位等等）與國籍，彙整成按字母順序排列的名冊。報名的確認回函、報名費收據、選擇參加的研討會時間表、識別證及研討會人員名冊等資料，也均可由資料庫中產出，同時還可幫助會議主辦單位評估寄送郵件的有效性。

電腦應用軟體同樣可以幫助使用者追蹤、確認飯店房間、會議場地與旅遊行程的安排狀況。除非與會者自行接洽飯店訂房作業，或委託訂房中心代訂，否則，資料庫也可以列示出與會者的飯店房間房號表及確認文件。如果與會者的交通工具是會議主辦單位統籌向指定的航空公司訂位，那麼，系統也可產出與會者到、離會場的時間與搭乘的班機號碼。而這些資料都非常有助於確認飯店訂房日期與餐廳人數，也非常有助於安排機場接送事宜。

有彈性的會議管理應用程式有助於管控各項工作細節，所有的會議活動要素包括會議主辦單位總部、報到場地，各類教育研討會、社交活動乃至最終閉幕盛宴及與會人員的離境，都給予一功能編號（function number）。如此一來，會議議程乃至各項活動順序、所需設備支援的指示等細節內容，皆可從這張總工作摘要表（master résumé）中顯現出來。

電腦應用軟體自動化產出的各種工作項目，乃是依活動現場之作業予以歸類的，從與會場工作人員的會前會議開始，到活動後的成果評估及帳目處理爲止。這中間，系統可協助會議執行幹部與工作人員預測及管理包括大小會議在內之各種難以計數的活動細節。猶如活動總檢核表，它可安排所有工作人員的工作細節及各種活動項目，標示出尚未完成的工作內容，並且事先發覺可能產生衝突的活動事項。

會展產業組織協會的網址，以及一些現今具備前述功能的全球性應用軟體，列於附錄二。

科技技術工具

除了自動產出會展活動規劃與管理所需的各項工作內容外，電腦科技技術正對會展產業產生極大的影響力。其影響的層面不僅僅涵蓋會議活動的技術性部分，也包括其動態性的一面。比方說，今天我們常見的電腦輸出圖表、多媒體簡報，以及常在許多大型會議上（尤其是全體會議）所使用的即時回應系統（interactive response system）等，皆屬於電腦科技技術的產物。甚至在先進的高科技會場所舉行的較小型分組座談會，人們也會預期演講者帶著筆記型電腦搭配投影機進行簡報，反而鮮少再看到以幻燈片表達演講內容的傳統方式。事實上，電腦科技技術帶給演講者比以往更多的彈性空間，這一點已成爲不爭的事實。我們還發現，有些以舉辦會議活動爲目的所興建的會議廳，提供了每位與會者均可使用電腦設備的趨勢，這項由希斯羅會展中心（Heathrow Conference Center）於二十五年前首開先例的設施，如今已呈現指數型跳躍式的成長。

許多亞洲及歐洲服務商務旅客的飯店及位於主要目的地的會展中心，除了自行鋪設更快速的網際網路系統外，也提供無線上網的服務。不過，使用無線相容認證（wi-fi）的服務有一些限制。首先，因爲頻寬與行動電話、傳呼機等共用，無線上網的流量通常有所限制。其次，無線上網的安全性通常限制較嚴格。有些服務更周到的飯店業者則會提供最新配備的室內桌上型電腦設備給會議活動執行幹部或與會者使用。

另外，會議產業也要感謝微晶片的技術發展，使得會議常用的識別證有著全然不同的全新功能。利用無線射頻辨識系統（radio frequency identification, RFID）製作的識別證，能使主辦單位確認佩戴者的身分，隨時追蹤佩戴者的位置。這類乍看之下頗具侵略性的新式識別證，對佩戴者有許多好處。例如佩戴者發生緊急狀況時，主辦單位可立即追蹤到佩戴者的位置；會場訊息中心若接收到給配戴者的留言時，可立即通知當事者。對主辦單位而言，這種智慧型識別證還可以統計每個會議場次的出席情形，計算實際參加人數，甚至了解展覽會每個展示攤位的參觀流量。目前，開發這類識別證的設計師們，正在著手研究隱私權的問題，期望植入卡片內的晶片能再增加一項功能，讓佩戴者可自行暫時關閉被追蹤定位的功能。

網路視訊會議

對於一些高敏感性、備受矚目的活動，像是可能會受到抗議或政治脅迫的全球商業會議而言，網路聯播方式的視訊會議是安全的替代方案。譬如，當無理的群眾意圖恐嚇中斷世界銀行所召開的經濟發展會議時，以華盛頓爲首的會議召集單位會選擇以網路視訊方式召開會議。碰到這類情形，主辦單位通常會請出席人員於會前或會議進行期間，以電子郵件傳送他們的問題，會議演講人或主席會在不能公開地點的攝影棚內錄影。網路視訊會議還有項好處，如果原本規劃三百人參加會議活動，以網路視訊方式召開，將可使超過一百個國家一千八百人以上的觀眾同步參與。

無線傳輸

Wi-fi原本只是北美地區民眾生活的一項便利措施，目前已經廣爲全世界所接受。這種無需電話終端機或使用牆上電話插座的無線傳輸方式，已經成爲當今通訊方式的主要選擇。

這種由無線電波驅動、微小化與無線的網路系統，在世界各地的製造商已經發展出一套相當穩定的傳輸系統供個人及公司商務使用。應用於會議或展覽會活動時，主辦單位只需花費很少的成本，即可立即建置整套無線傳輸系統，展現出相當優質的傳輸成果。事實上，有許多設施都以提供免費無線上網的功能作爲行銷的誘因，以吸引消費者或顧客上門。

海外會議的視聽設備

你可能想像不到經驗豐富的會展老手對於在國內會議活動常碰到如投影機燈泡壞掉或光碟片被刮傷而無法讀取之類的問題，竟然會因爲在國外舉辦的會議活動中發生同樣的狀況而驚惶失措。然而，確實有些人不喜歡前往未經探測過的海域冒險犯難，原因有可能是因爲他們不了解不同地點問題的差異性，也無法找出問題的解決方案，也許以下介紹的內容，可以幫助讀者揭開這問題的神秘面紗。

籌組會議的專業人員在活動需要大量使用視聽器材時，常面臨究竟是應該選擇自己熟悉的裝備，自國內運送到會場使用，抑或是在會場當地租借而進退兩難。難以抉擇的原因還有器材規格與電壓的問題。在會議現場所在地租用視聽設備，需要事先查看飯店提供的設備清單，再向當地供應商洽租飯店無法提供的器材。好消息是，大多數會展城市的會議中心與新建的會議型飯店，普遍都已建置完整的視聽設備，以作爲其爭取辦理會展的競爭利器，而這種情形又以北美地區的城市最常見。

每個國家視聽設備的規格標準與專業技術均有所不同，就好像在國內舉辦會議時，不同場地也會有同樣的情形一樣。美國或加拿大提供視聽設備的供應服務商可能還不少，但是在其他國家地區，你可能得抱持最低的期望。除了會展中心以外，在多數國外會展城市舉辦活動時，你可能得自行接洽視聽設備租賃公司，這家公司最好要有自己的技術工程師或是經過視聽設備教育訓練的職員。公司幹部應該會具備多國語言能力，但是不要期望該公司會有具備雙語能力的舞臺布置工作人員、攝影師或投影機操作人員。

世界各地每處會展中心或飯店的會議廳也不可能有一模一樣的空間規劃。舊式飯店的宴會廳多以其雕樑畫棟的內部裝飾爲傲，但是傳統的懸吊式大型吊燈往往是投影機投射角度的最大障礙，而特殊造型的空間設計與樑柱，也會讓座位的安排成爲規劃人員極大的挑戰。會議專業人員多半喜歡空無一物的廣闊空間。如同國內的會議場所，最理想的會議空間是長方形，長度最好是寬度的兩倍以上，安排座位時，兩邊還能留設通道。要使用投影機投射時，還要注意預留前方可布置舞台、大型投影螢幕和視線所需的空間（有關會議空間與投影機投射角度布置圖，請參考圖15-1）。

視聽器材產品類型

若以技術精密度與品質來做比較，世界各地的視聽器材型式可謂包羅萬象，各種類型皆有；一般公認16釐米影片是世界通用的標準規格，你可能也可以在某些會場看到吊在天花板的投影機與幻燈機。擴音設備，如麥克風、揚聲器、調音裝置與其他類似器材的型式，各地區的規格則較爲一致。

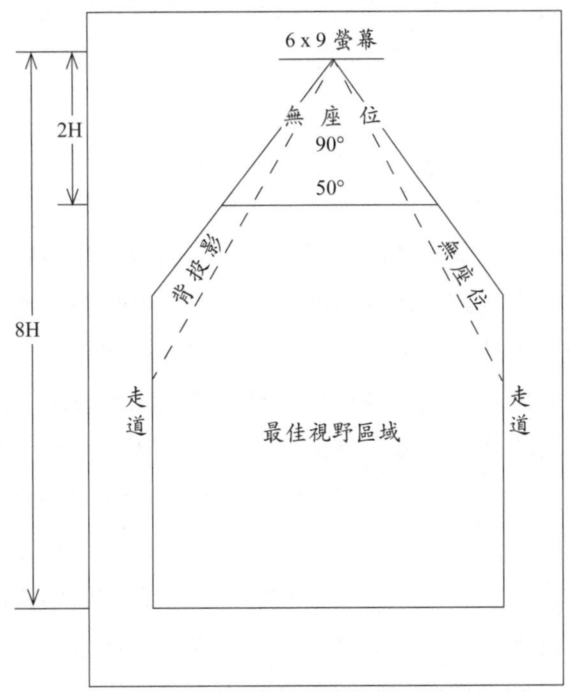

圖15-1　投影機投射角度布置圖

演講者使用幻燈片講演——目前仍有些地方還是可行——可能需要多加注意了，儘管35釐米的幻燈片是世界通用格式，幻燈機的幻燈片放置槽型式卻有諸多不同。例如標準規格的圓形放置槽可能無法適用於歐洲柯達SAV投影機。

因尖端高科技錄影方法如影音光碟（DVD）與串流視訊（streaming video）的技術進步，複合視像（multi-imaging）錄製功能已經廣泛通行於世界各地。然而，你仍然會面臨許多不同的錄影格式。電視螢幕、照相機、錄影磁帶機與影音光碟機也均有不同的讀取規格，也許無法與你的軟體相容。關於此一部分，後續將再詳細介紹。

目前世界通行的電視機影像標準訊號大抵分爲三種：NTSC、PAL及SECAM。其中NTSC以日本與北美地區爲主，大多數歐洲地區、澳洲、非洲部分地區及東南亞地區則使用PAL居多，法國、德國、俄羅斯與大多數中東地區以SECAM爲主，三種影像標準彼此並不相容。

因此，在不同影像標準規格的國家境內播放影片，影片的格式必須轉換成當地適用的規格。如果影片已經事先製作完成，必須知道地主國的影片播放規格，然後請製作公司轉換格式。既然影音光碟片與其他電子產品已是未來影音科技的主流，本節將多所著墨。

一家位於加州奧克蘭著名的商業錄影製作公司普立爾影像公司（Premier Images）的員工安德魯・萊特（Andrew Wright）說：「當影音光碟片製造商製作光碟時，他們能夠決定開放或限制光碟片在世界某一些區域播放。光碟機與電腦必須烙上區域號碼才能販售，這些機器也只能讀取有相同區域號碼的光碟片。因此，在美國境內購買的光碟片不見得能在其他地方播放。會產生如此現象的原因，據說是因爲電影製片商想要控制影片在其他國家家用播放的版權，尤其當影片並沒有在世界各地同步公開發行時（有可能有一齣電影才剛在歐洲電影院公開上演，美國坊間已經出現錄影帶）。」

萊特也指出，電影發行片商販售代理權給世界各國代理商時，需要代理商提供獨佔市場的保證。因此，他們要求光碟片要設區域碼（region codes），俾使其因規格與播放機器不相容而無法在某些地區播放。每台光碟機在賣出之前都被授予一組區域碼，如果光碟片的區域碼與光碟機不相同，即無法被讀取。目的就是在某個國家購買的光碟片，可能無法在其他國家被播放。

影片標準規格

目前世界通行的影片標準規格有八個區域別（regions），每個區域各有一個編碼，光碟機與光碟片需藉由這些區域碼來確認彼此是否相容。如果光碟片圓盤上多鑲刻一個區域碼，即可多適用一個區域碼的光碟機：

1. 美國、加拿大與美國所屬殖民地區。
2. 日本、歐洲、南非與中東地區（包括埃及）。
3. 東南亞與東亞地區（包括香港）。
4. 澳洲、紐西蘭、太平洋群島、中美洲、墨西哥、南美洲與加勒比海域。
5. 東歐、俄羅斯、印度大陸、非洲、北韓與蒙古。
6. 中國。
7. 保留。
8. 特殊國際場域（如飛機、郵輪等）。

「好消息是，」萊特說道：「北美地區非影劇界出版商願意爲客戶製作全區通用的影音光碟片，如此一來，這類型的光碟片將可於世界各地播放——但是前提是，其製作的光碟仍須是符合一般準則的格式。」

（**背景知識**：在光碟片編輯過程中，將NTSC規格的光碟片轉換成PAL格式並不是很難。）

爲多元文化觀衆生產的視聽商品

在某些情況之下，以英文發音的影片，雖然有同步翻譯成其他語言，仍然會對外國觀眾產生許多問題。像這類情形，若能將節目內容翻譯成多種語言，播放時，由觀眾自行選擇需要的語言，才是最好的解決方式。影片製作公司製作影片時，事先將聲音軌跡自影片、錄音帶、錄影帶與光碟片中分離（像是你觀賞影音光碟片時，可自由選擇字幕語言是英文、西班牙文或法文），使觀眾在觀賞影片時，可自由選擇播放的語言。不過，在影片製作過程中，你處理聲音軌跡這個環節前，下列幾點原則仍是你製作影片時需要額外注意的：

1. 是否由每個國家當地的專業人員翻譯英文原稿。
2. 與熟悉當地語言的人士確認譯文的正確性。
3. 原稿應避免使用抽象式的觀念，除非可以利用符號來傳達它的意旨。不過，請千萬記住，其他文化對於符號、顏色的解讀皆有所差異。
4. 標題及介紹文字宜簡潔。
5. 運用一般性的視覺設計，將焦點置於圖案、數字及通用的符號。
6. 如果會議活動使用的官方語言是英文，要確認陳述的內容避免有俚語或慣用語（這也可避免翻譯時失眞）。

不過，上述這些技術性的考量，不應該阻斷你在國際會議場合使用錄製之影像與聲音的念頭；相反的，音樂與視覺的整體享受，往往是建立有效溝通與增進雙方理解非常有幫助的工具。

至於明天又會有何新的科技玩意出現？這不過是供眾人猜想的話題罷了！網路視訊會議？當然有可能！利用3D全像（holographic three-dimensional）投影，將坐在會議桌旁的出席人員影像投射在遙遠的另一方，有沒有這種可能？當然有可能！事實上，這個技術早已經存在了，就像《星際大戰第三部曲——西斯大帝的復仇》（*Star Wars: Episode III-Revenge of the Sith*）中所看到的那樣。不過，對於那些對高科技技術有恐懼症的人而言，仍有一些可讓其安心的地方，也許尖端高科技技術對會議產業產生極大的衝擊，但科技技術仍舊無法取代未來大師約翰．奈思比（John Naisbit）所指的「高技術個性化」（high touch）需求：亦即，人類之互動是以親身爲基礎的需求。畢竟，高科技技術能給予會議產業最大的希望，僅只在運用電腦系統將規劃與管理會議所需之工作予以自動化而已。

當你行遍天下舉辦各式會議、研討會或展覽會時，不管是高科技也好或是高技術個性化也好，或者兩者兼備，你的未來必定充滿無限寬廣的選擇，也充滿無限的可能性。因此，我們希望在這條你所選擇的職涯路上，能夠持

續利用本書作爲參考手冊與最佳實務指南。會展管理工作絕對是值得你好好體驗的一段人生旅程，我們衷心地祝福你，一路走來平安順遂，萬事亨通！有機會再共同分享一路上的喜怒哀樂！

重點回顧

▶ **Communicating between Borders**　跨國界的通訊方式

隨時保持國際通訊暢通的聯繫方式有使用行動電話、高速度的網路電話、空中機上電話、電話卡與飯店商務中心的通訊設施。

▶ **Meeting Software**　會議應用軟體

會議應用軟體能幫助會議企劃者製作行程表、訂位、處理報名作業、管控預算與財務收支。

▶ **Global Connectivity**　全球連線

無線傳輸、網路視訊會議、無線射頻辨識系統等科技技術，能使商務旅客隨時保持互相聯繫的狀態，也是會議企劃者辦理國際性會議期間，非常重要又實用的通訊工具。

▶ **AV Support**　視聽支援

當你準備視聽設備時，必須確認硬體設備與應用軟體可彼此相容，且使用一致的格式。

▶ **Multicultural Media**　多元文化媒介

若運用多媒體視聽設備播放以英文爲主要語言的錄影帶或影音光碟片，在翻譯時務必考慮各種民族的文化差異性。避免使用俚語或專用術語。

輔助素材

延伸閱讀書目

Ball, Corbin, *Ultimate Technology Guide for Meeting Professionals* (e-book), www.mpifoundation.org.

Wright, Rudy R., and E.J. Siwek, *The Meeting Spectrum*, HRD Press, Amherst, MA, 2005.

附錄一

重要的會議產業協會與組織

- 美國協會高階主管公會（American Society of Association Executives, ASAE），該公會有一個國際部門，提供協會高階主管以及在全球各地營運的供應商各類協助。與其他十三個協會高階主管公會維持良好互動。該公會設於Washington, DC，電話：(202) 371-0940，網址：www.asaenet.org。
- 亞洲會議暨旅遊局協會（Asian Association of Convention and Visitor Bureaus, AACVB），該協會提供亞洲地區的資訊及連絡處。欲連絡協會請由位於澳門高美士（Gomes, Macau）的澳門政府旅遊局（Tourist Office）轉達，電話：(853) 798-4156/57，網址：www.aacvb.org。
- 英國會議目的地協會（British Association of Conference Destinations），該協會代表英國周邊小島八十個會議目的地以及三千個以上的場地。提供場地定點的服務、新聞發布、會議支援以及教育訓練。該協會位於英國伯明罕，電話：(44) 0 121 212 1400，網址：www.bacd.org.uk。
- 會議產業協議會（Convention Industry Council, CIC），該協議會代表三十個以上美國國內外大小會議與展覽以及觀光旅遊產業組織。在歐洲與亞洲也提供了合格的會議專業課程。該會設於McLean, VA，電話：(703) 610-9030，網址：www.conventionindustry.org。
- 國際目的地行銷協會（Destination Marketing Association International, DMAI），其前身爲國際會議暨旅遊局協會（International Association of Convention and Visitors Bureaus），曾出版一本集合全球一千個城市與會員辦事處的名錄。電話：(202) 296-7888，網址：www.iacvb.org，名錄網址：www.officialtravelguide.com。

- 歐洲會議城鎮聯合會（European Federation of Conference Towns, EFCT），該聯合會爲美國的會議企劃人員提供許多服務。他們的名錄中含括了在三十四個國家中一百個以上的歐洲會議場地，能夠容納三百位以上的代表。總部設於比利時的布魯賽爾。電話：(32) 2 732 69 54，網址：www.efct.com。
- 國際代表大會與年會協會（International Congress & Convention Association, ICCA），會員人數約有六百人，分布在全球八十個國家，他們都是在國際會展活動領域中統籌、運輸以及住宿的專家。他們建立了包含超過七千三百場國際會議的龐大資料庫。總部設於荷蘭的阿姆斯特丹。電話：(31) 20 398 1919，網址：www.iccaworld.com。
- 國際會議中心協會（International Association of Congress Centers, AIPC），出版了AIPC和ICCA「與會議中心簽約的一般條件」，全球約有二百個會議中心採用，定義出關鍵字並提供全球各類型會議中心的品質標準。本協會設址於比利時的布魯賽爾。電話：(32) 2 534 59 53，網址：www.aipc.org。
- 國際專業會議籌組者協會（The International Association of Professional Congress Organizers, IAPCO），該協會能夠協助你與特定國家的會議主辦單位會員取得聯繫，IAPCO的秘書處設於倫敦，電話：(44) 20 87496171，網址：www.iapco.org。
- 國際特殊活動公會（The International Special Event Society, ISES），該公會能夠協助你與全球許多國家的活動企劃人員以及各式各樣的活動供應商（提供宴席、裝潢、演藝人員等等）取得聯繫。電話：(800) 688-ISES (4737)，網址：www.ises.com。
- 國際會議專業人員協會（Meeting Professionals International, MPI），本協會提供了同業人員的全球網絡，進修教育，以及販售出版品的資源中心，辦事處設於歐洲及加拿大。達拉斯辦事處，電話：(972) 702-3000，網址：www.mpiweb.org。
- 澳洲會議與活動協會（Meetings & Events Australia），該協會在澳洲和亞太地區有一千六百個會員國，會址：P.O. Box 1477, Neutral Bay NSW 2089, Australia，電話：(61) 2 9904 9922，網址：www.miaanet.com.au。

- 專業年會管理協會（The Professional Convention Management Association, PCMA），該協會有提供國際會議規劃的進修教育，會址位於芝加哥，電話：(877) 827-7262，(312) 423-7262，網址：www.pcma.org。
- 獎勵旅遊暨旅遊高階主管公會（The Society of Incentive & Travel Executives, SITE）， 針對國際商務的艱鉅任務舉行教育訓練會議與研討會。在重要的國際會展場地均有公會人員可供諮詢或是派遣公會人員協助正在擬定的獎勵旅遊計畫。會址位於芝加哥，電話：(312) 321-5148，網址：www.site-intl.org。

以上資料摘錄自《2005年跨國資源手冊》（*2005 Beyond Borders Resource Guide*），並獲得《跨越國界，2005年版》（*Beyond Borders 2005*）授權轉載，這是一本教你如何在美國以外的地區舉辦會議的年鑑，2005年六月出版。本書也增補了企業會議暨獎勵旅遊、協會會議、醫學會議、保險專業討論會企劃人員及宗教專業討論會經理人等主題，由The Meetings Group出版。網址：www.meetingsnet.com。

- 拉丁美洲國家重要會議主辦單位聯盟（Confederación de Entidades Organizadores de Congress y Afines de America Latina, COCAL），該聯盟是位於阿根廷、巴西、哥倫比亞、哥斯大黎加、古巴、瓜地馬拉、墨西哥、巴拉圭、秘魯、烏拉圭、委內瑞拉以及西班牙等地的專業會議籌組者所組成的伊比利亞一美洲地區協會（Ibero-American regional professional association of PCOs）。網址：www.cocalonline.com。

貿易展

AIME（亞太地區獎勵旅遊暨會議博覽會），網址：www.aime.com.au

EIBTM（全球會議暨獎勵旅遊展），網址：www.eibtm.com

IMEX（國際會議產業展），網址：www.imex-frankfurt.com

THE MOTIVATION SHOW（推動展），網址：www.themotivationshow.com

附錄二

會議相關軟體與服務

產品類別	公司	網址	產品名稱或說明
Association Management	1st Priority Software, Inc.	www.1stprioritysoftware.com	Membrosia
Association Management	Amlink Technologies USA	www.amlinkevents.com	EventsPro
Association Management	AVECTRA	www.avectra.com	TASS—The Association Software System
Association Management	EKEBA International	www.ekeba.com	Complete Event Manager
Association Management	Peopleware, Inc.	www.peopleware.com	PeoplewarePro
Audio Conferencing	Conference Archives Inc.	www.conferencearchives.com	ConferenceOnDemand
Audio Conferencing	Connex International	www.connexintl.com	Connex International
Badge Making	Avery Dennison	www.avery.com	LabelPro
Badge Making	PhotoBadge.com	www.photobadge.com	Asure ID Enterprise Edition
Badge Making	The Laser's Edge	www.badgepro.com	BadgePRO Plus
Communications	Association Network	www.theassociationnetwork.com	Event Express
Communications	Digitell Inc.	www.digitellinc.com	iPlan2Go
Communications	ExpoSoft Solutions Inc.	www.exposoft.net	Product/Exhibitor Locator
Communications	FLASHpoint Technologies LLC	www.flashpointtech.com	FLASHfire Chats
Communications	Rockpointe Broadcasting Corp.	www.rockpointe.com	Video Conferencing
Communications	Tradeshow Multimedia (TMI)	www.tmiexpos.com	ShowMail—The Internet Message Center
Communications	WebEx Communications	www.webex.com	iPresentation Suite 4.0
Consultants/Speakers	Meeting U.	www.meeting-u.com	Speaker/Trainer
Consultants/Speakers	Meetingworks	www.meetingworks.com	Services
Convention and Visitors Bureau Management	Newmarket International	www.newmarketinc.com	NetMetro Bureaus
Data Management	EventMaker Online	www.eventmakeronline.com	EventMaker
Data Management	Laser Registration	www.laser-registration.com	RegBrowser
Data Management	The Conference Exchange	www.confex.com	Online Abstract System
E-Learning	E-Conference, Inc.	www.e-conference.com	E-Conference, Inc.
E-Learning	PlaceWare, Inc.	main.placeware.com	PlaceWare Meeting Center 2000
E-Marketing	Cvent	www.cvent.com	Cvent
E-Marketing	ShowSite	www.showsitesolution.com	Interactive Event and ShowXpress
E-Marketing	thesmartpicture.com	www.thesmartpicture.com	Smart Picture for Events
Facility Management	CEO Software, Inc.	www.ceosoft.com	Scheduler Plus 2001

產品類別	公司	網址	產品名稱或說明
Facility Management	EventBooking.com	www.eventbooking.com	EventBooking.com
Facility Management	Network Simplicity	www.netsimplicity.com	Meeting Room Manager 2002
Facility Management	Resource Information & Control	www.riccorp.com	ConCentRIC'S
Global Web Portal	Comworld	www.comworld.net	Global events/sevices website
Groupware	Group Systems.com	www.groupsystems.com	Meeting Room, GSOnline
Housing	PASSKEY.COM, Inc.	www.passkey.com	Passkey.com ResDesk
Housing	ConventionNet	www.conventionnet.com	Visitor Housing
Housing	Pegasus Solutions Companies	www.pegs.com	Wyndtrac, LLC
Housing	Software Management, Inc.	www.softwaremgt.com	Housing 3000
Incentive Management	TimeSaver Software	www.timesaversoftware.com	Golf Trend Analyzer
Marketing	Data Tech SmartSoft Inc.	www.smartsoftusa.com	Veri-A-Code
Meeting Management	123signup.com	www.123signup.com	123Signup Event Manager
Meeting Management	Dean Evans & Associates	www.dea.com	EMS Professional, Virtual EM
Meeting Management	Ambassadors International	www.ambassadors.com	Enterprise Event Solution 3.0
Meeting Management	gomembers inc.	www.gomembers.com	MeetingTrak
Meeting Management	Impact Solutions, Inc.	www.impactsolutions.com	MaxEvent
Meeting Management	ISIS Corp.	www.isisgold.com	ISIS Gold
Meeting Management	Meeting Expectations	www.meetingexpectations.com	Site Selection Services
Meeting Management	PC/NAMETAG	www.pcnametag.com	PC/Nametag Pro
Meeting Management	RegOnline	www.regonline.com	RegOnline Online Event Registration
Meeting Management	EventPro Software	www.eventpro-planner.com	EventPro Planner1D17
Program Content	Conf. Reports & Internet Services	www.conferencereports.com	Conference Reports and Internet Services
Registration	seeUthere Technologies	www.seeuthere.com	seeUthere Enterprise
Registration	b-there, a unit of Starcite, Inc	www.b-there.com	b-there.com ERS (Event Registration System)
Registration	EventRegistration.com	www.eventregistration.com	The Event Assistant
Registration	International Conference Mgmt.	www.conference.com	Credit Card Manager
Registration	MeetingWare International, Inc	www.meetingware.com	MeetingWare Registration

Registration	Worldwide Registration Systems	www.wwrs.net	Online Web-based registration
Resource Guide	Incentives & Meetings Intl.	www.i-mi.com	International venues
Resource Guide	Expoworld.net Ltd	www.expoworld.net	ExpoWorld.net
Resource Guide	Official Meeting Facilities Guide	www.omfg.com	OMFG.COM
Resource Guide	Bedouk International	www.bedouk.com	International venues
Room Diagramming	Event Software Corp.	www.eventsoft.com	3D Event Designer
Room Diagramming	Applied Computer Technology	www.expocad.com	Expocad VR2
Scheduling	Atlantic Decisions	www.ad-usa.com	Conference Room Manager
Scheduling	Meeting Maker, Inc.	meetingmaker6.com	MeetingMaker 6
Site Selection	BusinessMeetings.com Ltd.	www.businessmeetings.com	BusinessMeetings.com
Site Selection	MADSearch International, Inc.	www.madsearch.com	MADSearch.com
Site Selection	MeetingLocations.com	www.meetinglocations.com	Online Facility Search Database
Site Selection	HotelsOnline Directory	www.hotelsonline.com	HotelsOnline
Site Selection	Industry Meetings Network	www.industrymeetings.com	ProposalExpress
Site Selection	Market Stream, LLC	www.marketstream.com	STARdates
Site Selection	MeetingMakers	www.meetingmakers.com	MeetingMakers
Site Selection	MPBID.COM	www.mpbid.com	The Hotel Rooms Exchange
Site Selection	Starcite	www.starcite.com	Global Site Selection & Resources
Site Selection	Unique Venues	www.uniquevenues.com	Meeting Services Website
Speaker Management	Walters Speaker Services	www.walters-intl.com	Speakers
Speaker Management	World Class Speakers/ Entertainers	www.speak.com	Speakers
Surveys	Scantron Service Group	www.scantronservicegroup.com	Scanning
Surveys	Principia Products, Inc.	www.principiaproducts.com	Remark Office OMR, version 5.0
Surveys	SurveyConnect	www.surveyconnect.com	Survey Select Expert
Surveys	TRAQ-IT	www.traqit.com	TRAQ-IT
Surveys	Autodata Systems	www.autodata.com	Survey Plus 2000
Surveys	Creative Research Systems	www.surveysystem.com	The Survey System
Surveys	MarketTools, Inc.	www.markettools.com	Zoomerang

產品類別	公司	網址	產品名稱或說明
Surveys	Research Systems	www.surveyview.com	Surveyview
Trade Show Management	Acteva, Inc.	www.acteva.com	ExpoManager
Trade Show Management	HEMKO Systems Corp.	www.hemkosys.com	EMS—Exhibition Management System
Trade Show Management	iTradeFair	www.itradefair.com	Interactive Online Venues (IOV) software
Trade Show Management	Netronix Corporation	www.eshow2000.com	eshow2000
Travel Management	Double Eagle Services	www.doubleeagleservicesinc.com	TourTrak
Travel Management	GetThere.com	www.getthere.com	DirectMobile
Travel Management	Tr-IPS Services	www.Tr-IPS.com	Tr-IPS
Video Production	Premier Images	www.video11.com	Meeting/Exhibition Continuity
Virtual Trade Shows	Unisfair	www.unisfair.com	GMEP—Global Mass Event Platform
Web Conferencing	1st Virtual Communications	www.fvc.com	CUseeMe
Web Conferencing	Avistar	www.avistar.com	Avistar
Web Conferencing	Communicast.com	www.communicast.com	Communicast
Web Conferencing	ConferZone	www.conferzone.com	E-conferencing
Web Conferencing	EventCom by Marriott	www.marriott.com/eventcom	Global conferencing
Web Conferencing	HealthAnswers, Inc.	www.healthanswersinc.com	Conference.CAST
Web Conferencing	iShow.com	www.ishow.com	iShow.com
Web Conferencing	Latitude Communications	www.latitude.com	Meeting Place
Web Conferencing	MindBlazer	www.mindblazer.com	MindBlazer
Web Conferencing	Netspoke	www.netspoke.com	iMeet, Inc.
Web Conferencing	Premiere Conferencing	www.premconf.com	Premiere Conferencing
Web Conferencing	WebEx Communications	www.webex.com	Multimedia communications
Web Conferencing	Winnov	www.winnov.com	Winnov
Web Conferencing	Wire One Technologies, Inc.	www.wireone.com	Wire One Technologies, Inc.
Web-Based Tools	ConventionPlanit	www.conventionplanit.com	Meetings Industry Link
Web-Based Tools	iNetEvents, Inc.	www.iNetEvents.com	iNetEvents Hosted Event
Web-Based Tools	Meetings on the Net	www.meetingsonthenet.com	Meetings on the Net
Web-Based Tools	Plansoft Corporation	www.plansoft.com	Internet Sales Support Solutions (SSS)

附錄三

檢核表

A3.1　全球會議規劃檢核表（按A到Z排列）

當你在國外規劃及籌辦一場會議時，可以利用這張檢核表作爲準則。本表的目的爲強調規劃流程的各個面向，這些是你在國內規劃一場會議時可能認爲理所當然或是不會特別注意的事項。有些檢核表中的項目與特定的會議規劃活動相關，有些則跟跨文化議題相關，在你執行議程時，可能會造成重大的衝擊。

這份檢核表也適用於風險管理，讓你條理分明地掌握規劃流程的每個要素，指出潛在的困難點，預作準備並加以處理。當你在一個不熟悉的地區舉辦會議，你和你的與會者都不熟悉當地的語言、文化以及商業慣例，於是可能的「風險」就會增加。利用這個方法，你可以將你的「怎麼辦？」計畫予以統整。如果你有新發現，也可以列進表中。

A

Accessibility　容易到達

Affordability　財務可負擔

Airline Service　航空公司服務

Appeal to attendees　吸引參加者

Allocation of staff resources　工作人員人力分配

Availability of required resources　有無必要資源

Audiovisual requirements　視聽需求

B

Backup systems　備用系統

Broadband availability　有無寬頻設備

Budget caps　預算上限

Budget cuts　預算刪減

C

Climate　氣候

Climate control (heating and air-conditioning)　氣候控制（暖氣與空調）

Communications　通訊

Concurrent local events　當地正在發生的事件

Contingency funds　意外事件儲備金

Contracts　合約

Credit　銀行存款

Credit cards　信用卡

Crime　犯罪

Crisis management　危機處理

Cultural attractions　文化景點

Cultural shock　文化衝擊

Currencies　通貨

Customs (materials entry)　海關（材料工具的報關手續）

Customs (social)　風俗（社會）

Customs brokers　報關行

D

"Developing" countries　「發展中」國家

Destination management companies　目的地管理顧問公司

Dress　穿著

Drugs　藥物

Duty-free regulations　免稅法規

E

Economic stability　經濟穩定

Electricity　電力

Electronic funds transfer (EFT)　電子轉帳

Emergency services　急救服務

Embassies and consulates　大使館與領事館

Energy and environment regulations　能源與環境法規

Entertainment　娛樂

Ethnocentrism　民族優越感

Etiquette　禮儀

Expectations of attendees　與會者的期望

Exchange rate　匯率

Excursions　短途遊覽

F

Facilities for disabled attendees　身障與會者專用設施

Food and beverage quality and service　餐飲品質與服務

Forward contracts　遠期合約

Freight forwarders　貨運承攬

G

Gifts　禮品

Gratuities　獎金

Ground operations　地勤作業

H

Health care services and facilities　健康照護服務與設施

Holidays　假日

Hotel accommodations　旅館住宿設施

Hygiene　衛生

I

Immunizations　免疫

Insurance　保險

Internet　網際網路

J

Jingoism　武力外交政策

Jokes　笑話

K

Kissing　接吻

L

Language　語言

Laws　法律

Liability　負債

M

Management and staff time　管理階層與工作人員時間

Marketing　行銷

Medical assistance and facilities　醫療協助與設施

Meeting space　會議空間

Metric system　公制

Money　經費

N

Negotiations 協商

Networking 人脈網絡

O

Off-site activities 場外活動

On-site resources 現場資源

Options contracts 選擇權合約

P

Passports 護照

Political stability 政治穩定

Professional Congress Organizations 專業會議組織

Pre- and postevent programs 會前與會後節目

Promotion 推廣

Protocol 禮節

Q

Quality assurance 品質保證

Quality control 品質控制

R

Recreation 遊憩

Religion 宗教

Rooms (meeting, sleeping) 會議室與住房

S

Safety and security 維安與保全

Scheduling 訂定時程

Sex 性

Shipping 貨運

Shopping　購物

Signage　招牌

Simultaneous interpretation　即席口譯

Site selection　場地選擇

Site visit(s)　現場勘查

Special events　特別活動

Sports　運動

Staffing issues　人員配備事宜

State Department advisories　國務院公告

T

Taxes (VAT, IVA, GST, etc.)　稅款（增值稅、貨物稅、商品及服務稅等等）

Telephones　電話

Temporary staff　臨時員工

Temptations　誘惑物

Terrorists　恐怖分子

Time, concepts of　時間概念

Time zones　時區

Tipping　付小費

Translation　翻譯

Transportation　交通運輸

Travel costs　旅遊成本

U

Unexepected, unforeseen, unheard of　未預期、未預見、未聽聞

V

Vendors　攤商

Venue　場地

Video standards　錄影帶規格

Visas　簽證

W

Welcome materials　歡迎資料

Wireless networks　無線網路

X

Xenophobia　仇外

X-ray machines (airports)　機場X光機

A3.2　現場勘查檢核表

時間	部門	檢查／詢問／通知	備註事項
出發前		1. 確認現行流通貨幣 2. 確認哪些國家需要簽證 3. 確認有多少座航廈 4. 是否有區分國內班機航廈及國外班機航廈 5. 確認通關程序 6. 確認提領行李程序。行李推車是否必須付費？ 7. 確認適合放置接機櫃台的位置（如果有需要的話）	
旅館	住宿	1. 確認房型（及場地） 2. 確認在住房中有高速的網際網路 3. 確認預定房型皆安排在包區內 4. 確認可能的附加價值（例如，加贈房間、升等、迎賓禮） 5. 登記入住與退房時間，以及彈性調整（在團體抵達前一晚入住）	

時間	部門	檢查／詢問／通知	備註事項
		6. 確認特定的房間區位 7. 有衛星登記入住服務嗎？有其必要性嗎？ 8. 確認住房付費手續（需要信用卡持卡人的詳細資料嗎？） 9. 需要護照詳細資料嗎？ 10. 確認哪些國家需要簽證 11. 行李保管、門房小費 12. 住房郵遞費 13. 停車（先確認是否有需要） 14. 早餐在哪裡用餐？是自成一區嗎？ 15. 早餐是哪一種形式？ 16. 早餐供應的時間？ 17. 早餐供應時間可以更早嗎？	
	會議空間與分組討論室	**查核主會議室：** 1. 空間大小適合會議需求 2. 天花板高度、有無任何障礙物 3. 自然的日光、分組討論場地 4. 檢查室內廣播系統設備？是否提供麥克風？ 5. 確認是否提供臨時台架及講台（麥克風？燈光？） 6. 確認舞台區有盆栽花飾 7. 電源插座以及燈光控制的位置 8. 高速的網際網路連線（如果有需要的話） 9. 檢查空調設備；是由房間內控制還是他處？	

時間	部門	檢查／詢問／通知	備註事項
		10. 確認室內燈光的形式以及從何處控制 11. 確認視線良好 12. 確認分組討論場地 13. 確認會議資料、茶水等提供無虞 14. 檢查卸貨通道 15. 有任何載重設備嗎？ 16. 確認有無任何可能的噪音問題 17. 會議室與其他空間（如分組討論室／餐廳）的相對位置 18. 與盥洗室的相對位置 19. 與公用電梯的相對位置 20. 室內裝潢與清潔的一般標準 21. 有三段式電力嗎？ 22. 確認桌巾的樣式 23. 布置場地及使用場地的費用 24. 在會議結束時，我們需要清空主要會議室嗎？ 25. 現場有沒有內部的技師，一天二十四小時，一週七天隨時待命 26. 確認使用的桌子大小 27. 需要請一位消防隊長來檢查並批准舞台與隔板的布置嗎？	
	餐飲	1. 在哪裡供應茶點？ 2. 每一段休息時間供應哪些茶點？ 3. 有多少個供應站？ 4. 如果代表費包含午餐在內，是供應何種形式的午餐呢？	

時間	部門	檢查／詢問／通知	事項備註
		5. 午餐場地是自成一區嗎？ 6. 午餐用餐區與會議室的相對位置 7. 雞尾酒招待會在何處舉行？這區是獨立空間嗎？ 8. 盥洗室在哪裡？ 9. 最接近的吧台在哪裡？或者這個吧台可移動嗎？ 10. 吧台營業至晚上幾點？ 11. 公共用餐區幾點關閉？	
	視聽設備	1. 有內部的視聽設備公司嗎？有此需要嗎？ 2. 取得視聽設備公司的企劃書，安排適當的時間會面，並討論設備與場地布置 3. 取得所有使用設備的型號與品牌細目 4. 確認所有技師都懂英文而且也會說英文（如果有必要的話） 5. 向之前的顧客探聽風評 6. 確認技師在會議期間值勤時的服裝規定 7. 確認保證金、付款以及取消的條款	
	招牌	1. 會場有無指示牌？三腳架？規定使用類型。 2. 丈量講台，確認識別標誌的位置 3. 指示牌需要放上哪些資料？ 4. 確認在飯店周圍放置指示牌是可以被接受的 5. 從每一個會議室走一遍，看看需要多少指示？	

時間	部門	檢查／詢問／通知	事項備註
	總務	1. 確認同時期該飯店是否有其他會議舉行，尤其是同一產業 2. 確認商務中心場地以及營運時段 3. 確認必須要有工作人員在辦公室值勤（地點、有電源插座、電話等等） 4. 取得當地辦公事務供應商的電話號碼 5. 檢查設備：要租用哪些設備？成本如何？可靠嗎？ 6. 寄送到場地的郵件；確認程序 7. 飯店有休閒設施嗎？營業時間爲何？ 8. 確認飯店內工作人員的配置架構；值班經理、夜間櫃台、營運經理是由哪些人擔任？ 9. 確認在會議舉辦期間一般的狀況 10. 確認飯店可兌換的外幣，距離最近的自動提款機在哪裡？ 11. 與櫃台人員確認電壓。飯店可提供轉接器嗎？ 12. 飯店有免費接駁巴士到市區或機場嗎？	
目的地管理顧問公司		1. 確認從飯店到機場的轉車時間 2. 確認交通尖峰時間 3. 確認從機場到飯店的時間 4. 確認會場外的場地有專屬的籌辦人 5. 確認會場外的場地是否有盥洗設備，數量爲何？ 6. 確認會場外的場地是否容易到達。步行距離、適宜鞋類等。 7. 支援的工作人員要穿制服嗎？	

時間	部門	檢查／詢問／通知	事項備註
		8. 確認支援的工作人員是否精通英語（若有必要的話）	
		9. 取得其他一般旅遊行程的資訊	
		10. 確認未預定交通工具的排班時間	
		11. 確認使用的車種。可用數量爲何？	
		12. 確認所有的司機都會說英語（若有必要的話）	
		13. 確認保證金、付款以及取消的條款	
		14. 準備住房禮	
		15. 取得菜單樣本以及所有用餐場地的宣傳小冊子	
	蒐集或帶回的事物	1. 飯店宣傳小冊子	
		2. 飯店會議資料袋：現場勘查報告的相關細節	
		3. 禮品項目	
		4. 當地區域地圖	
		5. 當地區域的一般資訊、傳單	
		6. 明信片（現場勘察報告）	
		7. 照片	
		8. 當地供應商與緊急連絡人的表單	

A3.3　大會、會議、活動安全及維安檢核表

活動名稱：________________________________ 日期：______________

地點：____

場地名稱：____

場地設施用途：會議 ______ 專業討論會 ______ 派對 ______ 旅館 ______

商展 ______ 晚宴 ______ 年會 ______ 特別活動 ______________

其他 ____

地址：____

城市：________________________________ 州／省：____________

國家：______________________________ 郵遞區號：______________

電話　：________________________ 傳真　：______________________

連絡人姓名：____________________ 電話　：______________________

維安／安全連絡人姓名：____________________________________

維安專線　：____

其他資訊：____

____

現場視察日期：____

備註：取得場地平面圖副本、場地示意圖、房間尺寸、當地地圖、維安與安全資訊，以及其他與場地相關的資訊。

第一部分：安全

有些問題只需要回答是（Y）、否（N）或是不適用（NA）。較長的空格線是要讓你寫下日後在規劃場地時有用的資訊。

在活動工作人員中，由誰來負責活動期間的安全？ ______________________________

____

緊急行動計畫 是／否／不適用

1. 該場地有緊急行動計畫嗎？ ________

   何時是計畫舉行的日期？ ________

2. 你檢閱過這項計畫嗎？ ________

3. 這項計畫包含的現有資訊有：

   火災 _______ 醫療 _______ 維安 _______ 撤離 __________

   突發事件 ________ 天氣／天災 ________ 通訊 __________

   緊急連絡資訊 ______________________________

4. 在計畫應變措施中，員工有接受訓練嗎？ ________

   該場地最近一次測試緊急行動計畫的日期 ______________

生命安全與火災

5. 最近一次火災 / 安全檢查的日期 __________________________

   由哪一個機構執行檢查工作？ ____________________________

   該場地有通過檢查嗎？ ________

6. 是否已經有充分的生命安全系統嗎？

整個場地都有逃生計畫嗎？ ________

- 火災灑水系統 ________
- 煙霧／高溫偵測器 ________
- 手動火災警報站 ________
- 警急逃生口 ________
- 緊急照明 ________
- 可攜式滅火器 ________

7. 最近一次檢查生命安全系統的日期 ________

8. 最近一次員工在系統應變措施中受訓的日期 ________

9. 該系統啓動時，公共警報器會自動響起嗎？ ________

10. 當通報火災時，工作人員會採取哪些行動？ ________

11. 如何通知消防單位發生火警？

自動通報 ________　電話通知 ________　其他 ________

12. 身體受傷的賓客在緊急情況中如何撤離？

____

13. 緊急／火災逃生口標示清楚嗎？容易到達嗎？運作正常嗎？

____

14. 該場地有緊急電力系統嗎？ ________

它可以供應哪些設備電力？ ________

它可以運作多久？ ________

15. 在火災警急事件中，電梯可以自動回到一樓嗎？ ________

16. 電梯有警急事件指示和警急電話嗎？ ________

電話是由哪個單位接聽？ ________

17. 在每一層樓的樓梯井，皆有標示樓層數嗎？ ________

你能夠從樓梯井進入各樓層嗎？ ________

18. 樓梯井有裝設恆壓及煙霧通風裝置嗎？ ________

醫療

1. 在活動期間，該場地有醫療服務嗎？________________________

____

2. 參加人員要付多少醫療服務費？________________________

____

3. 飯店有內部的醫師嗎？ ________

4. 若是非緊急事件，距離最近、步行可到的醫療診所距離？

________ 公里

醫院名稱：________________________

地址：________________________

電話：____________ 醫療服務時間：__________

5. 距離最近，醫療照護品質佳的醫院距離？________ 公里

醫院名稱：________________________

地址：________________________

電話：________________________

6. 根據參加人員的人口統計資料和活動性質，需要額外的

現場醫療人員／服務嗎？ ________

推薦人選 ________________________

電話：______________ 費用（$）____________

7. 該場地的員工有哪些人受過心肺復甦術和急救的訓練？
   - 所有的安全人員？ ________
   - 服務生？ ________
   - 清潔人員？ ________
   - 維修人員？ ________
   - 管理人員？ ________

8. 有任何員工擁有醫療急救措施的證照嗎？ ________

   確認部門及輪班時間：________________________________

9. 以下的急救服務反應時間如何？____________________________

	反應時間與距離		電話
救護車	________	________	______________
消防局	________	________	______________
警察	________	________	______________
醫院	不適用	________	______________

其他安全議題

1. 要如何（在歡迎會、報名資料、開幕日簡報會中）告知參加人員有關基本設施、活動以及旅遊安全的事項？__________

   ____

2. 有下列各項具有合宜的執照、保險以及經驗來提供所需服務嗎？
   - 各種的交通工具 ________
   - 特殊活動攤商（遊艇、單車、直升機以及吉普車旅遊、浮潛／潛水行程等等） ________
   - 會場／特殊場地 ________

3. 在從事這些活動時，這些攤商有提供適當類型與數量的安全設備嗎？ ______
4. 這些設備符合公認及可接受的安全標準嗎？ ______
5. 行前報名資料有查問特殊要求嗎（醫療、身障協助、特殊餐點等等）？如果在活動中或在家中發生緊急事件，你要如何連絡指定的人員？ ______
6. 節目安排和／或場地有遵守美國殘障法案（ADA）的要求嗎？ ______
7. 是否將多數的高階主管、高級業務人員、貴賓等等分散在不同班機或陸上交通工具上，以防萬一有危機發生？ ______
8. 該場地在活動期間是否監控當地與國際天氣狀況，以確保交通運輸的安全？ ______
9. 在暴風雪警戒以及暴風雪警報中，工作人員知道應該採取哪些行動嗎？ ______
10. 該場地提供了有用的緊急救生設備嗎？譬如：完備的急救箱（裡頭有阿斯匹靈、胃腸藥以及感冒藥等等）、手電筒，並在活動控制室放一支手機。 ______
11. 該場地曾發生過任何天災（例如，地震、颶風、水災、龍捲風、超級大風雪）、火災、安全或環境意外事件等等的記錄，曾經影響和／或可能影響會場或會議進行？ ______
12. 該場地已準備好因應上述情況了嗎？ ______
13. 在活動之前或活動時期間有任何已知的建築工事會影響交通運輸、住宿或特殊活動嗎？ ______
14. 在你的團隊中有誰能夠爲活動工作人員做簡報，指導他們如何處理安全與緊急問題？ ______
15. 有任何活動（煙火、電力過載等等）需要當地消防局的同意或出勤嗎？ ______

16. 玄關、階梯、樓梯井、走道、人行道、小徑、泳池區等等是否維護良好且照明充足？ ________

17. 游泳池、沙灘等等有全天候的合格救生員以及安全設備規定嗎？維護情況良好嗎？ ________

    救生員值勤的時間？________________________

18. 為了籌辦一場國際行程，你是否備妥充分的醫療設備與聘請合格的醫師？ ________

    姓名：________________

    電話：________________

19. 為了籌辦一場國際行程，需要為參加者準備任何特殊的疫苗接種、健康守則、醫療用品或是旅遊預防措施嗎？ ________

20. 為了籌辦一場國際行程，這場活動會帶來任何特殊的安全議題或考量（語言、安全標準、醫療標準或考量、撤離等等）嗎？你會如何處理呢？ ________

    描述：____

    ____

    ____

安全／健康因素

回答否的題數：________　　回答是的題數：________

你認為該場地看起來或感覺上安全嗎？是 ________ 否 ________

理由：____

從 1（低）到 5（高）的等級中，你如何評等該場地的整體安全？

1　2　3　4　5

評語：____

____

____

____

第二部分　維安

1. 在活動團隊中，由誰在活動期間負責維安工作？________________

____

2. 你評估過目前考慮中的會場、交通路線、活動場地以及周邊環境維安風險的等級嗎？ ________

3. 你有跟負責飯店／會場維安工作的資深人員談過，以確定他們曾經發生的問題、正在經歷的問題，以及預期會發生的問題（犯罪、示威、火災或相關假警報、勞工問題、負面的宣傳、恐怖主義等等）嗎？（一定要確實問出答案。） ________

說明：____

____

____

4. 你有跟當地執法機構或其他資源取得聯繫以獲得最新的犯罪資訊以及對於場地的建議嗎？ ________

說明：____

____

____

5. 這些資訊有指出任何會議議程無法接受的犯罪相關問題或考量嗎？ ________

6. 該採取何種行動來減少這些擔憂？______________________

____

7. 活動性質需要特殊的通道管制程序嗎，像是識別證、公司證件、門票以及專屬的邀請函？ ________

8. 如何管理通道？______________________________________

9. 工作人員、攤商、來賓、特殊的通行權等等各有不同形式的證件嗎？ ________

工作人員：______________　特別來賓：______________　攤商：______________

10. 有任何名人或其他貴賓需要特殊的維安安排嗎？ ________

11. 通道管理程序以及身分證明程序在會前就先和所有的與會者、活動工作人員、安全人員等溝通好了嗎？ ________

12. 本活動有現金或是高價的禮品嗎？ ________

如何保護這些物品？ ________________

13. 你已經指定需要限制出入（或重設密碼）的特殊用途空間（活動控制室、禮品／設備儲藏室、報告室、貴賓休息室等等）嗎？ ________

14. 有任何競爭對手的公司、協會、受矚目的國內外政府顯要、貴賓或是活動因爲在你的活動之前、同時或緊接在後須使用該場地，而使你的活動混亂、中斷或延期嗎？ ________

確認：________________

____

____

____

15. 該場地如何減少對你的議程會產生干擾的因素？ ________

____

____

16. 有任何已知或可能的威脅會對公司、協會、資深管理階層、賓客或與會人員造成傷害嗎？ ________

說明：________________

誰會處理？________________

17. 專屬文件及機密文件或是財物將放在現場嗎？如果是，需要其他維安和／或電子檢測〔技術監測反制（technical surveillance counter measures, TSCM）〕以及監視服務嗎？ ________

18. 如果專屬文件放在現場，有沒有碎紙機可將資料碾碎成無法判讀的大小？ ________

19. 需要用上鎖的箱子保管文件或其他貴重物品嗎，這些物品不能夠也不應該在另一個地點受保護？ ________

20. 主辦單位會根據活動性質、地點或是活動議程，提供給與會人員客製化的安全、健康以及維安的書面提示嗎？ ________

21. 飯店／該場地以布告欄或電視螢幕宣告活動以及他們的空間配置嗎？ ________

22. 該場地的室外區域以及停車場照明充足嗎？ ________

    室外：________________ 停車場：________________

23. 飯店／該場地在非營業時間或熄燈時間，受保護的時段為何？ ________

24. 維安人員是否巡查該場地的室內與室外區域？ ________

    多久一次？

    室內：________________ 室外：________________

第三部分　飯店維安

1. 飯店客房是否提供下列服務？

    - 扭式門鎖？ ________
    - 門上的貓眼？ ________
    - 其他的門鎖裝置 ________
    - 所有的門（包括陽台玻璃門和連結房門）和窗戶都有裝鎖嗎？狀況良好嗎？ ________
    - 有沒有張貼緊急逃生圖？ ________
    - 有中央監控的煙霧、火災偵測器嗎？ ________
    - 有火災灑水系統嗎？ ________

2. 飯店使用哪種客房鑰匙和門鎖系統？

   標準鑰匙：_____　房卡：_____　其他：_____

   鑰匙／房卡有標示房門號碼嗎？______

3. 客房的鑰匙與房卡多久更換一次？______

   上次更換的日期：________________

4. 櫃台如何維護貴賓室鑰匙的安全性？_________________

   ____

5. 櫃台如何清點貴賓室鑰匙？___________________________

   ____

6. 如果客人對於所要求的電話鬧鈴無回應，飯店會怎麼做？

   ____

   ____

7. 飯店有保險箱嗎？　　　　　　　　　　　　　　　　_______

   如果沒有，你有什麼變通方法嗎？__________________

維安人員

1. 該場地有配備維安人員嗎？　　　　　　　　　　　　_______

   財物：_____　聯繫：_____　其他：_____

2. 每次排班有多少安全官員和主管在場？

   第一班 _____　第二班 _____　第三班 _____

3. 所有的安全人員是否都具有心肺復甦術／急救的執照？　_______

   上次訓練的日期：______________________________

4. 還執行過哪些其他形式的維安和安全訓練呢？____________

   ____

5. 火災、醫療、天氣以及其他突發事件要如何處理？_________

   ____

6. 如果活動需要額外的安全人員，誰能提供？費用如何？

    飯店／場地：____________ 承包公司：______________

    未值勤的警察：_________ 其他：__________________

7. 根據活動、地點、客戶以及參加者的性質，在哪些地方需要維安服務？

    完全透明：____________ 高能見度：_______________

    在特定地點半隱密式進行：__________________________

8.你對於好的安全人員訂定什麼樣的績效標準？（有效監督、訓練有素、有能力、慎重、有所助益、勤奮等等）你是如何獲得這項績效標準的？__________________________

____

9. 你會採用特別的活動安全合約與安全人員簽約嗎？ ________

10. 是否以書面方式給予安全人員清楚明確的書面維安職務與責任？ ________

    誰要對這些安全人員的職務做簡報？_________________

11. 安全人員（或是未值勤的警察）需要穿制服嗎？ ________

    - 哪一種制服？________
    - 單排扣西裝外套加寬鬆長褲式的制服？________
    - 素色布料？________
    - 官方制服？________

12. 你曾聯絡你的政府國際事務辦事處（美國外交部）和／或當地國內／市內資源以獲取目前維安與安全資訊嗎？ ________

    說明：____

13. 該活動可能遭遇任何特殊的維安議題（語言、犯罪、風俗、法律、醫療急救、撤離等等）嗎？你將會如何處理呢？說明：____ ________

維安要項

回答否的題數：__________　　回答是的題數：__________

你認爲該場地看起來或感覺上安全嗎？是 __________　否 __________

理由：____

從 1（低）到 5（高）的等級中，你如何評等該場地的整體安全？

1　2　3　4　5

評語：____

____

____

____

____

____

通訊系統

1. 在活動團隊中，由誰在活動期間負責通訊系統的工作？

   ____

2. 該活動需要租用通訊設備嗎？__________

   - 可攜式無線電：__________　數量：__________
   - 呼叫器：__________　數量：__________
   - 行動電話：__________　數量：__________
   - 備用設備：__________　數量：__________

3. 該設備在會場內、周圍以及與特定地點（機場、飯店、特別活動會場等等）之間的通訊清晰嗎（要考慮可能中斷訊號的人爲和天然障礙）？ ________

4. 每一件通訊設備都有編號和編列清單，可以立刻查明設備分配在誰手上嗎？ ________

5. 將訓練工作人員，讓他們能夠有效使用設備嗎？會分發工作人員通訊錄嗎？ ______

6. 會（事先）提供活動連絡卡給參加人員，讓他們交給公司、家人、信任的鄰居、保姆等等，萬一家鄉發生緊急狀況時可方便連絡。 ______

7. 參加人員可以在現場拿到資料，列示他們在當地住宿的飯店名稱、電話號碼、地址，以及發生緊急事件時，如何連絡活動工作人員嗎？ ______

8. 參加人員和會場人員隨時都能連絡上活動工作人員嗎？ ______

9. 你會提供活動工作人員的值班表給飯店？會場的櫃台人員、總機以及安全人員嗎？ ______

意外事件規劃

1. 在活動團隊中，由誰在活動期間負責意外事件規劃的工作？

______

2. 會場或特定地點如何處理像是龍捲風、颶風、水災、大型的暴風雪、冰風暴，酷暑等問題或是重大的人爲因素問題（火災、環境等等）以及恐怖攻擊？

說明：______

______

______

3. 你準備好要在一個天災和／或人禍中籌辦你的會議嗎？

______

4. 活動工作人員知道適當的緊急行動流程、連絡電話並且聽取危機處理的簡報了嗎？ ______

5. 你能獲得下列各項準確和即時的資訊嗎？
    - 賓客／工作人員的旅遊安排？ ________
    - 交通運輸時程表 ________
    - 賓客／工作人員客房分配？ ________
    - 會議室的分配？ ________
    - 特別活動的參與率？ ________
6. 在活動期間和之後，萬一發生緊急情況，你有方法向參加人員說明逃生路線嗎？ ________
7. 在緊急情況中，如果你需要替代方案，你會怎麼做？
    - 住宿？ ________
    - 會議室？ ________
    - 交通運輸？ ________
    - 通訊？ ________
    - 餐飲服務？ ________
    - 特別活動？ ________
8. 你有緊急的空中撤離計畫（醫療與非醫療撤離）嗎？

    ____
9. 如果你必須從會場撤離，你如何向每一位參加人員說明？

    ____
10. 你是否已選好一、二個特定區域，能夠集中參與人員進行撤離行動？ ________

    ____
11. 參加人員知道在撤離行動中，他們該前往哪一個區域嗎？

    ____
12. 在緊急情況中，你有方法和計畫與參加人員連絡或通知他們嗎？

13. 你準備好要與當地政府的緊急救難機構連絡及合作嗎？ ________

14. 你擁有哪些緊急通訊設備呢？ ______________________________

____

15. 誰擔任資深的活動決策者？ ________________________________

16. 誰擔任資深的與會人員代表／公關代表？ ____________________

____

17. 你有下列人士的姓名和連絡電話嗎？

醫生 ____________________ 牙醫 ____________________

醫院 ____________________ 住宿 ____________________

警察 ____________________ 天氣 ____________________

火災 ____________________ 通訊 ____________________

額外安全 ____________________ 會議室 ____________________

交通運輸 ____________________ 安全諮詢 ____________________

撤離行動 ____________________ 包機服務 ____________________

緊急預備辦事處（當地） ______________________________

外交部／國外事務處 ______________________________

大使館／領事館 ______________________________

其他 ______________________________

其他事項

1. 活動、地點、參加人員的性質，或是現場財物的價值是否需要下列特殊或額外的保險呢？

醫療／健康 ______________ 行李 ______________ 責任 ______________

交通運輸 ______________ 失竊 ______________ 活動取消 ______________

2. 如果使用公務機、包機或私人飛機，需要特殊的安全措施嗎？ ________

3. 你有公務機、包機或私人飛機的機尾編號、航班表、飛機類型和乘客名單嗎？ ________

4. 你知道一天二十四小時中要如何與飛航人員和地勤人員取得聯繫嗎？ ________

5. 由於是國際行程，地主國有移民及海關的出入境規定嗎？返回國門時，也有相同的規定嗎？ ________

回答否／是的總題數

回答否的題數：________　　　回答是的題數：________

該場地是否符合你這次活動的安全與維安需求呢？________________________

感謝國際認證專業安全管理師理察・沃斯（Richard P. Werth, CPP）提供資料。

附錄四

場地選擇標準

目的地的標準

1. 該城市或地區有各式各樣的會議飯店和場地嗎？
2. 從主要的門戶國家直飛的航班以及航空公司的選擇夠充足嗎？
3. 這個地區的政治穩定且具有包容性嗎？
4. 氣候與季節因素對你有利嗎？
5. 有數量充足的陸上交通運輸和支援服務嗎？
6. 該目的地可提升會議目標嗎？
7. 參加人員會被目的地的各個有利條件所吸引嗎？
8. 有相關領域，能合作共事的主辦單位嗎？
9. 海關與移民局能給外國旅客方便嗎？
10. 是否在主要城市設置海外連絡處？
11. 該目的地是否提供各種文化與休閒觀光活動？
12. 參加人員會因爲該目的地的緣故，而受到母國政府的限制嗎？

場地標準（設於飯店）

1. 在預定日期，飯店有足夠的房間數嗎？
2. 在預定日期，有足夠的會議室可供使用嗎？大小、數量和設備適當嗎？
3. 飯店的品質符合參加人員的期待嗎？
4. 住房費用在主辦單位的預算之內嗎？
5. 管理階層與工作人員受過訓練，能夠籌辦國際會議嗎？（譬如，重要幹部能說多國語言，並受過會議服務的訓練。）
6. 飯店與機場之間的路線方便嗎？
7. 就電腦、同步口譯、視聽設備、桌椅、講台以及相關的會議室需求而言，這間飯店能符合技術上的要求嗎？
8. 餐飲服務與及場地適合會議團體嗎？
9. 有跟其他的會議撞期嗎？
10. 飯店有適當的緊急救難計畫與合格的安全人員嗎？

場地標準（設於禮堂和講堂）

1. 該場地到飯店總部方便嗎？
2. 重要幹部受過良好訓練且穩定性高嗎？會說多國語言嗎？
3. 場地的容納量、大小、數量以及設備都適合嗎？
4. 有提供充分的燈光、音響以及技術支援嗎？
5. 須由外面的廠商承包特殊服務嗎？
6. 秘書室有適當的通訊、電腦以及辦公設備嗎？
7. 有可以提供同步口譯的小房間和系統設備嗎？
8. 舞台設計符合議程需求嗎？舞台燈光充足，也有幕簾設計嗎？
9. 現場有宴席場地嗎？
10. 現場有醫療、安全以及其他的緊急救難設備和受過訓練的人員嗎？

附錄五

測驗樣本

測試你的全球會議規劃IQ

請選擇最佳的選項：

1. 初步的場地資料可以從下列各來源取得，除了：

A. 國家旅遊機構（NTO）或是會議暨旅遊局（CVB）

B. 網際網路

C. 疾病管制局（CDC）

D. 同業或同事

E. 美國外交部

2. 在美國以外的地區，與目的地管理顧問公司對等的機構爲：

A. TGV

B. PCO

C. VAT

D. DMC

E. B和D

3. 在歐洲，飯店的合約：

A. 很少以英文書寫

B. 無法協商

C. 全都相同，皆根據歐盟標準

D. 跟美國所簽的合約格式相同

E. 以上皆非

4. 在美國以外的地區，會議室的費用：

A. 如果房間包區和餐飲費用夠大筆，通常不再收費

B. 在主帳戶中絕不允許有這筆費用

C. 即使住房費和餐飲費用爲數可觀，也很少不收費

D. 只有在不要求二十四小時使用的情況下，才有折扣

E. A和D

5. 在蘇格蘭，若你被邀請去看"syndicate rooms"（分組討論室），亦即：

A. 參訪當地聯盟的所在地

B. 參觀勞工領袖上一次開會的場地，觀摩他們所使用的桌椅用具

C. 察看分組討論的空間配置

D. 把在賭場的帳結清

E. 參訪當地報社

6. 美元若貶值10%，對於欲舉辦會議的美國公司將會造成何種影響？

A. 增加預算中10%的獲利

B. 減少10%的攤商數量

C. 對海關官員大發雷霆

D. 增加10%的會議成本

E. 在現場提供額外的經費作爲意外緊急事件之用

7. 若要提供三種語言的同步口譯，你必須雇用：

A. 三名口譯員

B. 三名筆譯員

C. 六名口譯員

D. 三名口譯員和三名筆譯員

E. 六名筆譯員

8. SECAM、PAL和NTSC是什麼字的縮寫？

A. 南美洲經濟公約

B. 歐洲會議產業聯盟

C. 與VAT和IVA相似的稅別

D. 在大多數亞洲國家，會在櫃台販售的提神藥膏

E. 錄影帶規格

9. 在大多數的歐洲國家和多數的亞洲國家，午餐通常是：

A. 不一定在正午供餐

B. 一天中的主餐

C. 在六十分鐘的午餐時間，提供方便食用的輕食

D. A和B

E. A和C

10. 在北美以外的地區，stand往往是指：

A. 演講台

B. 立場聲明書

C. 展覽商攤位

D. 衝突

E. 置物小桌

解答：1. (C)，2.(E)，3. (E)，4. (C)，5. (C)，6. (D)，7. (C)，8. (E)，9. (E)，10. (C)

附錄六

全球會議的議程要點

- 計畫表的機動性
  - 避免安排過多議程
  - 考慮時區因素
  - 提供會前與會後的活動選擇
- 議程資料
- 語言考量
  - 文字翻譯
  - 與口譯員合作
- 各組會議安排
  - 強調各組全體出席
  - 避免邊吃午餐邊開會
  - 容許學習形態上的文化差異
- 提供互動機會
  - 社交活動
  - 非正式的討論小組
- 報告人事前準備
  - 視覺輔助材料
  - 清楚、不含俚語的語言
  - 大綱或摘要
  - 國際觀
  - 重申問題並做總結
- 符合禮節
- 視聽輔助設備

附錄七

接待國際旅客的要點

1. 要注意商業禮儀中的文化差異，稱呼方式、關係、學習型態、價值觀、飲食習慣以及外交禮節。

2. 除非賓客本人提議以較不正式的方式來稱呼他／她，否則皆以頭銜和姓氏來稱呼。學習或詢問正確的發音，避免以縮寫方式唸對方的教名或是叫綽號。

3. 避免以俚語和口語式的辭彙及表達方式。也避免使用運動術語的衍生涵意，像是「連一壘都上不了」（出師不利之意）、「你跟我一起打球吧！」（我們合作吧！）。也不要使用其他人可能會聽不懂的縮略字。

4. 有些英文字可能在其他文化中意指其他事物。遵循基本原則爲上。

5. 培養對公制的基本了解。世界上大多數地區皆使用公制測量法以及攝氏溫度。

6. 謹慎使用手勢。在我們的文化中普遍使用的手勢可能在其他文化中帶有挑釁意味。舉例來說，以大拇指和食指圍成圈表示“OK”的手勢在日本表示錢的意思，在法國表示零，對巴西和希臘人而言則帶有猥褻意味。

7. 避免帶有民族刻板印象。就像美國地區的特色與價值觀迥然不同，其他國家也會有歧異的文化與次文化。

8. 如果你知道在賓客的母語中一些社交用語（「你好」、「請」、「 謝謝」等等），儘管派上用場。如此，會讓賓客感覺受歡迎，他們會因爲你所作的努力感到高興。但首先要確認對方的國籍，尤其是在亞洲。

9. 找出賓客會說的語言中，有哪些你也能夠流利應對，並善用你的語言能力。這些賓客會覺得很感激，並寬容一些小錯誤。

10. 如果被邀請加入對話，應避免政治議題以及專業運動。而且，必須等到你與對方建立友誼，才談生意上的事。家庭、個人運動、嗜好以及旅遊都是很好的談話開場白。

11. 個人的空間感會隨文化不同而異。拉丁美洲和中東的賓客在談話時，喜歡彼此靠得很近。而多數的亞洲人和北歐人則比較喜歡保持一點距離。

12. 時間觀念也會隨著文化不同而有差異。通常，居住在北方國家的人們較重視準時，也較有時間觀念。居住在南方國家的人們對於時間比較隨性，也比較能容許不敏捷的行事風格。

13. 如果你預期將會花時間與某位特別的賓客建立交情，那麼請溫習一下對方國家的歷史、地理、文化和時事。網路是搜尋這些資訊很好的資料來源。

14. 幽默是全球通用的語言，但是不見得人人都懂幽默。淺顯易懂的有趣小故事或是笑話是打開話匣子很棒的起頭，同時也能增進彼此的關係。

——摘自路迪·萊特（Rudy R. Wright）的《發展跨文化能力》（*Developing Multicultural Competence*）

附錄八

國際金融專有名詞表

套利（**Arbitration**）

從一種貨幣在不同市場中的價差來獲利。亦即，以買進或賣出的貨幣匯率價差賺取利潤。

銀行匯票（**Bank draft**）

在國內的金融機構領出的支票，票面價值以外幣計算。通常，很容易受到購買匯票時即期價格的影響。

無關稅國際通行證（**Carnet**）

貨品與設備進出口的「簽證」，保證貨品或設備將復運出口，以避免在進出口兩邊被課徵免稅費用。

匯率走勢圖（**Chart points**）

在每個交易日，由匯率波動的高低點所構成的圖表。在分析長期匯率走勢時，可用以預測短期趨勢。又稱爲「交易範圍」。

可兌換性（**Convertibility**）

無論是國外換匯或是銀行票據，如果貨幣持有者能夠任意將它換成另一種貨幣，通常這就被稱爲可兌換性。

交叉匯率（Cross-rates）

以國內的貨幣建立其他兩個世界貨幣之間的價格水準（亦即，以英鎊報價歐元對瑞士法郎）。如果是要前往數個國家，你想要將某種外幣換成另一種貨幣，而不是你的本國貨幣的話，就會使用到。

外匯期權（Currency options）

在一段約定時間內，以預定價格購買外幣的選擇權作爲「避險」工具，以對抗通貨膨脹或是在變動價格中售出。

交易商部位（Dealer position）

反應出某一特定貨幣淨暴露在危險的情況中。

遠期匯率與交易（Forward rates and transactions）

以現有的匯率購買遠期貨幣。考慮到未來將花費一筆金額購買外幣，而讓規劃師操作匯率，鎖定購買匯率。可以用名目存單鎖定二年期匯率。但並非所有貨幣皆適用。

基本面分析（Fundamental analysis）

依據世界所發生的大事與影響預測貨幣趨勢。

期貨交易（Future transactions）

與遠期外匯交易相似，但更複雜。透過貨物仲介商以限定的貨幣交易。

信用狀（Letter of credit, L/C）

由銀行發行的金融工具，讓持有者能夠以一紙信用狀在開立方往來的國外銀行領出現款。一般能夠以美元或是開出信用狀時的外幣即期價格支付款項。

多頭部位（Long position）

以外幣計價之有效授信餘額（你本身的）。

開盤匯率（**Opening rates**）

當一天交易開始時所開出的匯率。一般是以美元計算。

阻力部位（**Resistance position**）

超過該價格水準，買方即無需求或是僅有有限需求。

空頭部位（**Short position**）

有效的借方餘額（你本身的）。

即期價格（**Spot price**）

每日或甚至每分鐘，在自由競爭市場中立即以美元或歐元購買貨幣的匯率。

保障價格（**Support point**）

低於該價格水準，貨幣就不容易買到。

換匯交易（**Swap transactions**）

結合即期購買貨幣和同時期的遠期賣出，反之亦然。一般是以遠期價格進行交易。

技術分析（**Technical analysis**）

利用匯率走勢圖、交易量以及其他金融市場的影響力來預測貨幣價格的波動。

交易區間（**Trading range**）

一種貨幣交易的價格區間，以本國現款或美元表示。通常是在阻力部位與保障價格之間。

交割日（**Value date**）

款項必須付給即期或外匯交易各方的日期。一般是交易完成日後第二個工作天。

感謝強納生・豪依（Jonathan T. Howe）提供資料

附錄九

議程表範例

A9.1 會議議程表概要

行銷會議
巴賽隆納藝術飯店
工作人員工作概要

	10月4日 星期四	**10月5日** 星期五	**10月6日** 星期六	**10月7日** 星期日
管制室	09:00-18:00	07:00-18:00	07:00-18:00	07:00-15:00
接待櫃台		07:45-17:00	07:45-17:30	07:45-13:00
早餐	早餐 07:00-10:30 Café Veranda	早餐 07:00-10:30 Café Veranda	私人早餐 07:00-08:30 Pao Casals	私人早餐 07:00-08:30 Granados
上午	到場	演說訓練會議I 08:30-12:30 Gaudi 1廳	主管會議 08:30-12:15 Gaudi 1-2廳	演說訓練會議II 08:30-13:00 Gaudi 1廳

午餐會	到場	私人自助式午餐會 12:15-13:15 Granados	私人自助式午餐會 12:30-13:30 Pao Casals	私人自助式午餐會 12:45-14:00 Granados
下午	到場	演說訓練會議**I** 13:15-17:00 Gaudi 1廳	分組討論 **A/B/C/D** 13:30-14:45 Gaudi 1-2廳 **E** 13:30-14:45：Gaudi 3廳 主管會議 結業課程 15:15-17:30	散會
晚上	團體晚餐 La Bona Cuina餐廳 巴士於20:00出發 服裝：商務便裝 勿著牛仔褲 請穿舒適的鞋	主管歡迎 接待晚宴 藝術飯店 Café Veranda餐廳 19:45-20:30進場 晚宴於20:00開始 請穿商務便服， 勿著牛仔褲	演說訓練**II** 接待晚宴 La Fitora餐廳 19:45於飯店大廳集合 服裝：商務便裝 勿著牛仔褲 請穿舒適的鞋	散會

A9.2 每日會議議程表：生殖力研討會

日期／時間	活動	地點	工作人員	建議事項
5月3日星期一				
08:30	前往秘書室	大廳	工作人員	
09:00	與主辦單位委員會開會 演講者與賓客的報到情況 停車 指示牌 存放5月7日星期五的資料	秘書室	工作人員	確認5月4日星期二的簽到名單 發函給PCO分發識別證／通行證 給教授及來賓，讓他們能到貴賓室 存放資料；停車證
10:30-11:00	到機場 到飯店	JM/PP CK/VJ		 CK在櫃台／全天負責辦理簽到；晚餐總數
11:30	Smith到達	機場	DMC	
12:00	Jones/Black到達	機場	DMC/JM/PP	
14:45	White/Brown到達	機場	DMC	
19:00	預訂Rincon Gaucho餐廳	VJ		兩份素食餐、特別訂購
19:30	前往Rincon Gaucho餐廳	大廳	CK/JM/PP	
20:00-22:30	晚餐	Rincon Gaucho餐廳	CK/JM/PP	

日期／時間	活動	地點	工作人員	建議事項
5月4日星期二				
09:00	前往大會中心整理 報名資料	大廳	CK/VJ	識別證、大會專用袋、海報張貼 領取貴賓室鑰匙 連絡人：Teresa/PCO
09:00	與Jones和Black前往 市內旅遊（其他人6日再議）	大廳	JM	14:00前回來 其他旅遊行程待決定
下午議程待議	Johnson/Alba從Itaparica回來			
12:50	James抵達	機場	DMC	
14:45	Simon抵達	機場	DMC	
16:00-18:00	再次檢閱幻燈片 張貼會議中心內的海報	飯店648室 VJ	JM/PP	CK值班檢閱幻燈片
18:45	預訂Yemenja餐廳	VJ		
19:15	前往Yemenja	大廳	JM/PP	
19:45-22:30	晚餐	Yemenja	JM/PP	兩份素食餐，特別訂購

日期／時間	活動	地點	工作人員	建議事項
5月5日星期三				
06:00	到大會中心	大廳	CK/VJ/PP DMC	運送研討會資料（用手推車） 儲放在四樓貴賓室 派車回到飯店
07:00	女招待員的定位與配置 開始分發提醒函	會議中心	CK/VJ	正確地點再議 CK/VJ/PP留在會議中心
08:00	JM到會議中心	大廳		保留原車送她回去
10:00	JM回到飯店			
10:30	設立入場關卡／桌子 午餐便當送達——送到三樓	Yemenja I門廳 VJ	CK	PP四周巡視
11:00	接送教授到會議中心	飯店大廳	JM	留二部車在會議中心 帶領演講者到三樓
12:30-14:30	男性荷爾蒙研討會	Yemenja I	全體工作人員	派接駁車回飯店給需要使用的人
14:45	Ames抵達	機場	DMC	CK在報到處
16:15	Smith離場	飯店大廳	DMC/CK	
17:00-18:30	女性荷爾蒙研討會幻燈片檢閱	飯店648室	CK/JM/PP	
未決定	大會接駁車開到Pelourinho	JM/PP		演講者與大會代表團共進晚餐—— 特別邀請。 JM/PP與客戶同桌

日期／時間	活動	地點	工作人員	建議事項
5月6日星期四				
09:00	預訂遊艇	碼頭	VJ	
09:45-17:00	Itaparica遊艇之旅		VJ/JM/PP/DMC	
14:45	Lewis抵達	機場	DMC	CK在飯店報到處
晚上	待議——大會閉幕酒會			
5月7日星期五				
06:00	到會議中心	大廳	CK/VJ/PP	運送研討會資料（用手推車）
			DMC	置放於四樓貴賓室
				派車回飯店
07:00	安排女接待員	會議中心	CK/VJ	
	開始發送提醒函			
12:30	布置餐桌	Yemenja 2廳	CK	PP四周巡視
	接送會議指導員		VJ	
	接送教授至會議中心	飯店大廳	JM	留二部車在會議中心
				帶領演講者到四樓
14:00-16:00	女性荷爾蒙研討會	Yemenja 2	全體工作人員	派接駁車回飯店給需要的人

日期／時間	活動	地點	工作人員	建議事項
16:15	James離場	大廳	CK	
19:30	接送至晚宴會場	大廳	JM/PP	Jones/Black
	待議事項			爲Jones準備生日蛋糕
5月8日星期六				
12:30	Jones/Black離場	大廳	工作人員/DMC	
14:00	White/Brown離場	大廳	工作人員/DMC	
15:00	Simon離場	大廳	工作人員/DMC	
16:15	Ames離場	大廳	工作人員/DMC	
5月9日星期日				
06:00	CK/VJ離場	大廳	DMC	
12:30	JM/PP離場	大廳	DMC	
13:00	Lewis離場	大廳	DMC	

附錄十

預算工作表

活動：______________________________

與會者：__________ 來賓：__________ 每人成本：__________

固定支出

會議室租金

工作人員支出

　　交通費（包括現場勘察）

　　住宿費

　　PCO/DMC費

議程

　　演講費

　　演講者的其他開銷

　　議程安排

　　文字翻譯／口譯

　　休閒活動

　　娛樂

製作費及舞台布置費

　　視聽材料製作

　　視聽設備租金、工作人員、舞台布置

行銷

- 製作費及印刷費
- 架設網站
- 郵資

運費

- 貨運及海關費
- 仲介費

其他雜項

突發事件

附錄十一

表格

A11.1 離境再確認表

我們將再確認您的返國行程：

姓名 ____________________

離境至 ____________________

日期 ____________________

航空公司／航班編號 ____________________

離境時間 ____________________

下述請擇一勾選：

_____ 上述資料正確無誤

_____ 我已經將我的離境預定行程改變爲：

日期 ____________________

航空公司 / 航班編號 ____________________

離境時間 ____________________

_____ 如果可以的話，請變更我的離境預定行程如果您想要改變你的回程航班，請填寫以下資料，並在您離境日前72小時內攜帶您的機票至管制室。有可能無法依照您的要求更改，但是我們會盡力協助您。

變更回程預訂航班至：

日期______

航空公司／航班編號______

離境時間______

______

簽名______ 日期______

A11.2　機場接駁離境確認表

姓名______

房號______

同行者姓名（若無則不須填寫）______

離境日______

航班______ 時間______

到機場的離境時間______

如果你的回程班機資料不正確或是已變更，請儘早攜帶本表格到管制室。

請檢查你的費用，並在你預定離開的時間，於大廳與交通運輸人員集合之前辦理退房。

A11.3 活動參加人員時程表

		第一天				第二天				第三天			
姓	名	早餐	午餐	點心	晚餐	早餐	點心	午餐	點心	早餐	點心	午餐	特殊需求
確定總數量													

附錄十二

個案研究

A12.1 個案研究：國際研討會

工業國家認知到公共建築與工業設備容易受到恐怖份子與暴力的攻擊，因而促成本次世界性會議的召開，目的是要找出預防和對抗問題的方法。有一個爲此目的特別成立的指導委員會，其成員由企業安全主管、政府機關、軍事將領，以及安全系統與裝置的製造商所組成，這個委員會簽署同意發展成本以及出資成立一個秘書處來規劃和召開該研討會。

來自十六個國家的與會人員受邀出席，預計總共有二百五十位代表以及一百三十位展覽商將參與本會。代表團爲企業的安全主管、私人與政府執法機關的成員、高階軍官等。有七位具有副部長的位階，一位榮譽主席是部長級的人物。要安排工作人員與演講者的住宿需要二百七十間單人房或雙人房以及十八間套房。如果秘書處確認總部飯店空間不足，展覽商可能會被安排在另一間飯店。本次會議不邀請配偶參加，但預計會有10%的代表將攜伴參加同住一房。

指導委員會指定瑞士日內瓦為會議地點，因為場地的選擇將成為焦點。預計明年九月將召開一個為期四天的會議。正式議程包含四天全體出席的講習、論壇、工作坊以及展覽。屆時需要可供四十個展覽攤位擺放的充足空間，展覽區也最好跟會議室安排在同一個場地。

小組討論會共分六組（每組四十到六十人），並同時舉行實務工作坊。餐飲服務包括開幕歡迎酒會、每日的早餐和午餐（或可與演講者共進午餐），兩頓現場準備的晚餐，兩晚自由活動，其中一晚可以安排晚餐加遊覽行程。

身為參與組織團體的會議主管，你被指派到秘書處協助評估與選擇目的地及會議場地。

討論重點

1. 參考第三章關於目的地評估的要點。
2. 為了建議在日內瓦有哪些場地可供舉辦該會議，執行以網路為主的場地調查。飯店應該要有足夠的空間作為展覽之用，或是在展覽場地附近。
3. 準備一張表格，寫下前二個選擇，列出場地名稱、客房數量、承諾的容納量、團體費率、會議室數量，以及他們座位配置的容納量。

A12.2　個案研究：企業會議

沙夫可（Safecor）國際公司是一家照明系統的跨國製造商，總部設於溫哥華，經由授權的方式在歐洲、拉丁美洲以及太平洋沿岸國家銷售其產品。該公司宣布一項計畫，他們將在十四個月後推出新產品。經銷公司與區域辦事處的高層主管、北美配銷商以及企業主管與員工都將參加。其他受邀者——潛在買主與使用者——包括企業安全主管、執法及政府機關人員以及軍事人員。

預計會有來自二十三個國家的與會者參加，共邀請了二百三十五位受邀者，三位演講者、三十四位參展商，以及二十名企業員工。這些與會人員分布的地理區域如下：

地區	比例
亞太地區	28%
中南美	12%
其他地區	6%
歐洲	20%
加拿大與美國	32%

參加者主要的門戶國家爲：亞太地區——香港、馬尼拉、雪梨、台北、東京；歐洲地區——阿姆斯特丹、法蘭克福、倫敦、米蘭、巴黎及維也納；中南美洲——布宜諾斯艾利斯、波哥大、墨西哥市、聖保羅；美加地區：亞特蘭大、芝加哥、達拉斯、洛杉磯、蒙特羅、紐約、多倫多以及溫哥華。住宿需求方面，包含工作人員與演講者在內，共需二百七十五間單人房或雙人房以及十二間套房。本次會議不邀請賓客或配偶參加，但預計會有10%的代表將攜伴參加同住一房。爲所有與會人員提供特別舒適的環境是主辦單位應做的事。

大會委員會指定以新加坡作爲本次集會的地點。沙夫可公司在當地有一個區域辦事處和數家經銷商。主辦單位計畫在抵達日之後展開爲期四天的會議，在第六天離境。正式議程包含三天半的主題演講、論壇、工作坊以及展覽。屆時需要可供十六個二乘四公尺見方的展覽攤位以及四乘八公尺見方的島嶼型攤位擺放的充足空間。小組討論會共分六組（每組四十到六十人），並在第二到第四天同時舉行實務工作坊。在會議期間，必須在大會辦公室、資訊中心、演講者休息室以及媒體室配置工作人員。

餐飲服務包括開幕歡迎酒會、每日的早餐和午餐，兩頓現場準備的晚餐，兩晚自由活動，其中一晚可以安排晚餐加遊覽行程。第三天下午是自由參加的活動。有兩間分別可容納四十人和一百人的大套房，將在下午五時至午夜供應餐點並配置服務人員。

身爲與會的分公司會議主管，你被指派到大會委員會協助研究與建議會議目的地、評估及安排交通與會場服務；並與飯店客房、集會場地以及支援服務等部門進行協商並訂定合約。你將與活動方案委員會密切合作，以確保達成他們的需求。

你也要和來自本國、其他分公司以及經銷商的其他會議專家合作。本周你將參加第一次的會議委員會。所有的會議運作都將由資深的會議主管統籌，由當地的專業會議公司（待聘）支援，並挑選企業工作人員，可從經銷商或是位於目的地城市的分公司所雇用的員工中挑選。

討論重點

1. 確認哪一家航空公司從出發地到目的地擁有最佳的航線。
2. 利用適當的網站進行目的地評估，以選擇能夠容納代表團以及支援會議需求的飯店。
3. 你建議透過專業會議公司和／或會場管理顧問公司來尋求當地支援嗎？如果是，請在線上調查合格的候選公司。
4. 備妥一份建議的暫定議程表，社交活動與餐點均要含括在內。

A12.3　個案研究：企業獎勵旅遊

今天是4月30日星期天，也是獎勵旅遊的最後一天，你這一週都在西班牙的馬德里度過。在這最後的一天，安排了自由參加的行程，讓一些人到鄉村看看或是在市區內悠閒逛逛。

早上九點，三百位與會者中有一百二十位與其配偶和賓客乘坐三輛巴士從市區的飯店出發，出城觀光。行程包括在一家鄉村餐廳吃午餐、參觀一間工藝博物館、在回程的路上到暢貨中心購物。今天下起大雨，但是還好所有活動都在室內，所以一行人滿心歡喜地出發了。巴士預計在下午四點前回到飯店，以便留時間給大家休息和更衣，因爲今晚主辦單位將在城外十公里處的一個大莊園舉行頒獎晚宴。預計於晚間八點三十分出發前往晚宴現場。

下午四點時，巴士還沒回來。四點半時，你請你的會場管理顧問公司查明延誤的原因。他回報一個意料之外而且令人心神不寧的消息：三部巴士皆未回應無線電呼叫，撥司機的行動電話亦無人接聽。會展管理顧問公司亦試圖連絡車上的導遊，他們的手機也全都在忙線中。

五點鐘時，你仍然不知道這三部車目前所在地點、情況以及預估抵達的時間。會展管理顧問公司和巴士公司全都無法解釋這三輛巴士失聯的原因，於是打電話到這一行人的第一站——餐廳，得知他們在十二點三十分抵達，吃過午餐後，在下午二點離開。沒有人不舒服，一切都很好，之後這三輛巴士全都朝馬德里的方向前進。然而，當電話追到下一站——工藝博物館時，結果就令人擔憂了。這群人預計在下午二點三十分抵達的，卻沒有出現，也沒有去電取消參觀行程。每一輛巴士上所安排的導遊也沒有回報任何消息，隨行的工作人員也還沒有回音。雖然嘗試要以手機連絡這些團員，然而卻徒勞無功。

下午六點，你聽會展管理顧問公司回報說，通報員雖然持續努力以無線電和行動電話連絡這三輛車，卻依舊音訊全無。由於原因不明，等不到消息，讓人有種不祥的預感。雖然也通報警方以及高速公路巡邏隊，但是這兩方都還沒有回覆消息。

有些資深經理人讓他們的配偶去參加這趟觀光行程，他們全都在飯店大廳等候，焦慮和緊張的情緒愈來愈高漲。你有一個包含了各種版本的基本緊急措施計畫：火災、重病或重傷、暴力犯罪、炸彈攻擊、恐怖行動、勞資糾紛等等。遺憾的是，你並沒有料到載著一百二十名乘客的三輛巴士竟會全部消失。他們有沒有被飛碟的光束擊中？萬一你的賓客被外星人綁架，你應該要做何種有效的緊急措施來因應？

晚上七點，巴士比預定應返回飯店的時間晚了數小時，你終於得到會展管理顧問公司傳來的消息，說已經以無線電連絡上司機。好消息是所有的乘客皆安然無恙，壞消息則是他們還在城外約一個半小時的車程處，他們被卡在車陣中，明天一早的報紙就會報導這起在馬德里史上最嚴重的超級大塞車事件。顯然，大雨特報以及持續陰雨連綿的天氣預報使得超過一百萬的馬德里人提早一天返家，因為五一國際勞動節的連假，這些人大多在星期五出城，預計星期一回家。在原本應該平靜的星期假日，這個提早報到的車潮，讓每個人措手不及，車潮從午後就開始湧現，癱瘓了馬德里市方圓百里內每一條重要的高速公路。因爲成千上萬的人都想知道到底發生什麼事，他們或者在路上相互聯繫，或者與家中連絡，而使得行動電話線路塞爆。這三部巴士，從下午二點離開餐廳後，就緩慢開回馬德里，由於不在無線電接受範圍內，直到五個小時後，他們接近馬德里市時才連絡上。

由於你所設想的恐怖意外事件並未發生，你終於鬆了一口氣；但是，你和你的工作團隊現在卻要面臨另一個後勤挑戰。原本預計晚間八點三十分要開始運載賓客至晚宴地點，這是本次會議最後一場的重要社交活動，這個時間卻剛好是在高速公路上受盡塞車之苦的觀光團預定回到飯店的時間。在巴士上坐了六個半小時的車，他們可能不會想參加這場晚宴，因爲還要搭另一部公車出城去。你在今天早上，重新確認了晚宴所有的安排事宜，確定要二百五十份餐點、佛朗明哥舞蹈團、華麗的會場布置，甚至細微到每一位女賓客到場時就會有人送上一朵玫瑰。然而，現在你知道只有一半的客人會參加，整場晚宴的氛圍可能最後是冷清大過慶賀。

你一半的客人再過一小時就會回到飯店，他們又氣又累，根本沒有心情慶祝任何事情，一心只想逃脫困住他們六個小時的巴士。同時，其他的與會者將要搭巴士前往出席一場告別盛宴，有美食、世界級的娛樂表演，還有同歡會。

整個議程的成功關鍵就在今晚，你已投入大筆金額在這最後一夜，你們公司資深經理人和你部門的形象與信用岌岌可危。你的上司希望在二十分鐘內跟你見面，聽聽你打算要如何挽救今晚的宴會，還有，很重要的，如何保住你的飯碗。

討論重點

1. 發生這種情況，需要注意的重要因素是什麼？
2. 在執行這個方案之前，從你過去在本國的經驗或是到馬德里現場勘察的過程中，有沒有預料到會有這類情事發生？
3. 你認爲在一天中的哪個時間點，你應該要向你的上司報告說你擔憂觀光團的下落與安全問題？爲什麼？
4. 請說明你的行動計畫和對於這最後一夜的應變措施，你將處理下列的需求與事宜：

- 花了一整天坐在巴士上的與會者可能不會想要參加晚宴
- 未參加觀光團的與會者期待這場晚宴
- 你的上司又氣憤又擔心

A12.4　個案研究：如何避免落入加值稅的陷阱

經過審愼考量後，全美小機件建造商協會決定要在瑞典的斯德哥爾摩舉行第一場的國際會議。之所以會選擇斯德哥爾摩是因爲可以跟瑞典小機件製造工業形成網絡，與國際接軌。再者，該協會希望透過這次創舉，增加其國際（非美國的）會員。

在規劃會議期間，預算部分都交由美國的會計公司做全面分析。會議企劃人員與協會的預算委員會一致同意會計公司已仔細審查過預算。但是最後該協會卻落入了我們常說的「加值稅」的陷阱中。

本次會議到尾聲時，核對所有已收到的發票，發現活動總成本並非之前的預算二十萬美元，而是二十五萬美元。當會議企劃人員與會計師在檢查發票時，他們注意到「加值稅」（VAT）這個字出現在每張發票的底部，因而導致商品與服務成本增加了25%。此外，五百名來自北美洲的與會人士，對於加值稅的費用深感意外和不悅，連帶地，也對本次會議給予負面的評價。

當協會的執行長要求會議規劃人員解釋這些費用時，她說道：「我並不知道有加值稅這種東西。」執行長認爲疏忽不能當成藉口，因爲這次的預算疏失將影響她的年度考績。再者，協會決定要找一家新的會計公司。最後，也許是最重要的，來年的年度預算將減少五萬美元以彌補前一年的損失。

身爲一名會議企劃人員，該如何避免加值稅的陷阱呢？

加值稅的陷阱往往發生在當一個會議主辦單位不了解在許多歐洲和其他國家，政府會課徵加值稅（相當於某些國家的商品與服務稅、GST或是西班牙、葡萄牙和義大利語系國家的IVA）。這種稅從5%到25%不等，附加在商家所收取的費用之上。

此外，你的與會人員可能會被要求付加值稅或是類似的稅款。你必須事先告知他們在會議舉行的地主國相關的加值稅政策，並且如果可能的話，教他們如何要求歸還這些稅款。

雖然申請加值稅退稅是可能的，但是手續卻不盡相同。因此，如果活動主辦單位並未規劃這筆額外的成本，對預算便會產生負面影響。爲了避免落入加值稅的陷阱，會議規劃人員應該要求所有商家在他們的報價單和投標書中加入以下資訊：

1. 加值稅的數目應該要計入報價或投標價中。
2. 領取加值稅退稅的手續應該說明清楚。
3. 在購物時，應該要請商家提供加值稅的退稅證明或文件。

討論重點

1. 你如何確定會議舉辦的地主國須課徵加值稅？
2. 你如何判斷哪些商品和服務會被課稅，哪些又不會？
3. 你如何仔細規劃預算，將所有的加值稅費用納入其中？
4. 你如何要求加值稅退稅？
5. 你如何告知你的與會人員相關的加值稅政策與退稅？

A12.5　個案研究：風險管理

今天是星期四，再過三天你的會議就要展開。你正在里約熱內盧的會場，目前爲止一切順利。你的會場管理顧問公司一直持續關注無法避免的抵達時間變更。你的團隊正在統籌歡迎會，將每日的議程表做最後的修改，檢查招待貴賓的各項設施，而且明天一早老闆和數名資深經理將會抵達，你也要及早做準備。

好消息！你的專案協調人剛剛核實所有從美國運來的書面資料已經過海關，明天就會寄送到飯店。你原本擔心資料運送會出問題，因爲是直接從印刷廠寄出，而不是從你的辦公室寄送。幸好，貨運部門行事得當，而你所聘雇的當地公司在收貨、存貨以及運送資料方面也很順利。

你很慶幸自己選對了公司，與他們合作的報關人員曾經擔任海關稽查員。這名人員與海關的關係密切，而且清楚了解海關體系的詳細運作情形。事實證明，報關行與聯邦警察正揚言要罷工，因此事務都進行得比平常慢。你對於所有得資料全都安然送抵感到喜出望外。

你在此刻最大的挑戰是讓會場的學習中心能夠及時搭建完成。將展覽區與訓練區結合的特殊設計將由一家當地的公司承攬建造，地點是一間飯店的宴會廳。你從母國運來的唯一用品就是電腦，這是這個高科技學習中心的核心設備。你的資訊科技經理Tony負責這項設備，他所有的貨運安排均直接交由母國的一家海運公司處理，這家海運公司相當受到同業的推崇。

你的公司投資了超過五十萬美金研發新型電腦，而且將在學習中心正式發表。總裁也將出席這次會議，他認爲學習中心和最新技術的硬體是新企業形象活動中的基石。無論是當地和國際媒體皆受邀參加公司推出的新訓練資源的特別預展，因爲你的公司將會在巴西製造該機種，並在整個南美洲銷售，所以你們國家的大使以及巴西的商業部長也都將出席。同時，當地重要的新聞媒體也將報導這次活動，還有全球新聞視訊會議也將針對北美、歐洲和亞洲市場公布這項新產品。

當你走到展覽區，看到學習中心按照進度在建造中，感到非常滿意。Tony預定今天下午要在現場測試每一個裝置，但是你知道機械裝置都很精密。莫非定律放諸四海皆準，而且將任何一件事留在最後一分鐘做，風險都是很高的。每個人對於這批電腦都不敢掉以輕心，因爲它們是總裁得意之作，人們對它們寄予厚望。

順道一提，電腦現在在哪裡呢？你知道過去幾天你們在現場忙著進行準備工作，卻沒有眞的見到電腦。現在它們應該已經運達，而且也已經通關了。你假設情況如此，並寫了一張心記（mental note）要跟Tony核對。

你問工地主任何時可以將電腦安裝好以供測試，他報以一個空泛的眼神並說道：「看Tony什麼時候追蹤到這批電腦囉！他沒有告訴你說這批電腦在運往里約熱內盧的途中遺失了嗎？前兩天，他快瘋了，急忙要找出到底是哪個環節出了問題。

今天早上十點，你找來Tony，他告訴你下述事項：

1. 三週前，六箱的電腦設備從你的母國運送出國。
2. 這些貨物透過一般的運輸公司運送到里約熱內盧，而且應該在一週內就要運達，即使作業延誤，也還有充裕的時間通關。
3. 他一直與貨運公司聯繫，連絡人告訴他，他們追蹤到這批貨的貨櫃在智利的聖地牙哥。
4. 他眞的很抱歉到目前爲止都沒有報告這件事，但是貨運公司的人向他保證事情一定會解決，所以他決定不要驚動到你。
5. 他剛跟貨運公司的連絡人通過電話，他對於出了大麻煩眞的感到很抱歉，發誓說這種事以前從未發生過，並說別擔心，等到該貨櫃的其他貨物卸下後，明天一早這批貨應該就會空運到巴西。

你很努力地按捺住快火山爆發的脾氣，沒有對Tony狂吼也沒有揍他。你剛開始想殺人，然後又想自殺，後來又想先殺人再自殺。但是在這個緊要關頭，這樣做根本於事無補，所以你先做了一個深呼吸，然後開始動員你的資源。

因爲擔心下落不明的電腦，在一夜無眠之後，星期五早上十點，你們收到一封傳眞，通知說這批電腦已經在飛往巴西的飛機上，預計當天下午一點三十分抵達。

這是個好消息。壞消息是飛機降落在聖保羅，而你們在里約熱內盧。更糟的消息是這些設備必須在聖保羅通關，因爲那裡是這批貨要進入該國首經的入口。這批貨以卡車運送到里約熱內盧後（如果路況良好的話，大約需要四小時的運送時間），必須再通關一次，因爲官方文書作業上所標示的原入口城市爲里約熱內盧。

你必須在聖保羅和里約熱內盧兩地付出可觀的關稅，然而這是目前最小的問題了。在巴西全國各地，海關人員下午六點就收工度週末去了，要到星期一早上才開工，那一天正是這次會議將以媒體早餐會的方式要展示新硬體的日子。

你現在正在跟時間賽跑，而且就快要讓會議預算破錶了。你的老闆非常慌亂，而且建議你「打電話給有力人士」。資深行政副總已經連絡了你們國家的大使，總裁正在跟巴西的商務部長打高爾夫球。只要部長打了一通電話給相關處室，這批設備便能立刻放行。你的老闆非常堅定。公司的商譽和你的工作都岌岌可危。現在是展現魄力的時刻，也是一家全球性、資本額千萬美元的公司發揮影響力挽救局勢的時刻。

值此同時，你在當地的支援團隊勸你先不要動用「大人物」。他們請你相信他們的經驗和判斷，並給他們多一點時間處理他們最擅長的事。他們動用了在聖保羅與里約熱內盧兩地所有的聯繫管道，即便在技術上，海關於下午六點就要收工度週末去，他們還是很有希望能夠解決困境。你在當地的同業無法保證他們一定會成功，但是他們能夠保證的是，如果請大人物出馬的話，電腦有可能會無限期地扣留在海關或是以高出目前協商價格許多倍的「天價關稅」放行。

身爲專案團隊的領導人，你現在必須做決定。你的老闆非常緊張，但尊重你的經驗和判斷力，認爲你有足夠的能力讓事情依照你所建議的行動方針進行，但是你最好做了正確的決定。萬一錯了，你可能得在近期內找個地方塡寫求職履歷表了。

討論重點

1. 仔細閱讀本個案研究的前六段。將你認爲可能的潛在風險因子劃線或做標記，並寫下原因。你找出了幾項？
2. 身爲專案團隊領導人，當你知道電腦硬體遺失時，你有幾個關鍵問題需要解決。是哪些問題呢？你應該先處理哪些事？
3. 在Tony告訴你電腦並未運抵會場後，你動用了你的資源。在這個時間點上，誰是你的重要資源？你要如何最有效地利用他們來解決困境？

4. 你的老闆一直催促你打電話給有力人士，但是你在當地的支援網絡卻提出相反的建議。你被賦予責任和職權決定行動方針，而你的工作也可能不保。你決定怎麼做？爲什麼？

A12.6　影片展示的注意事項

位於舊金山的全球行銷規劃公司是一家辦公用品設備的配銷商，正規劃要在香港、哥本哈根和里約熱內盧打開一個產品線的新市場。本活動議程的重要特色爲全球產品的複合視像影片展示。

身爲負責籌辦公司會議和活動的人員，你的任務除了準備一般設備和支援服務之外，還要在每個城市尋找適合的視聽設備出租公司。而且在每個目的地，建議行銷人員可使用的影片規格也是你的責任。

討論重點

1. 利用網路連絡每個城市的會議局，請求提供一張視聽公司的清單。
2. 確認每個建議地點（參見第十五章）所使用的影片規格。
3. 利用網路，找到一家灣區影片製作公司，他們能夠將影帶轉換成適當規格。
4. 準備一份簡短的摘要，向管理階層解釋爲何必須變更規格。

全球會議與展覽

著　　者／Carol Krugman
　　　　　Rudy R. Wright
譯　　者／劉修祥、張明玲
總 編 輯／閻富萍
出 版 者／揚智文化事業股份有限公司
發 行 人／葉忠賢
地　　址／新北市深坑區北深路三段260號8樓
電　　話／(02)8662-6826
傳　　真／(02)2664-7633
網　　址／http://www.ycrc.com.tw
E-mail／service@ycrc.com.tw
印　　刷／鼎易印刷事業股份有限公司
I S B N／978-957-818-915-7
初版四刷／2016年3月
定　　價／新台幣480元

Copyright © 2007 by John Wiley & Sons, Inc.
All Rights Reserved. Authorized translation from the English language edition published by John Wiley & Sons, Inc.

＊本書如有缺頁、破損、裝訂錯誤，請寄回更換＊

國家圖書館出版品預行編目資料

全球會議與展覽／Carol Krugman, Rudy R. Wright著；劉修祥、張明玲譯. -- 初版. --臺北縣深坑鄉：揚智文化, 2009. 06
面；　公分.
譯自：Global meetings and exhibitions
ISBN　978-957-818-915-7（平裝）

1. 會議管理　2. 展覽　3. 國際關係

494.4　　98009280